风电场建设与管理创新研究丛书

风电机组支撑系统设计与施工

郭兴文　陆忠民　蔡新 等　编著

中国水利水电出版社
www.waterpub.com.cn
·北京·

内 容 提 要

本书是《风电场建设与管理创新研究》丛书之一，主要介绍了风电机组支撑系统的类型及其发展概况，详细阐述了风电机组支撑系统的设计理论、设计方法及其施工技术。

本书既可作为高等学校能源、土木水利专业的本科生与研究生的教材或教学参考书，也可供能源、土木水利领域从事设计、施工、建设及运行管理的工程技术人员参考。

图书在版编目（CIP）数据

风电机组支撑系统设计与施工 / 郭兴文等编著. -- 北京 : 中国水利水电出版社, 2021.12
（风电场建设与管理创新研究丛书）
ISBN 978-7-5226-0189-2

Ⅰ. ①风… Ⅱ. ①郭… Ⅲ. ①风力发电机－发电机组－系统设计②风力发电机－发电机组－安装－工程施工 Ⅳ. ①TM315

中国版本图书馆CIP数据核字(2021)第214589号

	风电场建设与管理创新研究丛书
书　　名	**风电机组支撑系统设计与施工**
	FENGDIAN JIZU ZHICHENG XITONG SHEJI YU SHIGONG
作　　者	郭兴文　陆忠民　蔡　新　等　编著
出版发行	中国水利水电出版社
	（北京市海淀区玉渊潭南路1号D座　100038）
	网址：www.waterpub.com.cn
	E-mail：sales@waterpub.com.cn
	电话：(010) 68367658（营销中心）
经　　售	北京科水图书销售中心（零售）
	电话：(010) 88383994、63202643、68545874
	全国各地新华书店和相关出版物销售网点
排　　版	中国水利水电出版社微机排版中心
印　　刷	天津嘉恒印务有限公司
规　　格	184mm×260mm　16开本　15.5印张　321千字
版　　次	2021年12月第1版　2021年12月第1次印刷
印　　数	0001—1500册
定　　价	**78.00**元

《风电场建设与管理创新研究》丛书

编　委　会

《风电场建设与管理创新研究》丛书

主 要 参 编 单 位

（排名不分先后）

河海大学
哈尔滨工程大学
扬州大学
南京工程学院
中国三峡新能源（集团）股份有限公司
中广核研究院有限公司
国家电投集团山东电力工程咨询院有限公司
国家电投集团五凌电力有限公司
华能江苏能源开发有限公司
中国电建集团水电水利规划设计总院
中国电建集团西北勘测设计研究院有限公司
中国电建集团北京勘测设计研究院有限公司
中国电建集团成都勘测设计研究院有限公司
中国电建集团昆明勘测设计研究院有限公司
中国电建集团贵阳勘测设计研究院有限公司
中国电建集团中南勘测设计研究院有限公司
中国电建集团华东勘测设计研究院有限公司
中国长江三峡集团公司上海勘测设计研究院有限公司
中国能源建设集团江苏省电力设计院有限公司
中国能源建设集团广东省电力设计研究院有限公司
中国能源建设集团湖南省电力设计院有限公司
广东科诺勘测工程有限公司

内蒙古电力（集团）有限责任公司
内蒙古电力经济技术研究院分公司
内蒙古电力勘测设计院有限责任公司
中国船舶重工集团海装风电股份有限公司
中建材南京新能源研究院
中国华能集团清洁能源技术研究院有限公司
北控清洁能源集团有限公司
国华（江苏）风电有限公司
西北水利水电工程有限责任公司
广东粤电阳江海上风电有限公司
江苏省风电机组结构工程研究中心
中国水利水电科学研究院

本书编委会

主　　编　郭兴文　陆忠民　蔡　新

副 主 编　林毅峰　胡永柱　刘建平

参编人员　吴晓梅　姜　娟　龙云飞　田伟辉　田永进　马　迅

韩雪岩　边赛贤　姚皓译　付志强　施新春　徐　鹏

谢姣洁　王梦亭　汪亚洲　许波峰　江　泉　刘庆辉

王九华　王福涛　冯永赵　张　俊　余天堂　黄　丹

谢　军　边　疆　张　远

本书参编单位　河海大学

中国电建集团上海勘测设计研究院有限公司

中国电建集团西北勘测设计研究院有限公司

中国三峡新能源（集团）股份有限公司

江苏省风电机组结构工程研究中心

江苏省可再生能源行业协会

中建材南京新能源研究院

江苏金风科技有限公司

丛书前言

随着世界性能源危机日益加剧和全球环境污染日趋严重，大力发展可再生能源产业，走低碳经济发展道路，已成为国际社会推动能源转型发展、应对全球气候变化的普遍共识和一致行动。

在第七十五届联合国大会上，中国承诺“将提高国家自主贡献力度，采取更加有力的政策和措施，二氧化碳排放力争于2030年前达到峰值，努力争取2060年前实现碳中和。”这一重大宣示标志着中国将进入一个全面的碳约束时代。2020年12月12日我国在“继往开来，开启全球应对气候变化新征程”气候雄心峰会上指出：到2030年，风电、太阳能发电总装机容量将达到12亿kW以上。进一步对我国可再生能源高质量快速发展提出了明确要求。

我国风电经过20多年的发展取得了举世瞩目的成就，累计和新增装机容量位居全球首位，是最大的风电市场。风电现已完成由补充能源向替代能源的转变，并向支柱能源过渡，在我国经济发展中起重要作用。依托“碳达峰、碳中和”国家发展战略，风电将迎来与之相适应的更大发展空间，风电产业进入“倍速阶段”。

我国风电开发建设起步较晚，技术水平与风电发达国家相比存在一定差距，风电开发和建设管理的标准化和规范化水平有待进一步提高，迫切需要对现有开发建设管理模式进行梳理总结，创新风电场建设与管理标准，建立风电场建设规范化流程，科学推进风电开发与建设发展。

在此背景下，《风电场建设与管理创新研究》丛书应运而生。丛书在总结归纳目前风电场工程建设管理成功经验的基础上，提出适合我国风电场建设发展与优化管理的理论和方法，为促进风电行业科技进步与产业发展，确保工程建设和运维管理进一步科学化、制度化、规范化、标准化，保障工程建设的工期、质量、安全和投资效益，提供技术支撑和解决方案。

《风电场建设与管理创新研究》丛书主要内容包括：风电场项目建设标准化管理，风电场安全生产管理，风电场项目采购与合同管理，陆上风电场工程施工与管理，风电场项目投资管理，风电场建设环境评价与管理，风电场建设项目计划与控制，海上风电场工程勘测技术，风电场工程后评估与风电机组状态评价，海上风电场运行与维护，海上风电场全生命周期降本增效途径与实践，大型风电机组设计、制造及安装，智慧海上风电场，风电机组支撑系统设计与施工，风电机组混凝土基础结构检测评估和修复加固等多个方面。丛书由数十家风电企业和高校院所的专家共同编写。参编单位承担了我国大部分风电场的规划论证、开发建设、技术攻关与标准制定工作，在风电领域经验丰富、成果显著，是引领我国风电规模化建设发展的排头兵，基本展示了我国风电行业建设与管理方面的现状水平。丛书力求反映国内风电场建设与管理的实用新技术，创建与推广风电中国模式和标准，并借助"一带一路"倡议走出国门，拓展中国风电全球路径。

丛书注重理论联系实际与工程应用，案例丰富，参考性、指导性强。希望丛书的出版，能够助推风电行业总结建设与管理经验，创新建设与管理理念，培养建设与管理人才，促进中国风电行业高质量快速发展！

2020年6月

本书前言

随着世界性能源危机日益加剧和全球环境污染日趋严重，在减排温室气体、应对气候变化的新形势下，推进新能源与可再生能源的开发利用已是大势所趋。根据欧洲可再生能源委员会的预测，到2040年全球50%的能源供应将来自可再生能源。风电以其潜能巨大、能源安全、环境友好、技术成熟和投入成本低等优势，已成为最具发展潜力的能源利用形式之一。

经过多年的研发与工程应用，我国风电取得了长足发展，2020年新增装机容量7167万kW，累计装机容量达到2.8亿kW。在“碳达峰”与“碳中和”的新目标下，可再生能源已经成为我国碳减排领域至关重要的支撑性力量。随着市场空间不断扩大，产业技术和运营模式趋于成熟，风电在能源行业竞争中的优势越发明显。专家预计“十四五”期间，我国风电行业会迎来跨越式发展，并呈现出如下特征：①规模化发展、基地化建设，重点建设百万或千万千瓦级风电基地项目；②海陆风电机组大型化及智能化，陆上风电机组单机容量进入4～6MW时代，海上风电机组单机容量达到10MW或更高；③漂浮式风电获得关注并尝试开发应用，行业内已经出现多个致力于深远海漂浮式风电的课题与对应的基础、风电机组、海缆等技术创新。

风电机组支撑系统是风电机组的主要承载部件，支撑系统的稳定安全性对整个风电机组系统至关重要，一旦发生事故将对整个风电系统造成毁灭性破坏并造成巨大的经济损失。随着风电开发模式的深化、风电机组大型化以及深远海浮式风电开发推进，风电机组支撑系统的设计理论、设计方法以及相关施工技术等得到同步发展与更新。及时总结整理该领域的进展，为风电快速发展需求提供支撑十分必要。

本书在参考国内外风电机组支撑系统方面的最新设计理论、方法以及相关施工技术成果的基础上编写而成。全书共7章，其中：第1章概述了风电机组支撑系统设计、施工等方面现状及其发展趋势；第2章主要阐述风电机组支撑系统设计理论与方法，包括设计基本原则、荷载类型及其组合、结构设计计算方法以及结构优化设计；第3章主要介绍了不同类型塔架的设计计算分析相关内容；第4章重点阐述各类基础结构设计相关内容，包括陆、海不同型式基础的特点、设计方法；第5章结合海上支撑结构设计的新趋势，概述了海上风电机组与基础一体化设计的思想方法以及设计流程；第6章介绍了风电机组支撑结构中不同基础类型的施工技术，包括施工流程、最新技术以及新设备等；第7章简要介绍了风电机组支撑结构中塔架的施工技术。

本书由郭兴文、陆忠民、蔡新担任主编，参编人员来自高校、设计研究院、风电企业、可再生能源协会以及工程研究中心等。本书编写过程中参阅与引用资料已尽可能列入参考文献中，但仍难免疏漏，对引述相关材料而没能明确列出的著作者表示感谢。

限于作者水平，书中难免存在不妥和谬误之处，恳请读者批评指正。

编者

2021年7月

本书引用的标准

一、国内标准

标准号	标准名称
GB/T 19072—2010	风力发电机组塔架标准
GB 50135—2019	高耸结构设计标准
FD 003—2007	风电机组地基基础设计规定
NB/T 10311—2019	陆上风电场工程风电机组基础设计规范
NB/T 10105—2018	海上风电场工程风电基础设计规范
GB 51203—2016	高耸结构工程施工质量验收规范
GB/T 51121—2015	风力发电工程施工与验收规范
NB/T 31030—2012	陆地和海上风电场工程地质勘察规范
GB 50010—2010	混凝土结构设计规范
GB 50009—2012	建筑结构荷载规范
NB/T 10101—2018	风电场工程等级划分及设计安全标准
GB 50191—2012	构筑物抗震设计规范
GB 50011— 2010	建筑抗震设计规范
JTS 144—1—2010	港口工程荷载规范
GB/T 18451. 1—2012	风力发电机组　设计要求
GB 50017—2017	钢结构设计标准
JTG 3362—2018	公路钢筋混凝土及预应力混凝土桥涵设计规范
GB/T 700—2006	碳素结构钢
GB/T 1591—2018	低合金高强度结构钢
GB/T 3274—2017	碳素结构钢和低合金结构钢热轧钢板和钢带
GB/T 5313—2010	厚度方向性能钢板
GB/T 5224—2014	预应力混凝土用钢绞线
JGJ 94—2008	建筑桩基技术规范
SY/T 10009—2002	海上固定平台规划、设计和建造的推荐做法——荷载抗力系数设计法（增补 1）
SY/T 10049—2004	海上钢结构疲劳强度分析推荐作法
SY/T 10031—2000	寒冷条件下结构和海管规划、设计和建造的推荐作法

NB/T 47013—2015	承压设备无损检测
JTS 167—2—2009	重力式码头设计与施工规范
GB 5007—2011	建筑地基基础设计规范
GB/T 14370—2015	预应力筋用锚具、夹具和连接器
GB/T 50448—2015	水泥基灌浆材料应用技术规范
NB/T 47013—2015	承压设备无损检测
NB/T 10216—2019	风电机组钢塔筒设计制造安装规范

二、国外标准

标准号	标准名称
IEC 61024 - 1 - 1—1993	Protection of structures against lighting - Part 1：General principles
ISO 2394—2015	General principles on reliability for structures
DNVGL - ST - 0126 - 2016	Support structures for wind turbines
API RP 2GEO—2011（2014）	Geotechnical and Foundation Design Considerations
DNVGL - OS - C101	Design of offshore steel structures，general - LRFD method
DNVGL - RP - C203	Fatigue design of offshore steel structures
ABS 195—2015	Floating offshore wind turbine installations
IEC 61400	Wind energy generation systems
IMO—2009	Adoption of the code for the construction and equipment of mobile offshore drilling units
DNVGL - OS - C103	Structural design of column stabilised units - LRFD method
DNVGL - RP - C103	Column - stabilised units
DNVGL - RP - C205	Environmental conditions and environmental loads
DNVGL - ST - 0119	Floating wind turbine structures
API RP 2SK	Design and analysis of stationkeeping systems for floating Structures
API RP 2SM	Recommended practice for design，manufacture，installation，and maintenance of synthetic fiber ropes for offshore mooring

目　录

第1章 绪 论

风电已成为最具发展潜力的能源利用形式之一。随着风电开发模式的深化、风电机组大型化以及深远海浮式风电的开发推进，风电机组支撑系统的设计理论、设计方法以及相关施工技术等都在不断地更新发展，及时总结该领域的应用成果，为风电更加可靠、快速发展提供了十分必要的支撑。

本章在简述风电发展概况的基础上，主要介绍风电机组支撑系统中塔架、基础的主要型式，重点阐述支撑系统设计研究进展，并介绍支撑系统施工技术及进展。

1.1 风电发展概况

人类的一切物质活动都以能源为基础，常规化石能源的大量使用，使得化石能源储量日趋窘迫，世界性能源危机以及日益严重的环境污染等问题使人类的生存和社会发展都受到了威胁。能源困境已经促使世界各国重视新能源与可再生能源的开发与利用。根据目前新能源的开发利用技术水平和分布状况，世界各国重点发展的能源形式主要有风能、太阳能、水能、核能和生物质能等新能源，许多国家都将开发利用新能源作为提高能源安全，应对气候变化和实施可持续发展战略的重要途径。根据欧洲可再生能源委员会的预测，到2040年全球50%的能源供应将来自可再生能源。风能以其能源的安全性、环境友好性和投入成本优势，成为新能源中重要的选择之一。风电已成为国际上公认的技术成熟、开发成本低，具有较大发展前景的能源利用形式之一。

1.1.1 国外风电发展

风电作为应用最广泛和发展最快的新能源发电技术，已在全球范围内实现大规模开发应用。早在19世纪末，丹麦便开始利用风能发电，1973年发生的世界性石油危机，对石油短缺以及矿物燃料发电所带来环境污染的担忧，使得风电得到了越来越多的重视。此后，美国、丹麦、荷兰、英国、德国、瑞典、加拿大等国家均在风电的研究与应用方面投入了大量的人力和资金。全球风能理事会发布的《2019年全球风电报告》指出，截至2019年年底，全球风能总容量目前已超过650GW，遍布100多个国

家和地区。2019年全球新增风电装机容量为60.4GW，较2018年增长19%，是历史上风电装机容量第二高的年份。根据预测，2020—2024年，全球有望新增355GW的风电装机容量，相当于年均增长接近71GW，复合增长率将达到4%。

目前风电已成为部分国家新增电力供应的重要组成部分。截至2016年，美国风电已超过传统水电成为第一大可再生能源，在此前的7年时间里，美国风电成本下降了近66%。在过去数年间德国风电技术得到快速发展，更佳的系统兼容性、更长的运行小时数以及更大的单机容量，使得陆上风电已成为德国整个能源体系中最便宜的能源。德国2017《可再生能源法》最新修订法案将固定电价体系改为招标竞价体系，彻底实现风电市场化。2018年欧盟地区风电占电力消费的比例平均达到14%，其中丹麦风电占比最高，达到41%，其次为爱尔兰28%，葡萄牙24%。随着全球发展可再生能源的共识不断增强，风电在未来能源电力系统中将发挥更加重要的作用。美国提出到2030年20%的用电量由风电供应，丹麦、德国等国家把开发风电作为实现2050年高比例可再生能源发展目标的核心措施。

随着全球范围内风电开发利用技术的不断进步以及应用规模的持续扩大，风电开发利用成本在过去五年下降了约30%。目前，全球陆上风电平准化度电成本(levelized cost of electricity，LCOE)区间已经明显低于全球的化石能源，陆上风电平均成本逐渐接近水电，达到0.06美元/(kW·h)，到2020年陆上风电的平均度电成本或将下降至0.05美元/(kW·h)。随着度电成本的不断下降，风电市场化将成为必然趋势。

1.1.2　国内风电发展

我国风电装机规模近年来得到快速增长，开发布局不断优化，技术水平显著提升，政策体系逐步完善，风电已经从补充能源进入替代能源的发展阶段。我国已经成为全球风电规模最大、增长最快的市场，全球风能理事会预测未来我国仍将是全球最大的风电市场。根据国家发展和改革委员会和国家能源局联合发布的《电力发展“十三五”规划（2016—2020）》，在“十三五”规划期间，我国电力工业发展规模迈上新台阶，电力建设步伐不断加快，能源结构调整取得新成就，非化石能源发展明显加快。

2017年和2018年我国全社会用电量继续保持上升势头，同比增长分别是6.6%和8.5%。基于全社会用电需求提升与能源结构调整的大环境，风电需求也同步提升。国家发展和改革委员会能源研究所发布的《中国风电发展路线图2050》中的目标是：到2020年、2030年和2050年，风电装机容量将分别达到200GW、400GW和1000GW，到2050年满足17%的电力需求。截至2017年年底，我国新增装机容量25.9GW，占全球新增装机容量的48%，位居世界第一；累计并网装机容量达到

221GW，占全球累计装机容量的37%。2018年，我国海上风电累计装机容量达到3.6GW。2020年，海上风电开工建设10GW，确保建成5GW。

目前，国内风电全产业链基本实现国产化，产业集中度不断提高，多家企业跻身全球前10名。风电设备的技术水平和可靠性不断提高，基本达到世界先进水平，在满足国内市场需求的同时出口到28个国家和地区。风电机组高海拔、低温、冰冻等特殊环境的适应性和并网友好性显著提升，低风速风电开发的技术经济性明显增强，全国风电技术可开发资源量大幅增加。

我国风电近年来的高速发展很大程度上受益于国家对可再生能源行业尤其是风电行业在政策、法规及激励措施方面的支持。从1994年至今，我国先后颁布了《可再生能源法》《可再生能源发电有关管理规定》（发改能源〔2006〕13号）、《可再生能源中长期发展规划》（发改能源〔2007〕2174号）等十几项政策、法规和条例鼓励开发风能，并保证可再生能源产业持续健康有序发展。2016年，国家能源局发布的《风电发展"十三五"规划》（国能新能〔2016〕314号）中提出：到2020年，我国风电装机容量达到210GW以上，其中海上风电并网装机容量达到5GW左右。2017年，国家发展和改革委员会、国家海洋局联合发布《全国海洋经济发展"十三五"规划》（发改地区〔2017〕861号），鼓励在深远海建设海上风电场，加强5MW、6MW及以上大功率海上风电设备研制。2017年，《国家能源局关于加快推进分散式接入风电项目建设有关要求的通知》（国能发新能〔2017〕3号）下发，在业内产生强烈反响。2018年国家能源局发布《关于2018年度风电建设管理有关要求的通知》（国能发新能〔2018〕47号）提出：从2019年起，新增集中式陆上风电和海上风电项目应全部通过竞争方式配置和确定上网电价。上述政策的颁布，一方面凸显了风电在国家能源发展战略中占据了重要地位，另一方面也对我国风电技术的应用提出了新的要求。

1.2 风电机组支撑系统主要型式

风电机组的结构型式很多，最常见的水平轴风力机结构主要由风轮、机舱、支撑系统三大部分组成。支撑系统作为风电机组结构体系的重要组成部分，起到支撑上部结构质量、承受动荷载的作用，保障了风电机组的正常运行。支撑系统可以分为塔架与基础。塔架上部连接机舱，将来自自重、环境和运行过程等的结构荷载传递到基础，以保证风电机组在各种荷载情况下正常运行，以及风电机组在遭受到一些恶劣外部条件的安全性。

1.2.1 不同类型塔架及应用发展

塔架必须有足够的高度，高度越高，风的湍流越小，风速越大，可获得的风能越多，但是安装、制造、维护等成本也较高，同时在高空重载情况下的安全性也会降低，因此要权衡利弊，根据实际的风场条件、功率配置以及设计要求选择合理的塔架结构型式。一方面满足塔架的刚度、强度、稳定性要求，充分发挥材料性能；另一方面在经济性、美观性及生产运输等方面同样具有良好性能。

塔架按其刚度可分为刚塔、柔塔和超柔塔。塔架的自振频率大于叶片穿越频率即运行频率（风轮转动频率乘叶片数）时称其为刚塔，而塔架自振频率在风轮转动频率和叶片穿越频率之间时称其为柔塔，塔架自振频率小于风轮转动频率，则称为超柔塔。塔架的自振频率是风电机组塔架设计中的一个关键因素，塔架自振频率与叶片穿越频率相一致时，塔架会发生共振。塔架的自振频率主要取决于塔架高度与风电机组风轮直径的比值，比值越高塔架越柔。刚塔架的优点是不需要担心由于风轮加速会通过塔架自振频率而导致的共振。

塔架按其结构型式主要可分为桁架塔架和锥筒塔架。

1.2.1.1　桁架塔架

桁架塔架是早期中小型风电机组大量采用的型式，第一代的丹麦风电机组即采用钢桁架塔架。20 世纪 90 年代之前，并网风电机组的塔架以桁架塔架为主。桁架塔架采用类似电力塔的结构型式，如图 1.1 所示。

图 1.1　桁架塔架

桁架塔架主要优点是造价较低、制造简单、运输方便。但桁架塔架是由大量螺栓连接而成的钢结构，其在承受扭矩荷载时会在主肢与缀板连接节点处产生较大的应力集中，扭矩荷载过大时，塔体会产生扭转变形导致塔架失稳。多边形空间桁架结构使得塔内的设备长期暴露于自然环境中，同时镂空的外表使得叶片在转过塔架时由于风振效应会产生噪声污染。此外桁架塔架还存在占地面积大、现场组装施工周期较长、焊接节点耐疲劳性能差、爬塔条件恶劣等缺点。在我国，这种结构的机型更适合南方海岛或者特殊地形使用，特别是阵风大、风向不稳定的风电场。

在 20 世纪 90 年代中期，风电机组单机容量不断增长，桁架塔架逐渐被安装方便、视觉效果更好的锥筒塔架所取代。不过在风电机组大型化趋势下，其成本低、便于运输的优点表现更为突出。近年来国外的一些高度超过 100m 的风电项目中，桁架塔架重新受到重视。2018 年 1 月，南京中人能源科技有限公司首台桁架风电机组

ZR2.0MW 正式并网发电，展现出良好的运行性能。目前，世界上最高的桁架塔架高度达到 205m，位于 Laaslow/Brandenburg（德国勃兰登堡州）。

1.2.1.2 锥筒塔架

锥筒塔架根据材料的不同，又可以分为钢塔架、木塔架、混凝土塔架以及混合型塔架等。

1. 钢塔架

丹麦 Nordtank 风电设备商最早推出了以钢板为主材的锥筒塔架，并一直延续发展。目前国内外风电机组绝大多数采用钢锥筒塔架，如图 1.2 所示。钢锥筒塔架是将钢板弯曲成一个圆形并且纵向焊接而成的圆筒，再将几个这样的圆筒通过横向焊缝连接形成 20～30m 的塔节，每一个塔节末端有一个钢制法兰盘；塔节运输到现场后再通过螺栓将其连接起来形成一个完整的塔架。

这种结构的优点是构造简单、刚性好、造型美观，人员登塔安全，连接部分的螺栓与格构式塔架相比要少得多，维护工作量少，便于安装和调节，是现阶段大部分商用风电机组所采用的型式。国内外对于该种塔架型式都做过大量的研究，技术也比较成熟，但是随着风电机组大型化的发展，钢塔架产生了一些新的需要解决的问题：

图 1.2 钢锥筒塔架

(1) 钢塔筒的成本增高。随着塔筒高度的增加，钢塔筒的成本随高度成指数规律增加。

(2) 易腐蚀，维护成本高。钢材易腐蚀，需要定期进行检查及维修。目前使用的防锈复合剂会对环境造成严重的污染。

(3) 运输、安装困难。通常 80m 风电机组塔筒直径范围处于 4～4.5m，分节长度约为 20m，用卡车可运输到风电场。但是随着风电机组单机容量的增大，塔筒分节高度、塔筒直径相应增大，较大的尺寸导致塔筒不能通过公路来运输。

2. 木塔架

木塔架是近年才提出来用于风电机组支撑结构的。木材一直被认为是一种经济的有利于抗疲劳和屈曲的建筑材料。由于发展和已知技术的欠缺，尤其是关于关节问题技术的欠缺，再就是木质材料的环境适用性能较差、防火及防腐蚀性能差等原因，木塔架的相关应用和研究相比其他类型塔架少。

迄今为止，只有德国的 Timber Tower Gmbh 公司在 2009 年设计了一款由交叉层压木板（板长 15m，最大宽度 3m）构成的 1.5MW 风电机组塔架。轮毂高度为 100m 的风电塔筒大约需要 54 块木板。木塔架在结构上采用十字结构拼接，采用 Timber Tower Gmbh 公司的胶水和铆钉技术结合，如图 1.3 所示。除高 100m 的木制风电塔架外，该公司研发的高 140m 的木制塔筒在 2014 年也已通过认证。

图 1.3　德国 Timber Tower Gmbh 公司木制风电机组塔架

3. 混凝土塔架

混凝土锥筒型塔架一般是指钢筋混凝土锥筒塔架，主要包括现场浇筑型和预制型两种，还可分为预应力型和非预应力型。钢筋混凝土塔架同钢塔架相比，主要技术优势为：动力响应和动力放大系数小、抗疲劳性能好、耐腐蚀性强、无运输吊装限制、无塔体厚度限制、维护成本低等。但是钢筋混凝土锥筒型塔架存在施工难度大、施工周期较长、报废后垃圾处理难等问题。

现场浇筑式钢筋混凝土塔架，是指在施工现场对塔架进行支模、混凝土浇筑，然后养护而成。此类塔架的代表有德国 Enercon 公司建造的高度 124m 的风电机组塔架，如图 1.4 所示。由于现浇式混凝土塔架是在现场施工完成，其受环境影响较大，高强度性能难以保证，且塔架施工工期较长，无法与钢塔架快速安装相比，因此，现浇混凝土塔架大范围推广应用受到一定制约。

预制混凝土锥筒型塔架有两种制作模式：一种是分瓣预制，瓣与瓣之间联合成一个塔段，然后塔段之间再进行组合，此种型式塔架运输方便；另一种是以塔段为单位

图 1.4 现浇式混凝土锥筒型塔架

进行预制，塔段的尺寸和重量需要事先根据运输限制等设计。采用预制装配的方式，解决了现浇式塔架质量难以保证及施工周期长的问题，能加快施工速度，同时还能解决钢塔架运输的限制问题，是一种比较适合高塔架的设计方案。预制混凝土锥筒型塔架如图 1.5 所示。

图 1.5 预制混凝土锥筒型塔架

钢筋混凝土塔架在早期风电机组中大量被应用，如我国福建平潭55kW风电机组（1980年）、丹麦Tvid 2MW风电机组（1980年）等。后来由于风电机组塔架批量生产的需要，钢筋混凝土塔架一度被钢塔架所取代。随着风电机组单机容量的增加，钢塔架体积增大导致其运输出现困难，而钢筋混凝土塔架可通过现场施工避免上述问题，同时混凝土塔架刚度大，近年来又出现以钢筋混凝土塔架取代钢塔架的趋势。

4. 混合型塔架

混合型塔架一般是采用钢塔架与混凝土塔架进行组合，主要是指下混上钢组合塔架，该类塔架下部混凝土部分通常都采用预应力的型式，如图1.6所示。该塔架综合了锥式钢塔筒安装的方便性能和锥式混凝土塔筒维护费用低的优点，同时还解决了风电机组底部塔筒尺寸过大而无法运输的问题。

图1.6　下混上钢组合塔架

下混上钢组合塔架是由F. J. Brughuis于2002年提出的，其从多个角度对下混上钢塔筒进行了详细的讨论、内容包括塔架设计标准的制定、底部混凝土塔架筒壁的厚度、每块混凝土塔架的尺寸初选、混凝土瓣之间的连接节点设计、塔架整机的动力性能分析、混凝土塔筒部分的高度确定以及预应力的确定等。最终从经济和可行性两方面说明了下混上钢组合塔架的技术可行性。

国内对钢混组合塔架的研究起步于2010年左右，主要研究代表单位有新疆金风科技股份有限公司、中国电建集团西北勘测设计研究院有限公司、同济大学、中船重

工（重庆）海装风电设备有限公司、金科新能源有限公司、内蒙古金海新能源科技股份有限公司等单位。目前，国内外已经开展了大量研究，并应用于实际工程。表1.1列出了部分应用混合锥型塔架的风电机组制造商与塔架制造商。

表1.1　混合锥型塔架应用列表

风电机组制造商	型　号	塔高/m	塔架制造商	备　注
Enercon	E126/6000	135	Enercon	混凝土段采用预制装配式
Kenersys	K100/2500	135	Mecal	混凝土段采用预制装配式
Gamesa	G128/4500	120	Nordex	混凝土段采用预制装配式
Kenersys	K110/2400	145	Mecal	混凝土段采用预制装配式
金风	GW140－2.2MW	120/140	天杉高科	混凝土段采用预制装配式
海装	H120－2.0MW	120	Mecal	混凝土段采用预制装配式
明阳	MySE3.2－145	140	金海	混凝土段采用预制装配式

综合来看，随着风电机组向大型化发展，陆上风电塔架发展呈现出两方面趋势：一方面，钢锥筒塔架的尺寸、体积增加幅度较大，其生产制造、运输、施工的限制条件越发苛刻，塔架成本优势趋弱，钢制锥筒式塔架已显示出局限性；另一方面，格构式塔架、混凝土塔架和混合塔架的研发越来越受到风电行业的关注。

1.2.2　不同类型基础及应用概况

风电机组具有重心高、承受较大水平荷载和倾覆荷载的特点，陆上风电机组主要承受风荷载作用，北方地区要考虑冬季冰雪对叶片和地基基础的影响，位于堤防、河道或水塘旁的基础要考虑不均匀土压力、水压力等，海上风电机组承受的环境荷载更为复杂，除风荷载作用外，还要考虑波浪力、水流力、冰荷载及靠泊撞击力等多种环境荷载作用，海上风电机组的支撑系统结构同时承受海床冲淤变化和环境腐蚀的影响。因此，风电机组支撑结构体系中的基础处须依据风电机组机位具体条件进行选型与设计。

1.2.2.1　陆上风电机组基础

目前，国内外陆上风电机组基础结构主要分为重力式和桩承式基础两大类。其中重力式基础又分为扩展基础、梁板式基础等，重力式基础下可采用多种地基处理方式提高地基承载力，也可采用锚杆嵌岩提高基础抗倾覆能力；桩承式基础由承台和单桩或群桩组成。

1. *扩展基础*

扩展基础按大块体结构钢筋混凝土设计，依靠自身重量及覆土重来维持稳定。扩展基础抗弯能力强，不受刚性角限制。扩展基础将上部结构传来的荷载，向侧边扩展成一定底面积，使作用在基底的压应力满足地基土的允许承载力要求，基础内部的应力应同时满足材料本身的强度要求。扩展基础体型有方形、八边形、圆形等不同形式，尤以圆形为主。

扩展基础一般为浅基础，结构简单、施工方便、质量易控制，是目前国内应用最多，技术最成熟的风电机组基础，风机单机容量在750～4500kW之间均有应用。国内主要应用于酒泉千万千瓦级风电基地、新疆风电基地，以及西北、华北、东北等低压缩性且地基承载能力大于160kPa等场地。扩展基础体型图如图1.7所示。

2. 梁板式基础

梁板式基础受力形式类似于扩展基础，区别在于通过扩展梁和底板将荷载向地基扩散。相同荷载作用下梁板式基础的平面尺寸与扩展式基础基本接近，以台柱作为基础中心向四周对称地延伸几根扩展梁，并以相同根数的次梁在扩展梁的端部连成整体，整个基础底部设置底板，梁与梁之间的空间不浇筑混凝土而是基础施工完成后覆土压实。

梁板式基础的主要受力结构为扩展梁，扩展梁承担上部塔筒传递下来的倾覆弯矩。相比于扩展基础，梁板式基础能够节省混凝土方量，但是该基础节点不易处理，施工工序较复杂，施工工期较长，施工质量难以保证。国内少量风电场有所使用，如四川会东县风电场、重庆横梁风电场以及国华射阳风电场，但尚未大面积推广。梁板式基础体型图如图1.8所示。

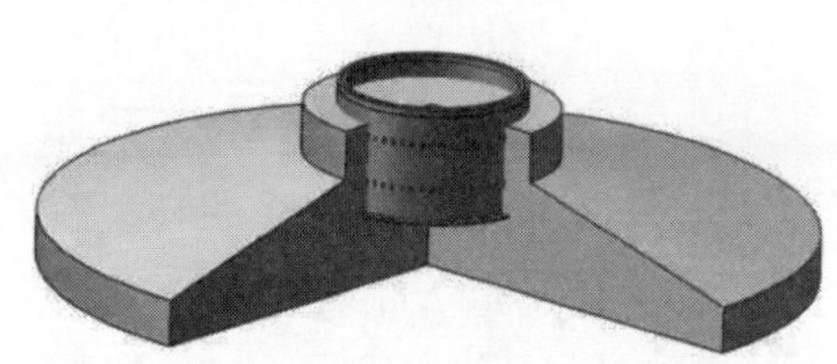

图1.7　扩展基础体型图

图1.8　梁板式基础体型图

3. 桩承式基础

风电场工程地质条件各不相同，当其浅层土质不良，无法满足风电机组对地基变形和强度方面的要求时，可采用深层较为坚实的土层或岩层作为持力层，用桩基础来传递荷载。桩承式基础是由设置于岩土中的桩和连接于桩顶端的承台组成的基础，是历史悠久而又比较成熟的一种基础。

作为深基础的一种，桩基础具有承载力高、沉降量较小等特点，一般适用于软土地基。桩支撑于较硬的持力层，具有很高的竖向单桩承载力或群桩承载力，可以承担上部结构的竖向荷载与偏心荷载。桩基同时具有很大的竖向单桩刚度或群刚度，一般承受上部荷载时，不产生过大的不均匀沉降，并能保证上部结构的倾斜率不超过允许范围，并且其巨大的侧向刚度能抵御风荷载和地震引起的水平荷载和倾覆弯矩，保证

了上部结构的抗倾覆稳定性。

根据不同的分类标准，桩基可以划分为不同的类型：按桩的根数可分为单桩基础和群桩基础；按桩身材料可分为木桩、钢桩、混凝土桩、水泥土桩、碎石土桩、石灰桩等；按成桩方法不同可分为预制桩、灌注桩、水泥搅拌桩等；按直径分为小直径桩（$d \leqslant 250$mm）、中直径桩（250mm$<d<$800mm）、大直径桩（$d \geqslant 800$mm）；按扩底形状分为扎扩桩、夯扩桩、人工扩底桩、机械扩底桩、注浆桩等；按打桩垂直度分为竖直桩和斜桩；按竖向受力分为摩擦桩和端承桩；按竖向受力分为抗压桩和抗拔桩等。群桩基础示意图如图 1.9 所示。

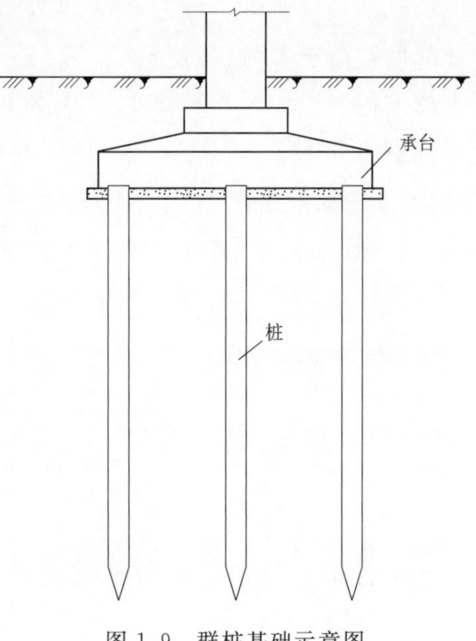

图 1.9　群桩基础示意图

目前，国内陆上风电场工程采用桩基础的较少，在欧洲一些国家应用较为普遍。

1.2.2.2　海上风电机组基础

相对陆上风电场，海上风电场工程技术复杂，建设技术难度较大。海上风电机组基础对整机安全至关重要，其结构具有重心高、承受的水平力和倾覆弯矩较大等特点，在设计过程中还需充分考虑离岸距离、海床地质条件、海上风浪以及海流、冰等外部环境的影响，从而导致海上风电机组基础的造价占海上风电场工程总造价的20%～30%。在充分考虑海上风电场复杂环境条件的基础上，慎重选择海上风电机组基础结构型式，并进行合理设计是海上风电场建设的关键。

由于海洋环境的复杂性，随着不同水深、不同海域海上风电的开发进展，海上风电机组支撑系统结构出现多种型式，主要有桩承式基础、重力式基础、浮式基础等。

1. 桩承式基础

桩承式基础是目前海上风电机组基础应用最多的一种，按照结构型式不同可分为单桩基础、三脚架基础、导管架基础和群桩承台基础等。

(1) 单桩基础。单桩基础一般在陆上预制而成，通过液压锤撞击贯入海床或者在海床上钻孔后沉入，如图 1.10 所示。其优点主要是结构简单、安装方便；其不足之处在于受海底地质条件和水深约束较大，水太深易出现弯曲现象，而且对冲刷敏感，在海床与基础相接处需做好防冲刷措施，并且安装时需要专用的设备（如钻孔设备），施工安装费用较高。国外现有的大部分海上风电场，如丹麦的 Horns Rev 和 Nysted，爱尔兰的 Arklow Bank，英国的 North Hoyle、Scroby Sands 和 Kentish Flats 等大型海上风电场均采用了单桩基础。

（2）三脚架基础。随着水深的增加，单桩桩径增大，制作技术难度加大，施工可行性降低，单桩基础的经济性下降，三脚架基础应运而生。该基础借鉴了海上油气开采中的一些经验，采用标准的三腿支撑结构，由圆柱钢管构成，增强了周围结构的刚度和强度，如图1.11所示。三脚架的中心轴提供风电机组塔架的基本支撑，类似单桩基础。三脚架基础适用于比较坚硬的海床，具有防冲刷性能好的优点。德国的Alpha Ventus海上风电场中的6台风电机组，以及中国江苏如东150MW海上（潮间带）示范风电场风电机组（金风科技2.5MW）都采用了三脚架基础。

图1.10 单桩基础

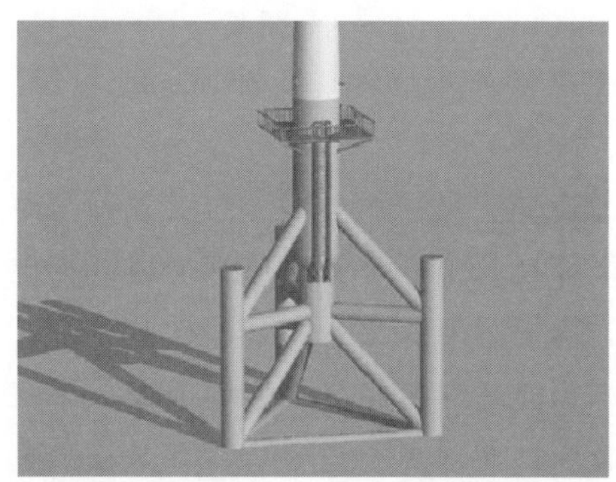

图1.11 三脚架基础

（3）导管架基础。导管架基础是一个钢质锥台形空间框架，以钢管为骨棱，基础为三腿或四腿圆柱钢管结构，将各个支腿处的桩打入海床，如图1.12所示。导管架基础的特点是整体性好，承载能力较强，对打桩设备要求较低；同时导管架的建造和

图1.12 导管架基础

施工技术成熟，基础结构受到海洋环境荷载的影响较小，对风电场区域的地质条件要求也较低。2006 年英国在其北海海域开展的 Beatrice 试验性项目中采用了导管架基础，项目所在海域水深 48m，导管架高 62m，平面尺寸 20m×20m，桩长 44m，桩径 1.8m，桩的壁厚 60mm。瑞典的 Utgrunden Ⅰ海上风电场项目也采用了导管架基础。

（4）群桩承台基础。群桩承台基础由桩和承台组成，如图 1.13 所示。根据实际的地质条件和施工难易程度，可以选择不同的桩数，外围桩一般整体向内有一定角度的倾斜，用以抵抗波浪、水流荷载，中间以填塞或者成型方式连接。承台一般为钢筋混凝土结构，起承上启下的作用，把承台及其上部荷载均匀地传到桩上。群桩承台基础的优点是承载力高，抵抗水平荷载能力强，沉降量小且较均匀；缺点是现场作业时间较长，工程量大。我国上海东海大桥海上风电场项目即采用了世界首创的群桩承台基础。基础由 8 根直径为 1.7m 的钢管桩与承台组成，钢管桩为 5.5∶1 的斜桩，管材为 Q345C，上段管壁厚 30mm，下段管壁厚 25mm，桩长 81.7m，8 根桩在承台底面沿以承台中心为圆心、半径为 5m 的圆周均匀布置。

2. *重力式基础*

重力式基础是一种传统的基础型式，是所有海上风电机组基础类型中体积最大、质量最大的基础。其工作原理与陆上风电机组常见的重力式扩展基础相似，主要依靠基础结构自重及内部压载重量抵抗上部风电机组和外部环境产生的倾覆力矩和滑动力，使风电机组基础和塔架结构保持稳定，基本结构型式如图 1.14 所示。

图 1.13　群桩承台基础

图 1.14　重力式基础

重力式基础通常在风电场附近的码头场地或船坞内预制建造，制作好后再由专用船舶装运或浮运至预定位置安装，并用砂砾等填料填充基础内部空腔以获得必要的重量，基础沉放前，海床预先处理平整并铺上一层碎石作为基床，然后将其沉入经过整平的海床面上。

重力式基础一般适用于水深小于 10m 的海域，其优点在于结构简单、造价低、抗风暴和风浪袭击性能好，其稳定性和可靠性是所有基础中最好的。但其缺点同样明显，基础需要预先处理基床，体积重量均较大，安装不方便；适用水深浅，随着水深的增加，其经济性反而大幅降低，造价比其他类型基础要高。第一座采用重力式基础的海上风电场发源于丹麦，随后陆续应用于 TunoKnob 海上风电场，Nysted I 海上风电场以及 Thronton Bank 海上风电场。

重力式基础一般为水下安装的预制结构，根据墙身结构型式不同可分为沉箱基础、大直径圆筒基础、吸力式基础等。此类基础在港口工程中得到了广泛的应用，设计和施工技术相对完善。

(1) 沉箱基础。沉箱是一种大型钢筋混凝土或钢质空箱，箱内用纵横隔墙隔成若干仓格。在专门的预制场地预制后下水，用拖轮拖至施工海域，定位后灌水压载将其沉放在整平的基床上，再用砂或块石填充沉箱内部。有条件时沉箱也可采用吊运安装。沉箱基础水下工作量小，结构整体性好，抗震性能强，施工速度快，需要专门的施工设备和施工条件。

(2) 大直径圆筒基础。大直径圆筒基础的墙身是预制的大直径薄壁钢筋混凝土无底圆筒，圆筒内填块石或砂土，主要靠圆筒与其内部的填料重力来抵消作用于基础上的荷载，圆筒可直接沉入地基中，也可放在抛石基床上。这种基础结构简单，混凝土与钢材用量少，对地基适应性强，可不做抛石基床，造价低，施工速度快。但它也存在一些问题，如抛石基床上的大圆桶产生的基底应力大，需要沉入地基的大直径圆筒基础施工较复杂。

(3) 吸力式基础。吸力式基础是一种特殊的重力式基础，也称负压桶式基础，是一种新的基础结构，在浅海和深海区域中都可以使用。依据吸力桶桶数可分为单桶、三桶和四桶几种结构型式，三桶吸力式基础如图 1.15 所示。浅海中的吸力桶实际上是传统桩基础和重力式基础的结合；深海中吸力筒用作浮式基础的锚固系统，更能体现出其经济优势。吸力式基础利用负压沉贯原理施工。吸力筒是一个钢桶沉箱结构，在陆上制作好后将其移于水中，向倒扣放置的桶体充气将其气浮漂运到就位地点，定位后抽出桶体中的气体，使桶体底部附着于泥面，然后通过顶部的通孔抽出桶体中的气体和水，形成真空压力和桶内外水压力差，利用这种压力差将桶体插入海床一定深度，省去了桩基础的打桩过程。负压桶式基础大大节省了钢材用量和海上施工时间，采用负压施工，施工速度快，便于在海上恶劣天气的间隙施工。由于吸力式基础插入深度浅，风电场寿命终止时可以方便地将其拔出并可进行二次利用。此类基础的不足之处是，在负压作用下桶内外将产生水压差，在土体内引发土体渗流，过大的渗流将导致桶内土体产生渗流变形而形成土塞，甚至有可能使桶内土体液化而发生流动等，

图 1.15 三桶吸力式基础

在下沉过程中容易产生倾斜，需频繁矫正。丹麦的 Frederikshavn 海上风电场建设中首次使用了吸力式基础。

3. 浮式基础

浮式基础由浮体结构和锚固系统组成。浮体结构是漂浮在海面上的合式箱体，塔架固定其上，根据锚固系统的不同而采用不同的形状，一般为矩形、三角形或圆形。锚固系统主要包括固定设备和连接设备，固定设备主要有桩和吸力桶等，连接设备大体上可分为锚杆和锚链。锚固系统相应地分为固定式锚固系统和悬链线锚固系统。浮式基础是海上风电机组基础的深水结构型式，主要用于 50m 以上水深海域。

浮式基础按系泊系统不同主要可分为 Spar 式基础、张力腿式基础和半潜式基础等结构型式，如图 1.16 所示。

(1) Spar 式基础。此类基础主要通过压载舱使整个系统的重心压低至浮心之下来保证整个风电机组在水中的稳定，再通过悬链线来保持整个风电机组的位置。

(2) 张力腿式基础。该类基础通过张紧连接设备使浮体处于半潜状态，成为一个不可移动或迁移的浮体结构支撑。张力腿通常由 1～4 根张力筋腱组成，上端固定在合式箱体上，下端与海底基座相连或直接连接在固定设备顶端，基础稳定性较好。

(3) 半潜式基础。此类基础依靠自身重力和浮力的平衡，以及悬链线锚固系统来保证整个风电机组的稳定和位置，结构简单且生产工艺成熟，单位吃水成本低，经济性较好。

随着海上风电场开发建设和技术的发展，海上风电机组平均单机容量呈逐年上升

图 1.16 浮式基础

的态势，离岸距离和水深也不断增大。目前国内首台 10MW 海上风电机组已经在福建省福清兴化湾二期海上风电场成功并网发电；海上风电巨头 Vattenfall 将在其开发的英国 Norfolk Vanguard 1800MW 海上风场中使用单机容量在 7～20MW 的海上风电机组。但总体来看，海上风电基础中单桩基础仍是市场主流基础型式，截至 2016 年上半年单桩基础占市场份额的 79.4%，而早期常见的重力式基础已逐渐淡出。近年，导管架基础技术逐步成熟并投入使用，随着水深的进一步增大以及系泊系统的研究推进，浮式基础也会得到规模化发展，其他类型的基础还未被大范围商用。

1.3 风电机组支撑系统设计研究进展

1.3.1 塔架设计

风电机组塔架结构属于特殊作用的高耸结构，与一般建筑结构设计一样，要通过初步设计、技术设计与施工图设计三个阶段。但是风电机组塔架结构又不同于一般的建筑物，它具有高柔、外露、无围护的特点，顶部又有大质量、大刚度的旋转风轮和机舱结构，受力随风轮运转和运行方式不同而不同，因而在设计中要解决许多特殊的问题。

塔架结构设计时必须满足一般的设计准则，在充分满足功能要求的基础上，做到安全可靠、技术先进，确保质量和经济合理。结构计算的一般过程是根据拟定的结构方案和构造，按所承受的荷载进行内力计算，确定出各部件的内力，再根据所用材料的特性，对整个结构和构件及其连接进行核算，以符合经济、安全、适用等方面的

要求。

我国工程结构设计经历了容许应力计算法、破损阶段设计法及多系数极限状态设计法等发展过程。多系数极限状态设计法实质上是半概率、半经验的极限状态计算方法，这种方法仅在荷载和材料强度的设计取值上分别考虑了各自的统计变异性。

目前，建筑结构和高耸结构采用的准则是以概率为基础的极限状态设计法，即根据结构或构件能否满足功能要求来确定它们的极限状态，一般规定有两种极限状态。①结构或构件的承载力极限状态，包括静力强度、动力强度和稳定等计算，达到此极限状态时，结构或构件达到了最大承载能力而发生破坏，或达到了不适于继续承受荷载的巨大变形。②结构或构件的变形极限状态，或称为正常使用极限状态。达到此极限状态时，结构或构件虽仍保持承载能力，但在正常荷载作用下产生的变形已使结构或构件不能满足正常使用的要求（静力作用产生的过大变形和动力作用产生的剧烈振动等），或不能满足耐久性的要求。

各种承载结构都应按照上述两种极限状态进行设计。极限状态设计法比安全系数设计法更加合理、先进，它把有变异性的设计参数采用概率分析的方法引入了结构设计中。根据应用概率分析的程度可分为三种水准类型，即半概率极限状态设计法、近似概率极限状态设计法和全概率极限状态设计法。

我国采用的极限状态设计法属于半概率极限状态设计法，即只有少量设计参数，如钢材的设计强度、风雪荷载等，采用概率分析确定其设计采用值，大多数荷载及其他不定性参数由于缺乏统计资料而仍采用经验值；同时结构构件的抗力（承载力）和作用效应之间并未进行综合的概率分析，因而仍然不能使所设计的各种构件得到相同的安全度。

目前国内对不同类型的塔架设计已有不同的标准。最常见的钢锥筒塔架设计可参考 GB/T 19072—2010，进行塔架强度、稳定性、疲劳计算。

桁架式塔架结构设计主要参考铁塔结构设计相关标准，但须考虑风电机组特有的荷载特性，重点对桁架连接节点进行疲劳复核，以满足风电机组生命周期内疲劳寿命的要求。当前疲劳一般采用等效疲劳荷载或马尔科夫矩阵进行有限元分析计算。

混凝土塔架设计可参考 GB 50135—2019，结构分析应根据结构类型、材料性能和受力特点，选择弹性分析方法、弹塑性分析方法、塑性极限分析方法和试验分析方法等。

无论是哪种类型的塔架，都应遵循以下设计步骤：

（1）初步确定塔架的形状和尺寸。塔架的结构形状与尺寸取决于风电机组安装地点及风荷载情况。同时结合设计人员的经验，并参考现有同类型塔架，初步拟定塔架的结构形状和尺寸。

（2）结构计算复核。常规计算是利用材料力学、弹性力学等固体力学理论和计算公式，对塔架进行强度、刚度和稳定性等方面的校核，而后修改设计，以满足设计要求。

（3）外观美化设计。由于风电机组对环境的视觉有较大的影响，其体积大、高度高，因此还要对塔架进行造型设计，以满足与环境的和谐统一。

1.3.2　基础设计

一些欧美国家对风电机组基础设计与研究起步较早，形成了较为完整的规范理论体系。例如德国、丹麦、美国围绕着风电机组基础设计与风电的成本之间做了许多研究，针对一些特定的风电机组优化了基础的设计方法，使得风电成本下降。国际上制定的标准主要有 IEC 61400 和 GL 2010 等。

我国风电机组基础设计发展历程总体上可划分为 3 个阶段：①2003 年以前为小容量风电机组基础的自主设计阶段；②2003—2007 年为兆瓦级风电机组基础设计的引进和消化阶段；③2007 年以后为兆瓦级风电机组基础的自主设计阶段。

2003 年以前，我国风电发展缓慢，截至 2002 年年末我国风电累计装机容量仅为 46.8 万 kW，当年新增装机容量仅为 6.8 万 kW。其特征是项目规模小、单机容量小，国外风电机组厂商涉足也较少，风电机组基础主要由国内业主或厂商委托勘测设计单位完成，设计的主要依据为建筑类的地基标准。

2003 年开始，我国电力体制改革形成的电力投资主体多元化以及开始实施风电特许权项目，尤其是 2006 年《可再生能源法》生效，国外风电机组厂商开始大规模进入中国。鉴于国内在兆瓦级风电机组基础设计方面的经验不足，大多数情况下，风电机组基础设计都是风电机组厂商提出标准图，国内各设计院根据风电场地勘资料和国内建筑材料的具体情况进行设计调整，然后由厂商对国内设计院的设计方案进行复核确认。该模式不仅影响了风电机组基础的自主设计，而且受制于厂商，往往影响工程建设的决策、工期和投资效益。

2007 年 9 月，水电水利规划设计总院发布了 FD 003—2007，同期推出了配套的设计软件，使我国风电机组基础设计进入了快速发展的自主设计阶段。在总结实践及研究成果的基础上，国家能源局于 2019 年发布了 NB/T 10311—2019。基于标准的统一指导和风电产业的不断发展，加之我国项目业主和勘测设计单位的共同努力，我国风电机组基础研究取得了大量成果。

随着全球风电事业的蓬勃发展，世界各国将目光聚焦在了海上风电。针对国内海上风电机组基础相关标准缺失的实际情况，2011 年水电水利规划设计总院组织相关单位专家，开展了国内外海上风电勘测设计方面的调研工作，收集分析了相关技术资料，在此基础上编制了 NB/T 10105—2018，该标准已于 2019 年开始实施。至此，国内陆上、海上基础设计都有了相关标准可循。

1.3.3 优化设计

1.3.3.1 塔架优化

随着风电技术的日趋成熟，现代风电机组正向轻型、高效、高可靠性、大型化方向发展，超高塔架已成为目前风电机组设备发展的趋势。风电机组塔架的高度越来越高，承载越来越大，塔架在风电机组建设中的成本占比也在不断攀升。风电机组塔架的可靠性已经变得更加重要，也对风电机组塔架设计提出了更高的要求。

国内外对风电机组塔架开展了富有成效的优化设计工作，成果主要表现在圆锥塔筒的研究上。在保证塔架强度、刚度、稳定性等的条件下，选取适宜的设计变量（比如圆锥塔筒的塔段高度、外径、厚度，门洞的开口等），采用复形法、罚函数法以及包括禁忌搜索、模拟退火、遗传算法、神经网络和拉格朗日松弛等现代优化算法，来寻求优化目标的最优结果。Hani M. Negm 等选取塔筒每段的圆环截面参数（外径、厚度、高度）为设计变量，分别采用五种优化目标对风电机组塔架进行了优化设计。对比五种优化目标结果，发现以固有频率最大为目标函数的优化结果最好。P. E. Uys 等以筒体各段截面参数和加强肋板的数量及外形尺寸为设计变量，以塔架整体稳定性、加强处局部稳定性和塔架制造成本为目标函数，建立塔架优化数学模型并获得了优化结果。Anatoly Perelmuter 等建立以风电机组塔高、塔筒各段壁厚和直径与高度、风轮直径为设计变量，随塔架高度和风轮直径变化的荷载为状态变量，最小质量为目标函数的优化模型，通过加强型梯度法进行优化，得出塔高和塔重与风电机组发电能力的关系曲线。丁天翔建立塔架两阶段优化模型，第一阶段采用可靠性分析法优化塔筒壁厚参数，考虑塔筒的圆度缺陷和连接偏心缺陷；第二阶段利用基于精英机制的非支配排序遗传算法 NSGA－Ⅱ进行门洞优化。夏世林以 3MW 风力机工程为例，采用拓扑优化技术得到三支腿、四支腿、全桁架格构式以及半桁架半塔筒的混合式等几种塔架的结构轮廓，分析其结构的传力路径，为桁架塔架结构设计提供了思路。

总体来看，国内外学者对各种类型塔架结构的仿真分析及优化做了大量的工作，开展了单目标（质量、TMD、结构特性等）优化和多目标优化，有效地减少了塔架的成本或改善了工作性能，但在塔架结构型式上难有较大变革，需要应用拓扑优化设计技术寻求突破。

1.3.3.2 基础优化

风电机组塔架高度的增加，使得风电机组基础所受荷载越来越复杂，加之风电机组基础结构设计技术不够成熟，导致风电机组倒塌事故时有发生。在深入分析基础破坏的原因基础上，完善基础设计理论和方法，进而开展优化设计研究，具有重要意义。

王志义等以北方沿海 1.5MW 风电机组基础为例，提出了采用后压浆工艺提高桩基承载力和采用预应力技术提高耐久性的优化方案，取得了良好的经济效益。肖亚萌根据风电机组基础受力机理和应力分布情况，提出在基础环上设置栓钉抗剪连接件的方式对基础进行优化，并对优化后的风电机组基础进行数值分析。周洪博利用ANSYS有限元软件对风电机组基础进行参数化设计，编写风电机组基础优化设计通用程序，优化设计方案混凝土用量比原设计节省15.1%，钢筋用量节约16%。曾超波对风电机组独立基础提出了两种优化方法：首先通过对基础的非对称布置减小零应力区的面积对其进行优化；然后通过适当地放大零应力区的限值来对其进行优化。

从查阅的文献看，学者们对风电机组基础结构优化设计进行了探索性研究工作，有助于提升基础结构的安全性与经济性，提升基础结构设计的效率。但不同地域环境的条件差异较大，风电机组基础设计是一个不断反馈、修正、优化的过程，要形成一套科学、高效的风电机组基础优化设计平台仍须不断探索。

1.3.4 一体化设计

传统陆上风电机组支撑系统的设计方法是将“风电机组—塔筒”部分和基础部分分开设计，结构冗余偏高，设计方案往往偏保守，导致支撑系统成本过高。而海上支撑结构采购及安装费用占项目总成本的比重较大，海上风电场建设成本比陆上风电建设成本高出很多。随着海上风电的蓬勃发展，人们越来越意识到支撑结构的一体化设计，对降低海上风电的平准化度电成本的重大意义。

一体化设计是把海上风电机组的支撑结构、基础以及外部环境条件（尤其是风况、海况和海床地质条件）作为统一的整体系统进行模拟分析并进行优化的一种设计方法。运用这种方法，不仅能更全面地评估海上风电机组设备系统的受力状况，提升设计安全性，而且通过设计优化可有利于系统的整体降本。

2014年，DNV GL集团的FORCE（For Reduced Cost of Energy）项目将一体化设计理念应用到风电机组及其支撑结构，研究表明大型海上风电机组及其支撑结构的一体化设计方法能够有效降低度电成本，预计未来10年内可实现节省10亿欧元以上的成本。丹麦DONG能源一直践行海上风电机组一体化设计理念，通过对风、浪、土壤等外部条件以及“风电机组—塔筒—基础”结构的一体化建模，并在高度自动化和标准化的设计流程支持下，实现了支撑结构成本下降。MHI Vestas与Ramboll已经研发了海上风电一体化设计工具SMART Foundation Loads，通过消除结构设计冗余，降低塔架基础结构重量和成本。

在国内，中国长江三峡集团有限公司也开展了风电机组基础一体化的相关研究，通过大直径单桩试桩及极限状态测试，为支撑结构设计提供精确的数据，同时引入海上风电机组基础一体化设计，以期最大限度地降低成本。金风科技搭建了控制、荷载、塔架基础一体化平台IDO，并应用于实际海上工程项目的设计中。

目前，风电行业离理想的一体化设计还有很大的差距，仍需要做很多工作。想要实现真正的一体化设计，必须做到设计标准、建模一体化、工况设定与环境条件加载的一体化以及动态载荷的整体提取等方面的统一。在海上风电走向平价上网的大背景下，风电机组塔架基础的一体化设计将是持续降低海上风电单位电量成本的努力方向。

1.4 风电机组支撑系统施工技术及进展

风电机组支撑系统的施工关乎风电机组的整体安全，选择更科学、合理的施工方案和新型设备，能降低风电工程的成本，提高风电机组的安全性。

1.4.1 塔架施工

风电机组塔架的施工具有安装高、尺寸较大（高度 90m 以上）、质量大（单体质量大于 70t）、作业环境特殊（长期处于大风、复杂地形中）等特点，因此需要特殊的安装作业方案和设备，以满足其特殊要求。风电机组吊装设备的选用和施工技术方案的确定主要受地理环境、场内道路状况、设备参数（机舱尺寸、质量、塔架高度）等因素的影响。其施工方案和设备必须满足起重能力强、防风能力强、场地适应性好、便于转场和效率高的要求，采用合适、有效的风电机组塔架吊装技术和设备，对提高风电机组吊装的施工质量和运行性能有重要意义。

目前，风电机组吊装技术及其装备主要朝着两个方向发展：①研发起重能力更强的地面起重设备，以满足风电机组安装中不断提高的吊装需求；②研发吊装风电机组的专用设备。上述方向中，前者的设备投入巨大，后者可充分利用风电机组自身的特点，以较小的投入获得较高的适用性。

1.4.1.1 陆上塔架

传统风电机组塔架吊装方案采用基于地面的吊装模式，通常采用置于地面的大型汽车起重机、履带式起重机等大型起重设备完成任务。根据风电场风电机组设备的重量、外形尺寸、吊装高度及其结构特点以及现场吊装条件，结合施工单位现有的起重设备、业主的工期要求和施工成本，决定吊装设备型号和数量。

传统的钢制圆锥形塔筒具有外形美观、分段制作、螺栓连接、安装方便的特点，但随着风电机组大型化的发展，为满足受力及刚度需要，钢制塔筒的直径越来越大。当风电机组塔筒设计高度超过 85m 时，传统的钢塔结构难以满足平衡振动要求和交通运输限制条件。当轮毂超过 100m 时，底段塔筒的直径已远远超过常规公路运输的限制尺寸，从而限制了风电机组大型化的发展。为解决大型风电机组钢制塔筒直径过大而运输困难的问题，需要减小钢制塔筒的高度，即将下部塔筒由钢制塔筒改为混凝土塔筒，上部仍采用常规的钢制塔筒。上部的钢制塔筒高度减小，其直径就可以满足常规公路运输的要求。下部的混凝土塔筒直径大、重量大，施工工艺复杂，混凝土塔筒除了需要满足结构强度和刚度要求外，还需要满足方便运输和安装，并节省投入的要求。

MAX BÖGL 公司的混塔系统使用了移动工厂制造模式，通过预制装配式混凝土塔筒与钢制塔筒组合，使塔筒高度可超过 160m（全新版本可达 190m）且方便制造和运输。2016 年，通过使用这套模块化混塔系统，德国莱茵兰－普法尔茨州的豪斯贝-比肯巴赫（Hausbay - Bickenbach，Rhineland - Palatinate）立起了一个高 164m 的混塔。该塔底下是混凝土塔，上面加两段钢管建成。新的系统允许直接在项目现场生产混凝土型材，既能保证塔筒系统的高质量，又方便在本地制造，提高效率，减少运输成本。2019 年 11 月，MAX BÖGL WIND AG 的第二代混塔系统在德国首次使用，混塔 2.0 系统的轮毂高度 132m，风轮直径 136m，使用 Vensys 3.5MW 风电机组。在 ELFERTSHAUSEN，MAX BÖGL 公司和 GE 一起中标了一个风电场项目。该项目包括 3 台风电机组，轮毂高达 161m，将被安装在 MAX BÖGL 全新混塔系统上，采用单机容量 5.3MW 的 GE 风电机组、风轮直径 158m。通过混凝土结构和钢结构的结合 MAX BÖGL 全新混塔系统，轮毂高度最高可达 190m。

目前，国内风电机组支撑系统施工可参考 GB 51203—2016，其规范了钢及混凝土高耸结构工程的施工。

1.4.1.2 海上塔架

海上风电机组吊装根据其规模分为整体吊装与分体吊装。国外海上风电场建设多采用分体吊装，如 Nysted 风电场、Horns Rev 风电场、North Hoyle 风电场、Kentish Flats 风电场、Egmond aan Zee 风电场等。海上风电机组整体吊装只在英国的 Beatrice 风场采用过。风电机组整体吊装能有效节省海上操作时间，是未来海上风电机组安装的重要发展方向。

1.4.2 基础施工

风电机组作为一种大型的特殊工业建筑，首先电气工程复杂、管线安装多，因此对于风电机组基础的设计和施工要求更高。其次大型风电机组的选址多为气候环境特殊的地区，如河流众多的山区等，也对风电机组基础的施工质量提出了更加严格的要求，只有做好风电机组基础的施工管理控制工作，严格把控施工质量，才能确保风电机组及风场的安全平稳运行。随着风电机组单机容量趋向于大型化，以及海上风电场由潮间带、近海向远海甚至深海发展，更大的风电机组荷载、更恶劣的海洋环境条件，对海上风电机组基础施工提出了更高、更严苛的要求。

2015 年，国内发布了 GB/T 51121—2015，为风电机组不同基础型式的施工提供

了标准。

1.4.2.1 陆上基础

陆上风电机组基础主要分为扩展基础、梁板式基础和桩承式基础。最初的风电机组基础采用扩展基础，由于扩展基础混凝土工程量大，温控要求高，目前都采用一次性浇筑成型，避免后期混凝土开裂。新型梁板式预应力锚栓基础代替传统扩展基础是未来陆上风电机组基础的主要发展方向。模板施工中采用定型钢模板，定型模板整体关联性强，极大地减小安装偏差。对于桩承式基础，施工技术相对于其他基础较为成熟，沉桩是桩基工程施工过程的重要环节，目前风电项目常用的沉桩技术主要为锤击沉桩，随着沉桩技术的发展出现了水冲沉桩、振动沉桩、静压沉桩和植桩等方法，提高了施工速度与质量。

1.4.2.2 海上基础

海上风电机组基础一般有桩承式基础、重力式基础、浮式基础等。其中，桩承式基础为近海风电场的主导基础结构型式，在覆盖层较薄的环境下，需要进行嵌岩桩施工，嵌岩桩采用钻孔植入式嵌岩型式，并需要通过临时护筒进行辅助作业。非嵌岩桩施工采用自升式海上平台沉桩，海上自升平台不受波浪、涌浪等海洋环境的影响。利用自升平台上的起重机进行钢管桩的吊打易保证沉桩的施工精度。“港航驳 5”可满足大型液压打桩锤、打桩及安装施工机具存储需求，显著提升了海上风电基础沉桩施工和船舶协同作业能力、施工效率。大直径单桩基础采用浮运技术，不需要大型海工装备，为海上风电大规模单桩基础的运输提供了更加有效的途径。

近年，导管架基础（桩承式基础的一种）技术逐步成熟并投入使用，国内自主生产了先进的大型旋挖钻机，自主设计海上嵌岩平台混凝土搅拌生产设备，精准解决了恶劣海洋环境下对嵌岩灌注桩连续施工困难的技术难题。三桩芯柱式嵌岩桁架式导管架基础的桩基础施工，钻孔进入微风化层，孔深约 70m，提高了风电机组的整体稳定性，“长大海升” 3200t 起重船、“长大海航” 9000 匹拖轮、“华西 900” 1050t 起重船等船机资源，高效组织海上、陆地协同生产，提高了施工速度。

吸力式基础（重力式基础的一种）具有内部中空、单个尺寸大、导管架自身重量大、重心高等特点，4000t 起重船“华天龙”可作为主力吊装船舶进行施工。

第 2 章 风电机组支撑系统设计理论与方法

风电机组支撑系统设计是一个综合考虑结构安全性、适用性、耐久性与经济性的复杂过程，主要解决结构承受的各种荷载效应与结构材料抗力之间的关系。科学确定结构上的荷载，合理选择设计计算方法，确保获得安全、经济的结构设计方案。

本章主要介绍风电机组支撑结构设计基本原则，荷载类型及荷载组合，结构设计计算以及结构优化等基本内容。

2.1 支撑结构设计基本原则

2.1.1 塔架设计原则

我国 GB/T 19072—2010 对塔架设计原则提出了以下规定：

（1）塔架应在全部设计荷载情况下，稳定、安全地支撑风轮和机舱（包括发电机和传动系统等部件）。

（2）塔架应具有足够的强度，承受作用在风轮、机舱和塔架上的静荷载和动荷载，满足风电机组的设计寿命。

（3）应通过计算分析或试验确定塔架（在整机状态下）的固有频率和阻尼特性，并进行共振计算分析，使其固有频率避开风轮旋转频率及叶片通过频率。

（4）应根据安全等级确定荷载局部安全系数和材料局部安全系数，按构件失效后果选取重要性局部安全系数。

（5）通过塔架设计、材料选择和防护措施减少外部条件对塔架安全性和完整性的影响。

（6）塔架设计应考虑防雷接地要求。

2.1.2 基础设计原则

2.1.2.1 陆上风电机组基础设计原则

我国 NB/T 10311—2019 对陆上风电机组基础设计有如下规定：

（1）风电机组基础结构在规定的设计使用年限内应具有足够的可靠度。基础结构

设计除疲劳计算外应采用以概率理论为基础、以分项系数表达的极限状态设计方法。

(2) 风电机组基础结构的设计基准期应为50年。

(3) 风电机组基础结构设计使用年限不应低于50年，基础结构在规定的设计使用年限内应满足下列要求：

1) 在正常使用时，能够承受可能出现的各种荷载。

2) 在正常使用时，具有良好的工作性能。

3) 在正常维护下，具有足够的耐久性能。

4) 在设计规定的偶然事件发生时及发生后，仍能保持整体稳定性。

(4) 风电机组基础设计级别应根据风电机组单机容量、轮毂高度和地基类型等分为甲级、乙级、丙级，基础设计级别应符合表2.1的规定。值得注意的是：①基础设计级别按表中指标分属不同级别时，应按最高级别确定；②采用新型基础时，基础设计级别宜提高一个级别。

(5) 风电机组基础设计应符合下列规定：

1) 风电机组基础应满足承载力和稳定性要求。

2) 设计级别为甲级和乙级的风电机组基础设计应进行地基变形计算。

3) 丙级风电机组基础，有下列情况之一的，应进行变形验算：①地基承载力特征值小于130kPa或压缩模量小于8MPa；②软土等特殊的岩土地基。

表2.1 基础设计级别

设计级别	单机容量、轮毂高度、地基类型等
甲级	单机容量2.5MW及以上； 轮毂高度90m及以上； 地质条件复杂的岩土地基或软土地基； 极限风速超过IECI类风电机组
乙级	介于甲级、丙级之间的地基基础
丙级	单机容量不大于1.5MW； 轮毂高度小于70m； 地质条件简单的岩土地基

(6) 风电机组基础设计应进行工程地质勘察，勘察内容和方法应符合现行行业标准NB/T 31030—2012的规定。

(7) 风电机组基础型式的选择应根据地质条件和上部结构对基础的要求，通过技术经济分析比较确定。不同场址工程地质条件适用的基础结构型式宜符合表2.2的规定。

表2.2 不同场址工程地质条件适用的基础结构型式

序号	场址工程地质条件	基础结构型式
1	砂土、碎石土、全风化岩石且地基承载力特征值不小于180kPa的地基	扩展基础
2		梁板式基础
3	中硬岩以上完整岩石地基	岩石预应力锚杆基础
4	软弱土层或高压缩性土层地基	桩承式基础
5	砂砾石、黏土或碎石土地基	预应力筒型基础

（8）风电机组基础结构安全等级应按表 2.3 的规定确定。风电机组基础结构安全等级应与风电机组和塔筒等上部结构的安全等级一致。

表 2.3　风电机组基础结构安全等级

基础结构安全等级	风电机组基础设计级别
一级	甲级
二级	乙级、丙级

（9）风电机组基础设计应对基础环或锚笼环与基础的连接进行设计复核。

（10）风电机组基础设计应对地基动态刚度进行验算。

（11）抗震设防烈度为 9 度及以上的陆上风电场工程，风电机组基础设计应进行专门研究。

（12）基础结构材料的疲劳计算应满足现行国家标准 GB 50010—2010 的规定。

2.1.2.2　海上风电机组基础设计原则

我国 NB/T 10105—2018 对海上风电机组基础设计有如下要求：

（1）风电机组基础结构型式选择应根据风电场工程区域海洋水文、气象、水深、地质条件、风电机组荷载及施工能力，通过技术、经济比选确定，并提出结构构件在建造、运输、安装和运行过程中的各项要求。

（2）风电机组基础应满足在海洋环境条件下安全性、耐久性和功能性的要求。

（3）风电机组基础结构设计应分析施工的可行性，减少海上施工作业工作量；结构平面、立面布置应规整，传力途径明确；重要构件和关键传力部位应增加安全冗余。

（4）风电机组基础设计应计入风电机组运行荷载、波浪、风和海流等循环荷载长期作用下土体强度和地基刚度的变化，并应进行地基与基础的相互作用分析。

（5）风电机组基础设计宜采用标准化结构及构件。

2.2　荷载类型及荷载组合

2.2.1　荷载及作用

作用在结构上的力统称为荷载。支撑结构上的荷载按时间作用的变异性可分为永久荷载、可变荷载和偶然荷载三类。

（1）永久荷载，包含结构自重、固定的设备重、结构上的物料重、基础上的土重、土压力、初始状态下索线或纤绳的拉力、结构内部的预应力等。

（2）可变荷载，包含风荷载、雪荷载、波浪覆冰荷载、安装检修荷载、机舱面或平台活荷载、基础不均匀沉降引起的荷载、常遇地震作用、温度变化等。

（3）偶然荷载，包含撞击、爆炸、罕遇地震作用等。

按荷载性质，又可分为静态荷载和动态荷载。

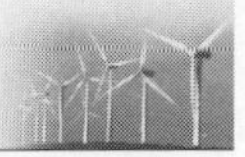

（1）静态荷载，这种荷载是逐渐地、缓慢地施加在结构上的，荷载过程中不产生加速度或加速度甚微可以忽略不计，例如塔架及机舱上人员荷载、雪荷载、设备重等。

（2）动态荷载，施加这类荷载时会使结构产生显著的加速度，例如地震作用、设备振动、阵风脉动荷载等。

在进行结构分析时，对于动态荷载应当考虑其动力效应，其与结构的动力特性有必然的联系。运用结构动力学方法考虑其影响，也可采用乘以动力系数的简化方法，将动态作用转换为等效静态作用。风电机组塔架及基础结构的各类荷载中，起主要作用的是风荷载。另外地震区地震作用也是主要的荷载，对于海上风电机组而言，海洋的环境荷载也是主要荷载。

结构设计中荷载的取值是否合理和准确，直接影响到结构设计的安全和经济，因而理解荷载性质并掌握荷载取值方法有着特别重要的意义。

2.2.2 风荷载

风荷载是风电机组结构上的最主要荷载，也是塔架及基础结构的主要荷载之一。

当风以一定的速度向前运动遇到建筑物、构筑物等阻碍物时，将对这些阻碍物产生作用力，它不仅对结构物产生顺风向水平风压作用，也产生横风向作用，有时还会引起风力矩和多种类型的振动效应，这是风荷载有别于其他荷载的特点。

作用于塔架结构表面单位面积上的风荷载标准值的计算为

$$w_{\mathrm{k}}=\beta_z\mu_s\mu_z w_0 \tag{2.1}$$

式中 w_{k}——作用在高度 z 处单位投影面积上的风荷载标准值，kN/m²；

β_z——高度 z 处的风振系数；

μ_s——风荷载体型系数，主要与塔架的外型、尺寸等有关；

μ_z——风压高度变化系数；

w_0——基本风压，kN/m²。

2.2.2.1 基本风压

基本风压又称参考风压、标准风压，空旷平坦地面或海面以上规定标准高度处的规定时距和重现期的年平均最大风压。结构物抗风设计的基本风压，可由现场实测风速资料或气象站风速观测资料经统计分析后计算求得，即

$$w_0=\frac{1}{2}\rho v^2=\frac{\gamma}{2g}v^2 \tag{2.2}$$

式中 w_0——单位面积上的风压，kN/m²；

ρ——空气密度，t/m³；

γ——空气重度，kN/m³；

g——重力加速度，m/s²；

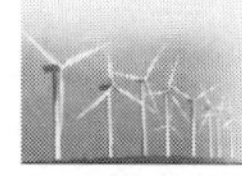

v——基本风速，m/s。

不同的地理位置，大气条件是不同的，γ 和 g 值也不相同。重力加速度 g 不仅随高度变化，而且与纬度有关；空气重度 γ 是气压、气温的函数。

2.2.2.2　风压高度变化系数

地球表面的凸起对空气水平运动产生阻力，从而使靠近地表的气流速度减慢，该阻力对气流的作用随高度增加而减弱，只有在离地表300～500m以上的高度，风才不受地表粗糙度的影响，能够以梯度风速度流动。不同地表粗糙度有不同的梯度风高度，地表粗糙度越小，风速变化越快，其梯度风高度越低；反之，地表粗糙度越大，梯度风高度将越高。这种运动对风荷载的影响通过采用风压高度变化系数方式加以反映。

GB 50009—2012中明确风压高度变化系数应根据地面粗糙度类别取不同值。地面粗糙度可分为A类、B类、C类、D类四类，其中：A类指近海海面和海岛、海岸、湖岸及沙漠地区；B类指田野、乡村、丛林、丘陵以及房屋比较稀疏的乡镇；C类指有密集建筑群的城市市区；D类指有密集建筑群且房屋较高的城市。不同地区的风压高度变化系数可按表2.4选取，但计算所需高度值在列表中未给出时，需要进行插值计算。

表2.4　风压高度变化系数 μ_z

离地面或海平面高度/m	地面粗糙度类别			
	A	B	C	D
5	1.09	1.00	0.65	0.51
10	1.28	1.00	0.65	0.51
15	1.42	1.13	0.65	0.51
20	1.52	1.23	0.74	0.51
30	1.67	1.39	0.88	0.51
40	1.79	1.52	1.00	0.60
50	1.89	1.62	1.10	0.69
60	1.97	1.71	1.20	0.77
70	2.05	1.79	1.28	0.84
80	2.12	1.87	1.36	0.91
90	2.18	1.93	1.43	0.698
100	2.23	2.00	1.50	1.04
150	2.46	2.25	1.79	1.33
200	2.64	2.46	2.03	1.58
250	2.78	2.63	2.24	1.81
300	2.91	2.77	2.43	2.02

续表

离地面或海平面高度/m	地面粗糙度类别			
	A	B	C	D
350	2.91	2.91	2.60	2.22
400	2.91	2.91	2.76	2.40
450	2.91	2.91	2.91	2.58
500	2.91	2.91	2.91	2.74
>500	2.91	2.91	2.91	2.91

对于远海海面和海岛的建筑物或构筑物，风压高度变化系数除可按A类粗糙度类别确定外，还应考虑表2.5中给出的修正系数。

2.2.2.3 风荷载体型系数 μ_s

表 2.5 远离海面和海岛的修正系数 η

离海岸距离/km	η
<40	1.0
40～60	1.0～1.1
60～100	1.1～1.2

当构筑物处于风速为 v 的风流场，自由气流的风速因阻碍而完全停滞时，对构筑物表面所产生的风压与风速的关系可由伯努利方程计算。但一般情况下，自由气流并不能理想地停滞在构筑物表面，而是以不同途径从构筑物表面绕过。风作用在构筑物表面的不同部位将引起不同的风压值，此值与来流风压之比称为风荷载体型系数 μ_s，主要与构筑物的体型和尺寸有关，也与周围的环境和地面粗糙度有关。

风电机组塔架结构一般可看作悬臂式结构，如图2.1所示。此类结构局部表面分布的体型系数 μ_s 按表2.6计算。表2.6中数值适用于 $\mu_z w_0 d^2 \geqslant 0.02$ 的表面光滑情况，其中：w_0 为基本风压以 kN/m^2 计，d 以m计。

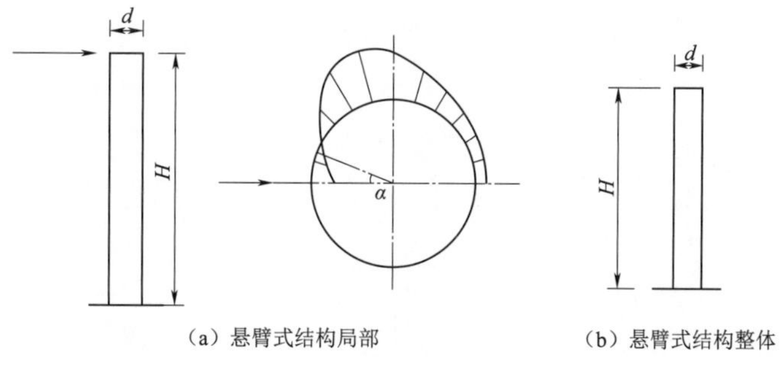

(a) 悬臂式结构局部　　(b) 悬臂式结构整体

图 2.1 悬臂式结构

整体计算时体型系数按表2.7取值。值得注意的是：①表中圆形结构的值适用于 $\mu_z w_0 d^2 \geqslant 0.02$ 的情况，D 以m计，w_0 为基本风压以 kN/m^2 计；②表中"光滑"系指钢、混凝土等圆形结构的表面情况，"粗糙"系指结构表面凸出肋条较小的情况；③计算正方形对角线方向的风荷载时，体型系数按照表2.7取值，迎风面积按照正方形单面面积取值。

表 2.6　局部计算悬臂式结构体型系数 μ_s

α/(°)	$H/d\geqslant25$	$H/d=7$	$H/d=1$
0	+1.0	+1.0	+1.0
15	+0.8	+0.8	+0.8
30	+0.1	+0.1	+0.1
45	−0.9	−0.8	−0.7
60	−1.9	−1.7	−1.2
75	−2.5	−2.2	−1.5
90	−2.6	−2.2	−1.7
105	−1.9	−1.7	−1.2
120	−0.9	−0.8	−0.7
135	−0.7	−0.6	−0.5
150	−0.6	−0.5	−0.4
165	−0.6	−0.5	−0.4
180	−0.6	−0.5	−0.4

表 2.7　整体计算悬臂式结构体型系数 μ_s

<table>
<tr><th colspan="2">截　面</th><th>风向</th><th>$H/d\geqslant25$</th><th>$H/d=7$</th><th>$H/d=1$</th></tr>
<tr><td colspan="2" rowspan="2">正方形</td><td>垂直于一边</td><td>1.4</td><td>1.4</td><td>1.3</td></tr>
<tr><td>沿对角线</td><td>1.5</td><td>1.5</td><td>1.4</td></tr>
<tr><td colspan="2">六边形及八边形</td><td>任意</td><td>1.2</td><td>1.1</td><td>1.0</td></tr>
<tr><td rowspan="2">圆形</td><td>粗糙</td><td rowspan="2">任意</td><td>0.9</td><td>0.8</td><td>0.7</td></tr>
<tr><td>光滑</td><td>0.6</td><td>0.5</td><td>0.5</td></tr>
</table>

型钢及组合型钢结构（图 2.2）的体型系数 $\mu_s=1.3$。

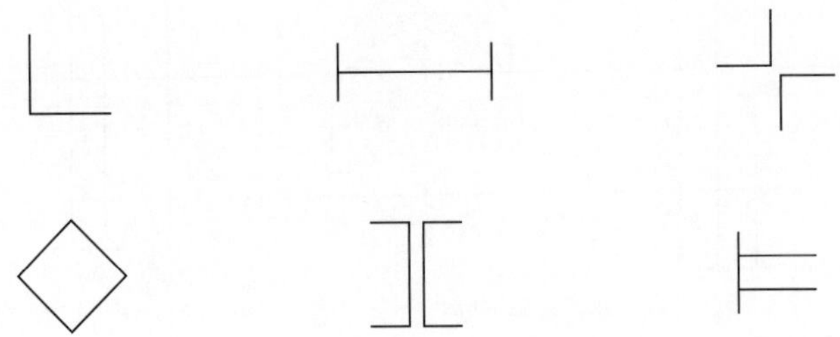

图 2.2　型钢及组合型钢结构

角钢塔架结构截面型式如图 2.3 所示，其体型系数按照表 2.8 进行选取。挡风系数 $\phi=\dfrac{\text{迎风面杆件和节点净投影面积}}{\text{迎风面轮廓面积}}$，均按塔架迎风面的一个塔面计算。六边形及八边形塔架的 μ_s 值可近似地按表 2.8 中方形塔架对应的风向①或风向②采用，但六边形塔迎风面积按两个相邻塔面计算，八边形塔架迎风面按三个相邻塔面计算。

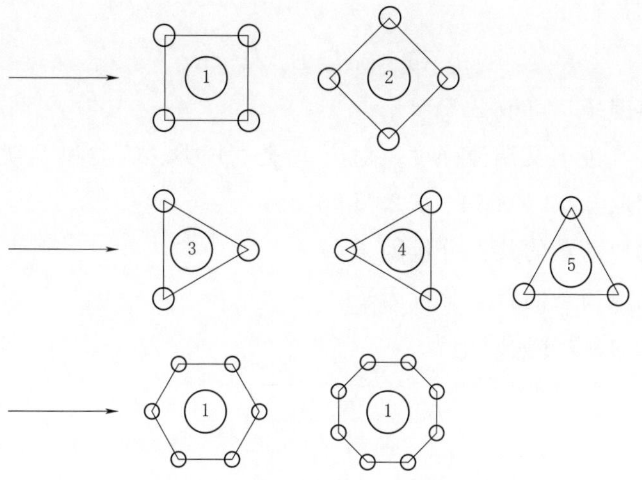

图 2.3　塔架结构截面型式

表 2.8　角钢塔架的整体体型系数 μ_s

ϕ	方　形			三角形
	风向①	风向②		任意风向
		单角钢	组合角钢	③④⑤
≤0.1	2.6	2.9	3.1	2.4
0.2	2.4	2.7	2.9	2.2
0.3	2.2	2.4	2.7	2.0
0.4	2.2	2.2	2.4	1.8
0.5	1.9	1.9	2.0	1.6

管子及圆钢塔架的整体体型系数 μ_s 应按下列规定取值：①当 $\mu_z w_0 d^2 \leqslant 0.002$ 时，μ_s 值应按角钢塔架的整体体型系数值乘以 0.8 采用；②当 $\mu_z w_0 d^2 \geqslant 0.015$ 时，μ_s 值应按角钢塔架的整体体型系数值乘以 0.6 采用；③当 $0.002 < \mu_z w_0 d^2 < 0.015$ 时，μ_s 值应按插入法计算。

当高耸结构由不同类型截面组合而成时，应按不同类型杆件迎风面积加权平均选用。

2.2.2.4　顺风向风振系数

水平流动的气流作用在构筑物的表面上，会在其表面上产生风压，将风压沿表面积分，可求出作用在构筑物上的风力，风力又可分为顺风向风力、横风向风力和风扭力矩。GB 50135—2019 等国家标准考虑风荷载的动力影响，采用振型的惯性力定义风振系数。

对于一般竖向悬臂型结构，例如高层建筑和构架、塔架、烟囱等高耸结构，均可仅考虑结构第一振型的影响，结构的顺风向风荷载可按式（2.1）计算。z 高度处的

风振系数 β_z 可计算为

$$\beta_z = 1 + 2aI_{10}B_z\sqrt{1+R^2} \tag{2.3}$$

式中　a——峰值因子，可取 2.5；

I_{10}——10m 高度名义湍流强度，对应 A 类、B 类、C 类和 D 类地面粗糙度，可分别取 0.12、0.14、0.23 和 0.39；

R——脉动风荷载的共振分量因子；

B_z——脉动风荷载的背景分量因子。

脉动风荷载的共振分量因子为

$$R = \sqrt{\frac{\pi}{6\zeta_1}\frac{x_1^2}{(1+x_1^2)^{4/3}}} \tag{2.4}$$

$$x_1 = \frac{30f_1}{\sqrt{k_w w_0}}, x_1 > 5 \tag{2.5}$$

式中　f_1——结构第 1 阶自振频率，Hz；

k_w——地面粗糙度修正系数，对 A 类、B 类、C 类和 D 类地面粗糙度分别取 1.28、1.0、0.54 和 0.26；

ζ_1——结构阻尼比，对钢结构可取 0.01，对钢筋混凝土及砌体结构可取 0.05，对其他结构可根据工程经验确定。

脉动风荷载的背景分量因子可按下列规定确定：

（1）对体型和质量沿高度均匀分布的高耸结构为

$$B_z = kH^{a_1}\rho_x\rho_z\frac{\phi_1(z)}{\mu_z} \tag{2.6}$$

式中　$\phi_1(z)$——结构第 1 阶振型系数；

H——结构总高度，m，对 A 类、B 类、C 类和 D 类地面粗糙度，取值分别不应大于 300m、350m、450m 和 550m；

ρ_x——脉动风荷载水平方向相关系数；

ρ_z——脉动风荷载竖直方向相关系数；

k、a_1——系数，按表 2.9 取值。

表 2.9　k、a_1 系数取值

粗糙度类别	A类	B类	C类	D类
k	1.276	0.910	0.404	0.155
a_1	0.286	0.218	0.292	0.376

（2）对迎风面和侧风面的宽度沿高度按直线或接近直线变化，而质量沿高度按连续规律变化的高耸结构，背景分量因子 B_z 应乘以修正系数 θ_B 和 θ_v。θ_B 为构筑物在 z

高度处的迎风面宽度 $B(z)$ 与底部宽度 $B(0)$ 的比值，θ_v 可按表 2.10 确定。

表 2.10 修正系数 θ_v

θ_B	1	0.9	0.8	0.7	0.6	0.5	0.4	0.3	0.2	≤0.1
θ_v	1.00	1.10	1.20	1.32	1.50	1.75	2.08	2.53	3.30	5.60

(3) 脉动风荷载的空间相关系数 ρ_z、ρ_x 可按下列规定确定：

1) 竖直方向的相关系数为

$$\rho_z=\frac{10\sqrt{H+60e^{-H/60}}-60}{H} \tag{2.7}$$

式中 H——结构总高度，m，对 A 类、B 类、C 类和 D 类地面粗糙度，H 的取值分别不应大于 300m、350m、450m 和 550m。

2) 水平方向相关系数为

$$\rho_x=\frac{10\sqrt{B+50e^{-B/50}-50}}{B} \tag{2.8}$$

式中 B——结构迎风面宽度，$B\leqslant 2H$，m。

对迎风面宽度较小的高耸结构，水平方向相关系数可取 $\rho_x=1$。

(4) 结构振型系数 $\phi(z)$ 应按实际工程由结构动力学计算得出。一般情况下，对顺风向响应可仅考虑第 1 振型的影响，对圆截面高层建筑及构筑物横风向的共振响应，应验算第 1 至第 4 振型的响应。

2.2.2.5 横风向风振效应

建筑物或构筑物受到风力作用时，不但顺风向可以发生风振，在一定条件下，横风向也能发生风振。

对于高层建筑、高耸塔架、烟囱等结构物，横风向风作用引起的结构共振会产生很大的动力效应，甚至对工程设计起着控制作用。横风向风振是由不稳定的空气动力作用造成的，其性质远比顺风向更为复杂，其中包括旋涡脱落、驰振、颤振等空气动力现象。当发生旋涡脱落时，若脱落频率与结构自振频率相符，将出现共振。大量试验表明，旋涡脱落频率与风速成正比，与截面的直径成反比。

GB 50135—2019 中规定，对于竖向斜率不大于 2%的圆筒形塔、烟囱等圆截面构筑物以及圆管、拉绳和悬索等圆截面构件，应根据雷诺数 Re 的不同情况进行横风向风振的验算。

横风向风振主要考虑的是共振影响，因而可与结构的不同振型发生共振效应。对超临界的强风共振，设计时必须按不同振型对结构予以验算。若临界风速起始点在结构底部，整个高度为共振区，它的振动效应最为严重；若临界风速起始点在结构顶部，则不发生共振，也不必验算横风向风振荷载。一般认为低振型的影响占主导作

用，只需考虑前 4 个振型即可满足要求，其中以前 2 个振型的共振最为常见。

在风荷载作用下，结构出现横风向风振效应的同时，必然存在顺风向风荷载效应。结构的风荷载总效应是横风向和顺风向两种效应的矢量叠加。校核横风向风振时，风的荷载效应 S 可将横风向风荷载效应 S_C 与顺风向风荷载效应 S_A 组合后确定，即

$$S=\sqrt{S_C^2+S_A^2} \tag{2.9}$$

对于非圆形截面的柱体，如三角形、方形、矩形、多边形等棱柱体都会发生类似的旋涡脱落现象，产生涡激共振，但其规律更为复杂。对于重要的柔性结构的横风向风振等效风荷载，应通过风洞试验确定。

2.2.2.6　海上风电机组基础风荷载

作用在海上风电机组基础上的风荷载 F_f 的计算为

$$F_f=KK_zp_0A \tag{2.10}$$

$$p_0=\beta\alpha_f v_t^2 \tag{2.11}$$

式中　F_f——风荷载，N；

K——风荷载形状系数，梁及建筑物侧壁取 $K=1.5$，圆柱体侧壁取 $K=0.5$，平台总投影面积取 $K=1.0$；

K_z——风压高度变化系数，由表 2.11 确定，不在表中高度范围内时风压高度变化系数可用内插法确定；

p_0——基本风压，Pa；

A——垂直于风向的轮廓投影面积，m^2；

β——风压增大系数，结构基本自振周期 $T=0.25$s 时，取 $\beta=1.25$；结构基本自振周期 $T=0.5$s 时，β 取 1.45；结构基本自振周期 $0.25\text{s}<T<0.5\text{s}$ 时，β 值可用内插法确定；

α_f——风压系数，取 0.613N·s^2/m^4；

v_t——时距为 t 的设计风速，m/s，可选取平均海平面以上 10m 处、时距为 3s 的最大阵风风速或时距为 1min 的最大持续风速。

表 2.11　风压高度变化系数 K_z

海平面以上高度/m	≤2	5	10	15	20	30	40	50	60	70	80	90	100	150
K_z	0.64	0.84	1.00	1.10	1.18	1.29	1.37	1.43	1.49	1.54	1.58	1.62	1.64	1.79

2.2.3　地震荷载

NB/T 10101—2018 中的抗震设计标准规定：风电机组地基基础的抗震设防类别应为标准设防类，即丙类。风电机组塔架的设防类别应根据具体情况划分为标准设防

类（丙类）或者重点设防（乙类）。

GB 50191—2012 规定，抗震设防烈度为 6 度时，除应符合本规范的有关规定外，对乙类、丙类、丁类构筑物可不进行地震作用计算。对于风电机组支撑系统来说，在烈度 6 度地区仅需满足抗震构造即可；在 7 度及以上抗震烈度时，需要进行抗震验算，又需要满足抗震构造。GB 50135—2019 还有更详细的规定：设防烈度为 8 度及以上的高耸混凝土结构和设防烈度为 9 度及以上的高耸钢结构，应同时考虑竖向地震作用和水平地震作用的不利组合。

2.2.3.1 地震荷载计算方法

地震荷载不但与地震时地面运动有关，还与结构的质量、刚度有关，结构的自振周期不同，地震作用大小则不同。计算地震荷载的理论方法主要有拟静力法、反应谱法以及直接动力分析法等。

1. 拟静力法

拟静力法也称为等效荷载法，即通过反应谱理论将地震对建筑物的作用以等效荷载的方法来表示，然后根据这一等效荷载用静力分析的方法对结构进行内力和位移计算，以验算结构的抗震承载力和变形。基于此理论，结构物所受最大地震基底剪应力可以表示为

$$V_0 = k\beta(t)W \tag{2.12}$$

$$\beta(t) = \frac{S_a(T)}{a} \tag{2.13}$$

式中 $\beta(t)$ ——加速度的放大倍数；

$S_a(T)$ ——加速度反应谱，m/s²；

a ——地震动最大加速度，m/s²。

2. 反应谱法

反应谱法是根据各种地震记录曲线，求出抗震计算中所必需的参数与周期的关系曲线，然后取这些曲线的包络线作为抗震计算的依据进行地震力的计算。所需的参数通常取结构最大加速度响应与重力加速度的比值，以使该参数无量纲化。反应谱法计算结构的地震响应时，一般结合振型分析进行，因而也称为振型分解反应谱法。对于一般规则的高耸结构，一般取前 2～3 个振型的影响。反应谱法的优点是根据包络线图，乘以质量等参数，即可求出最大惯性力或地震力。

计算表明，对于高度不超过 40m，以剪切变形为主且质量和刚度沿高度分布比较均匀的结构以及近似于单质点体系的结构，可只考虑第 1 振型的影响，从而演变为底部剪力法等简化方法。

3. 直接动力分析法

直接动力分析法，又称时程分析法。在设计某一结构时，根据具体条件选择适当

的地震记录作为定函数或随机函数输入，直接计算此结构的弹性或弹塑性地震反应作为设计依据。一般是通过基本振动方程进行直接积分，从而计算出各时段分点的质点系的位移、速度和加速度值。用逐步积分方法求解地震期间结构的整个时间历程的瞬态地震反应。

GB 50011—2010 建议对特别不规则的建筑及国家重点抗震城市的生命线工程的建筑（甲类建筑）和规范所列高度范围内的高层建筑，宜采用时程分析法进行补充计算。计算得到的底部剪力不应小于反应谱法得到结果的 80%。所选用的地震曲线，宜按烈度、近震、远震和场地类别选用适当数量的实际记录或人工模拟的加速度时程曲线。在具体应用时至少应采用 4 条不同的地震加速度曲线，其中宜包括一条本地区历史上发生地震时的实测记录；如当地无地震记录，可根据当地场地条件选用合适的其他地区的地震记录；如没有合适的地震记录，可采用人工模拟地震波。

2.2.3.2　水平地震荷载

GB 50191—2012 规定，风电机组塔架结构宜采用振型分解反应谱法。

高耸结构风电机组塔架结构一般都为不完全对称结构，因此水平地震作用下应考虑扭转的影响。采用振型分解反应谱法，分别求出各振型的地震力及其效应（弯矩、剪力、轴力和变形），然后考虑各振型的综合影响。

根据结构动力学，结构 j 振型 i 质点的水平地震作用标准值，即

$$F_{ji}=\alpha_j\gamma_jX_{ji}G_i \quad (i=1,2,\cdots,n;j=1,2,\cdots,m) \tag{2.14}$$

$$\gamma_j=\sum_{i=1}^{n}X_{ji}G_i\Big/\sum_{i=1}^{n}X_{ji}^2G_i \tag{2.15}$$

式中　F_{ji}——j 振型 i 质点的水平地震作用标准值；

α_j——相应于 j 振型自振周期的地震影响系数；

γ_j——j 振型的参与系数；

X_{ji}——j 振型 i 质点的水平相对位移，m；

G_i——集中于质点 i 的重力荷载代表值。

GB 50191—2012 中规定：构筑物的地震影响系数应根据烈度、场地类别、设计地震分组和结构自振周期以及阻尼比确定。其水平地震影响系数最大值 α_{max} 应按表 2.12 采用；当计算的地震影响系数值小于 $0.12\alpha_{max}$ 时，应取 $0.12\alpha_{max}$。

表 2.12　水平地震影响系数最大值

地震影响	6 度	7 度	8 度	9 度
多遇地震	0.04	0.08（0.12）	0.16（0.24）	0.32
设防地震	0.12	0.23（0.34）	0.45（0.68）	0.90
罕遇地震	0.28	0.50（0.72）	0.90（1.20）	1.40

注：括号内数值分别用于设计基本地震加速度为 0.15g 和 0.30g 的地区；多遇地震，50 年超越概率为 63%；设防地震（设防烈度），50 年超越概率为 10%；罕遇地震，50 年超越概率为 2%～3%。

特征周期应根据场地类别和设计地震分组按表 2.13 采用；计算罕遇地震作用时，特征周期应增加 0.05s。周期大于 7.0s 的构筑物，其地震影响系数应专门研究。

表 2.13 特征周期值

设计地震分组	场地类别				
	I_0	I_1	Ⅱ	Ⅲ	Ⅳ
第一组	0.20	0.25	0.35	0.45	0.65
第二组	0.25	0.30	0.40	0.55	0.75
第三组	0.30	0.35	0.45	0.65	0.90

构筑物地震影响系数曲线如图 2.4 所示。

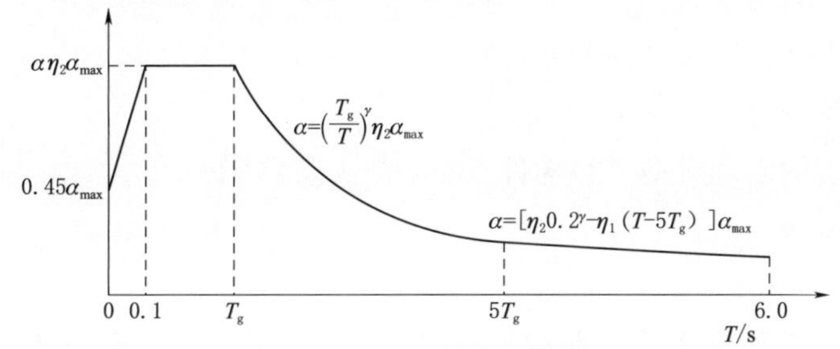

图 2.4 地震影响系数曲线

α—地震影响系数；α_{max}—地震影响系数最大值；η_1—直线下降段的下降斜率调整系数；γ—衰减指数；T_g—特征周期；η_2—阻尼调整系数；T—结构自振周期

2.2.3.3 竖向地震荷载

高耸结构竖向地震荷载计算简图如图 2.5 所示。竖向地震作用效应可按各构件承受的重力荷载代表值的比例进行分配；当按多遇地震计算时，尚宜乘以增大系数 1.5～2.5。

$$F_{Evk}=\alpha_{vmax}G_{eqv} \tag{2.16}$$

$$F_{vi}=F_{Evk}\frac{G_i h_i}{\sum G_j h_j} \tag{2.17}$$

式中 F_{Evk}——结构总竖向地震荷载标准值，kN；

F_{vi}——质点 i 的竖向地震荷载标准值，kN；

h_i、h_j——质点 i、j 的计算高度，m；

α_{vmax}——竖向地震影响系数最大值；

G_{eqv}——结构等效总重力荷载，可按其重力荷载代表值的 75%采用，kN。

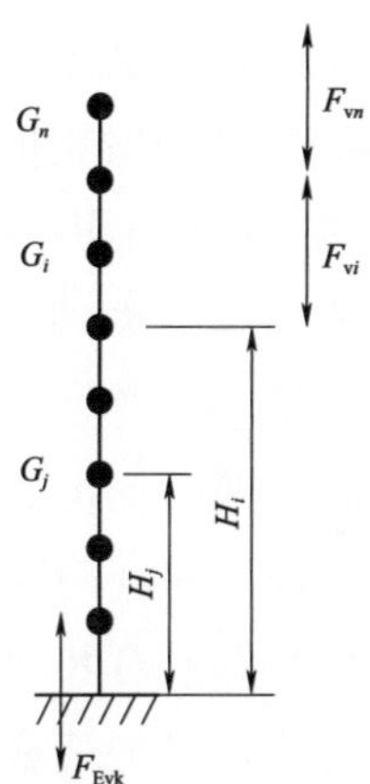

图 2.5 高耸结构竖向地震荷载计算简图

2.2.3.4 动水压力

NB/T 10105—2018 对海上风电机组基础所受的荷载有

如下规定：

细长构件的水下部分所受到的动水压力 P 可计算为

$$P=CK_{H}\beta(C_{M}-1)V_{tj}\gamma_{rz}\sin^{2}\phi(i,l) \tag{2.18}$$

式中　P——动水压力，N；

C——综合影响系数，取 $C=0.30$；

K_{H}——水平向地震系数，7度地震取 $K_{H}=0.1$，8度地震取 $K_{H}=0.2$，9度地震取 $K_{H}=0.4$；

β——动力放大系数；

C_{M}——惯性力系数，由试验确定，在试验资料不足时，可按现行行业标准《港口与航道水文规范》（JTS 145—2015）的有关规定执行；

V_{tj}——浸水部分的构件体积，m^3；

γ_{rz}——流体的容重，N/m^3；

$\phi(i,l)$——地震的震动方向 i 与构件 l 之间的夹角，(°)。

2.2.4　波浪荷载

工程结构在风浪流环境下的荷载总称为波浪荷载。波浪荷载是由波浪水质点与结构间的相对运动所引起的。波浪荷载包括：①直接作用于工程结构上的水动压力；②工程结构在风浪流中运动产生加速度导致的惯性力；③工程结构发生总体或局部的动态变形所引起的附加效应。影响波浪荷载大小的因素很多，如波高、波浪周期、水深、结构尺寸和形状、群桩的相互干扰和遮蔽作用以及海生物附着等。

波浪是一种随机性运动，很难在数学上精确描述。当结构构件（部件）的直径小于波长的20%时，波浪荷载的计算通常用半经验半理论的莫里森（美国）方程；当结构构件（部件）的直径大于波长的20%时，应考虑结构对入射波长的影响及入射波的绕射，计算时用绕射理论求解。

2.2.4.1　波浪对风电机组基础的影响

我国海域分布广，不同海域的灾害性海浪分布存在明显差异：南海海域14.1次/年，东海海域9.8次/年，台湾海峡6.1次/年，黄海海域5.9次/年，渤海海域相对较小，为0.9次/年。统计资料表明，影响我国的台风80%都能形成6m以上的台风浪，台风及其伴随的灾害性台风浪可能会对海上风电机组产生破坏性影响。

海浪周期性的巨大冲击力将对风电机组基础带来如下影响：

（1）海浪对基础周期性的冲刷影响，在海浪夹带作用下，基础附近的泥沙土壤等逐渐转移，对基础造成掏空性破坏。

（2）海浪会导致地基孔隙中水压力周期性变化，使其可能产生液化现象，弱化基础承载力。

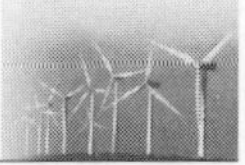

(3) 灾害性海浪的频率一般较低，与基础的基频比较接近，存在产生谐振的可能性。

(4) 海浪与台风的荷载耦合作用对风电机组基础产生叠加效应，破坏力巨大。在极限阵风为 70m/s、浪高 6m、水深 20m 的情况下，风电机组基础根部受到的最大组合弯矩可以达到 2×10^5kN·m，比纯气动弯矩增加了 125%，破坏力十分惊人。

(5) 海浪还影响到风电机组基础的施工和正常维护保养，增加工程施工和维护难度。

因此，进行风电机组基础设计不但要考虑风荷载对风力发电机组基础的作用，还要考虑海浪对基础的冲击、淘刷、谐振作用以及风—浪的耦合作用，提高设计裕度，确保基础安全、可靠。

2.2.4.2 波浪荷载计算

波浪荷载的构成很复杂，包含黏性效应、绕射效应等，这些效应对准确估计结构承受的波浪载荷产生重要影响。为了弄清波浪载荷的构成和机制，人们提出了许多参数来描述这个问题。

NB/T 10105—2018 规定：应根据结构物的类型、形状和尺寸，选择合适的波浪理论。对细长形结构，宜采用莫里森公式计算波浪荷载；对大体积结构，波浪的运动受结构物干扰，可采用波浪绕射理论分析计算波浪荷载。

1. 小尺度桩或柱波浪力计算

对于小尺度构件主要采用莫里森方程。它是一个以绕流理论为基础的半经验半理论方法。当波浪力作用在小直径柱体上时，形成波浪绕流，这时几乎不产生波浪反射和波浪破碎，认为桩柱的存在不影响波浪运动状态。当波浪绕过桩柱时，使桩柱受到波浪力作用。

作用于水底面以上高度处的桩或柱全断面上与波向平行的正向力（图 2.6）计算为

$$p=p_D+p_1 \tag{2.19}$$

$$p_D=\frac{1}{2}\rho_w C_D D|u|u \tag{2.20}$$

$$p_1=\rho_w C_M \frac{\pi}{4}D^2\frac{\partial u}{\partial t} \tag{2.21}$$

$$u=\frac{\pi H}{T}\frac{\mathrm{ch}\frac{2\pi}{L}z}{\mathrm{sh}\frac{2\pi}{L}d}\cos\omega t \tag{2.22}$$

$$\frac{\partial u}{\partial t}=-\frac{2\pi^2 H}{T^2}\frac{\mathrm{ch}\frac{2\pi}{L}z}{\mathrm{sh}\frac{2\pi}{L}d}\sin\omega t \tag{2.23}$$

$$w=\frac{2\pi}{T}H_{1\%} \tag{2.24}$$

式中　p——桩或柱全断面上与波向平行的正向力，N/m；

p_D——波浪力的速度分力，N/m；

p_1——波浪力的惯性分力，N/m；

ρ_w——水的密度，kg/m³；

C_D——速度力系数，对圆形断面取 $C_D=1.2$；

D——桩或柱的直径，m；

u——水质点垂直于杆件轴线的速度分量，m/s；

C_M——惯性力系数，对圆形断面取 $C_M=2.0$；

$\frac{\partial u}{\partial t}$——水质点垂直于杆件轴线的加速度分量，m/s²；

H——风电机组基础所在处进行波波高，极端状况下波浪单独计算时，可采用 $H_{1\%}$ 波高，m；

z——桩或柱波浪力计算断面距离泥面的高度，m；

L——波长，m；

T——波浪周期，s；

d——风电机组基础前水深，m；

ω——波浪运动的圆频率，s^{-1}；

t——时间，当波峰通过柱体中心线时，$t=0s$。

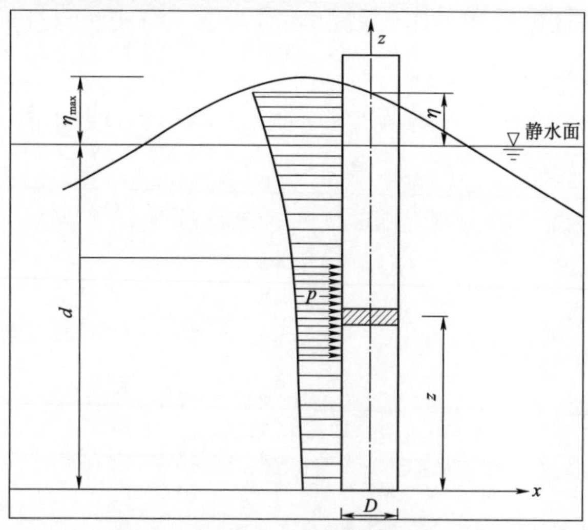

图 2.6　桩或柱全断面上与波向平行的正向力计算图示

x—波浪行进方向；z—桩（柱）波浪力计算断面距离泥面高度；D—桩（柱）的直径；d—风电机组基础前水深；η—计算水面以上波面高度；p—桩或柱全断面上与波向平行的正向力

由小直径桩或柱组成的群桩结构，应根据设计波浪的计算剖面确定同一时刻各桩上的正向水平总波浪力 P。当桩的中心距 $l<4D$ 时，应乘以群桩系数 K，K 值可按表 2.14 确定。

表 2.14 群桩系数 K

l/D	2	3	4
垂直于波向	1.5	1.2	1.1

2. 大尺度桩或柱的波浪力计算

随着海上风电的发展，装机容量越来越大，大容量风电机组对其支撑结构提出了更高的要求。例如对于固定式基础，欧洲多采用大直径单桩；我国在东海则采用高桩承台这样的新型结构，其承台的尺度比单桩的直径大得多；对于浮式基础，水面浮体的尺度也很大。当前海上风电机组主要在浅水海域，外海波浪传播到浅水域时波长减小。这两方面的因素很可能使得海上风电机组支撑结构越来越靠近大尺度（$D/L>0.2$）。

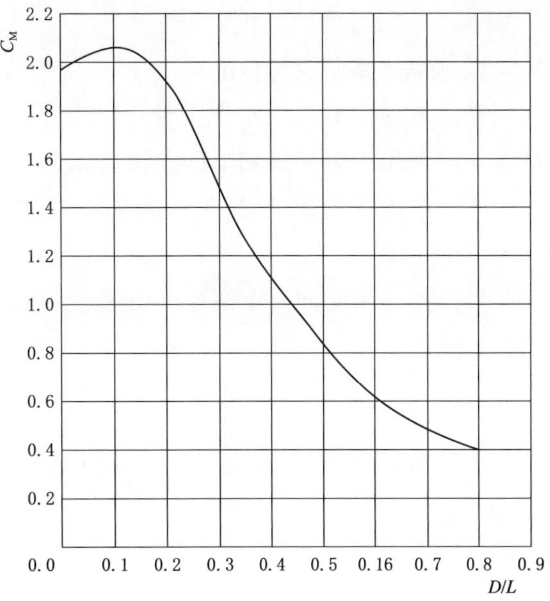

图 2.7 惯性力系数 C_M

对 $D/L>0.2$ 的大尺度桩或柱，最大水平波浪力 p_{max} 可计算为

$$p_{max}=\rho_w C_M A \frac{2\pi^2 H}{T^2}\frac{\operatorname{ch}\frac{2\pi}{L}z}{\operatorname{sh}\frac{2\pi}{L}d} \tag{2.25}$$

式中 p_{max}——最大水平波浪力，N/m；

C_M——惯性力系数，可按图 2.7 确定；

其余参数意义同前。

2.2.5 海流荷载

2.2.5.1 海流荷载作用

海流荷载是海工工程结构的主要荷载之一。由于海流在一定程度上可以看成稳定的平面流，其与圆柱形结构物的相互作用可视为平面流与圆柱形结构物的相互作用，表达式为

$$f_w=\frac{1}{2}\rho_w C_w A V^2 \tag{2.26}$$

式中　f_w——海流荷载，N/m；

ρ_w——海水密度，kg/m^3；

C_w——阻力系数，圆形构件取 $C_M=0.73$，其他形状的结构可按 JTS 144—1—2010 的有关规定取值；

A——单位长度构件垂直于海流方向的投影面积，m^2/m；

V——设计海流速度，m/s。

2.2.5.2　波浪、海流共同作用

当考虑波浪和海流同时作用时，运用莫里森公式计算波浪荷载的情况下，拖拽力将增大，应采用在海流影响下的波浪要素。

对 $D/L>0.2$ 的垂直小直径桩或柱的波浪与海流作用力，可按 NB/T 10105—2018 中的规定确定。

（1）作用于水底面以上高度 z 处桩或柱断面上的正向波流力可计算为

$$P(z,t)=\frac{1}{2}\rho_w C_D|u+u_c|(u+u_c)+\rho_w C_M\frac{\pi}{4}D^2\frac{\partial u}{\partial t} \tag{2.27}$$

$$u=\frac{\omega_r H}{2}\frac{\mathrm{ch}kz}{\mathrm{sh}kd}\cos\omega t \tag{2.28}$$

$$\frac{\partial u}{\partial t}=-\frac{\omega_r^2 H}{2}\frac{\mathrm{ch}kz}{\mathrm{sh}kd}\sin\omega t \tag{2.29}$$

$$\omega_r=w-ku_c \tag{2.30}$$

式中　u_c——海流速度，m/s；

ω_r——波浪相当于海流的圆频率，s^{-1}。

（2）波数 k 可计算为

$$\left(\frac{2\pi}{T}-ku_c\right)^2=gkthkd \tag{2.31}$$

（3）波浪与海流共同作用下 C_D、C_M 与 $(KC)_p$（图 2.8）中的 KC 数可计算为

$$KC=\frac{u_m T}{D}[\sin\varphi+(\pi-\varphi)\cos\varphi](|u_c|<u_m) \tag{2.32}$$

$$KC=\frac{\pi|u_c|T}{D}(|u_c|\geqslant u_m) \tag{2.33}$$

$$\varphi=\arccos\frac{|u_c|}{u_m} \tag{2.34}$$

$$u_m = \frac{\pi H}{T}\mathrm{cth}kd \tag{2.35}$$

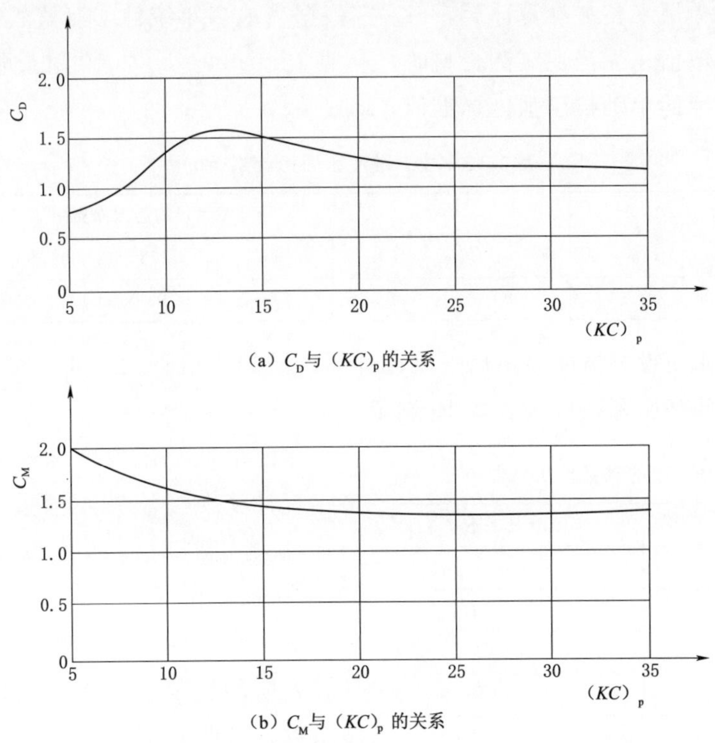

图 2.8 波浪与海流共同作用下 C_D、C_M 与 $(KC)_p$ 的关系

2.2.6 冰荷载计算

作用在海工工程结构物上的冰荷载包括下列内容：①冰排运动中被结构物连续挤碎或滞留在结构物前时产生的挤压力；②孤立流冰块产生的撞击力；③冰排在斜面结构物和锥体上因弯曲破坏和碎冰块堆积所产生的冰力；④与结构物冻结在一起的冰因水位升降产生的竖向力；⑤冻结在结构物内、外的冰因温度变化对结构物产生的膨胀力。

冰荷载应根据当地冰凌实际情况及工程的结构型式确定，对重要工程或难以计算确定的冰荷载应通过冰力物理模型试验确定，试验时宜采用低温冻结模型冰。

冰排在直立桩、直立墩前连续挤碎时，产生的极限挤压冰力标准值可计算为

$$F_1 = ImkBH\sigma_c \tag{2.36}$$

式中 F_1——极限挤压冰力标准值，kN；

I——冰的局部挤压系数；

m——桩、墩迎冰面形状系数，可按表 2.15 选用；

k——冰和桩、墩之间的接触条件系数，可取 $k=0.32$；

B——桩、墩迎冰面投影宽度，m；

H——单层平整冰计算冰厚，m，宜根据当地多年统计实测资料按不同重现期取值，无当地实测资料时，参照 JTS 144—1—2010 附录取用；

σ_c——冰的单轴抗压强度标准值，kPa。

表 2.15 桩、墩迎冰面形状系数 m

系 数	方形	圆形	棱角形的迎冰面夹角				
			45°	60°	75°	90°	120°
m	1.00	0.90	0.54	0.59	0.64	0.69	0.77

桩、墩迎冰面投影宽度与单层平整冰计算冰厚的比值不大于 6.0 时的直立桩、直立墩，冰的局部挤压系数可按表 2.16 确定。

表 2.16 冰的局部挤压系数

B/H	局部挤压系数 I
≤0.1	4.0
$0.1<B/H<1.0$	在 4.0～2.5 线性插值
1.0	2.5
$1.0<B/H\leqslant 6.0$	$\sqrt{1+5H/B}$

冰的单轴抗压强度标准值宜根据当地多年统计实测资料按不同重现期取值。无当地实测资料时海冰可按 JTS 144—1—2010 附录采用。

桩、墩迎冰面投影宽度与单层平整冰计算冰厚的比值大于 6.0 时，冰的局部挤压系数，可取 $I=1.35$，并应考虑冰在结构前的非同时破坏，对冰力进行适当折减。

计算群桩冰力时应考虑下列因素进行适当折减：①桩中心线的横向间距小于 8 倍桩宽或桩径；②前桩对后桩冰力的掩蔽；③冰在各桩前的非同时破坏使各桩冰力峰值不同时出现；④碎冰在群桩间堵塞使群桩变成实体挡冰宽结构。

冰排作用于混凝土斜面结构时的冰力标准值的计算为

$$F_h=KH^2\sigma_f\tan\alpha \tag{2.37}$$

$$F_v=KH^2\sigma_f \tag{2.38}$$

式中 F_h——水平冰力标准值，kN；

F_v——竖向冰力标准值，kN；

K——系数，可取 0.1 倍斜面宽度值（斜面宽度以 m 计）；

H——单层平整冰计算冰厚，m；

σ_f——冰弯曲强度标准值，kPa，宜根据当地多年实测资料按不同重现期取值，无当地实测资料时，可按当地有效冰温计算，海冰也可按 JTS 144—1—2010 附录采用；

α——斜面与水平夹角，应小于 75°。

作用于正锥体［图 2.9（a）］结构上的冰力标准值的计算为

$$F_{H_1}=[A_1\sigma_f H^2+A_2\gamma_w HD^2+A_3\gamma_w H_R(D^2-D_T^2)]A_4 \tag{2.39}$$

$$F_{V_1}=B_1F_{H_1}+B_2\gamma_w H_R(D^2-D_T^2) \tag{2.40}$$

式中　F_{H_1}、F_{V_1}——正锥体上的水平冰力、竖向冰力标准值，kN；

A_1、A_2、A_3、A_4、B_1、B_2——无量纲系数，可由图 2.10 查取，图 2.10 中 μ 为冰与结构之间的摩擦系数，对钢结构可取 $\mu=0.15$，对混凝土结构可取 $\mu=0.30$；

σ_f——冰弯曲强度标准值，kPa；

H——单层平整冰计算冰厚，m；

γ_w——海水重度，kN/m³；

D——水线面处锥体的直径，m；

H_R——碎冰的上爬高度，m；

D_T——锥体顶部的直径，m。

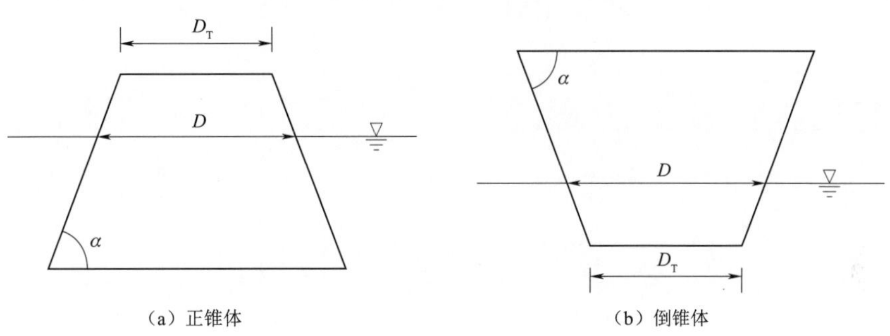

图 2.9　正锥体、倒锥体示意图

作用于倒锥体［图 2.9（b）］结构上的冰力标准值的计算为

$$F_{H_2}=\left[A_1\sigma_f H^2+\frac{1}{9}A_2\gamma_w HD^2+\frac{1}{9}A_3\gamma_w H_R(D^2-D_T^2)\right]A_4 \tag{2.41}$$

$$F_{V_2}=B_1F_{H_2}+\frac{1}{9}B_2\gamma_w H_R(D^2-D_T^2) \tag{2.42}$$

式中　F_{H_2}、F_{V_2}——倒锥体上的水平冰力、竖向冰力标准值，kN；

H_R——碎冰的下潜深度，m；

D_T——锥体顶部的直径，m。

与结构冻结在一起的冰因水位升降对结构产生的竖向力应考虑三种情况，并取其最小值作为竖向冰力的标准值。这三种情况包括：①冻结部位的冰与结构间黏结力破

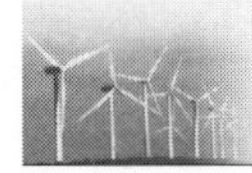

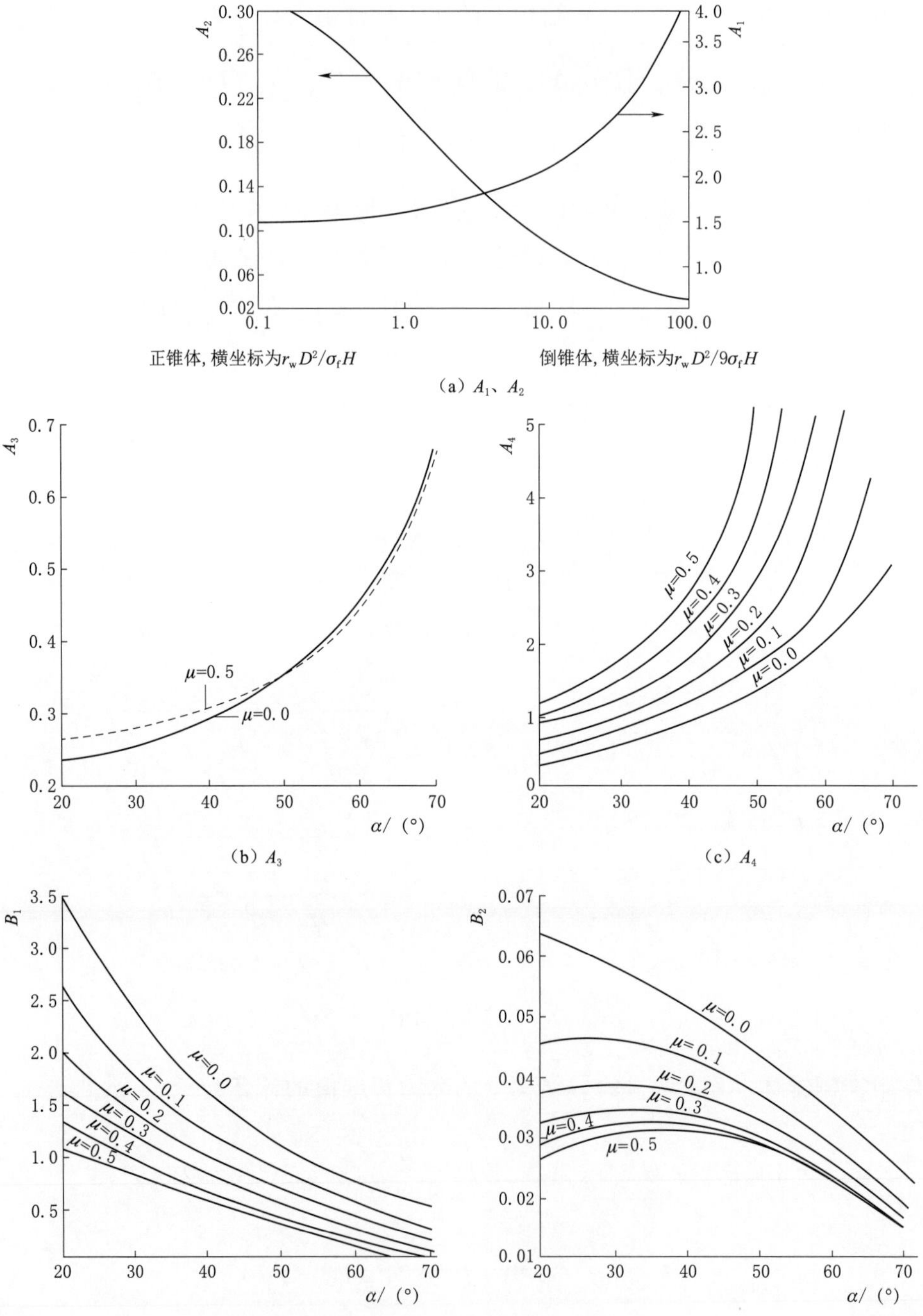

正锥体，横坐标为$r_w D^2/\sigma_f H$　　倒锥体，横坐标为$r_w D^2/9\sigma_f H$

(a) A_1、A_2

(b) A_3

(c) A_4

(d) B_1

(e) B_2

图 2.10　锥体冰力计算无量纲系数

坏时产生的竖向冰力；②冻结部位附近剪切破坏时产生的竖向冰力；③冻结部位附近冰弯曲破坏时产生的竖向冰力。

当冰荷载半径不小于 20 倍冰厚时，因水位上升传给孤立墩柱的竖向力的计算为

$$F_v=\frac{3000H^2}{\ln\dfrac{50H}{d}} \tag{2.43}$$

式中 H——计算冰厚，m，采用结冰期最大冰厚；

d——墩柱直径，m，当为矩形断面时，采用 $d=\sqrt{ab}$。

冰的温度膨胀力应根据结构物形状、刚度、材料、结构对冰的约束边界条件、冰温、温变率和温变时程等因素确定。

建筑物迎冰面宜做成斜坡或锥形，柱或墩迎冰面宜做成圆弧形、多边形或棱角形，并宜在受冰作用的部位缩小迎冰面宽度。

建筑物受冰作用的部位宜采用实体结构，流冰期的设计低水位以下 1.0m 到设计高水位以上 0.5m 的部位宜采取提高混凝土抗冻性等防护措施。

2.2.7 其他荷载

2.2.7.1 自重荷载

(1) 自重荷载应包括风电场工程构筑物或构筑物中的填料及固定设备的重力，水下部分结构应扣除浮力。

(2) 一般材料和构件的单位自重可取其平均值，对自重变异较大的材料和构件，自重的标准值根据对结构安全不利或有利，分别取上限值或下限值。

2.2.7.2 撞击力

NB/T 10105—2018 中规定船舶靠泊时的撞击力标准值应根据船舶有效撞击能量、橡胶护舷性能曲线和靠船结构的刚度确定。运维船舶靠泊时的有效撞击能量可计算为

$$E_0=\frac{1}{2}k_a mV_n^2 \tag{2.44}$$

式中 E_0——船舶靠泊时的有效撞击能量，kJ；

k_a——有效动能系数，取 0.7～0.8；

m——船舶质量，按满载排水量计算，t；

V_n——船舶靠泊法向速度，m/s。

当风电机组基础承受船只或排筏撞击时，撞击力可计算为

$$F_{zj}=\gamma_{dn}V\sin\alpha_{jj}\sqrt{\frac{W}{C_1+C_2}} \tag{2.45}$$

式中 F_{zj}——撞击力，kN；

γ_{dn}——动能折减系数，$s/m^{0.5}$，当船只或排筏斜向撞击台时取 0.2，正向撞击时取 0.3；

V——船只或排筏撞击墩台时的速度，m/s，船只可采用航运部门提供的数

据，排筏可采用筏运期的海流速度；

α_{jj}——船只或排筏驶近方向与墩台撞击点处切线所形成的夹角，可根据具体情况确定，无法确定时可取 20°；

W——船只重力或排筏重力，kN；

C_1、C_2——船只或排筏的弹性变形系数和墩台圬工的弹性变形系数，资料缺乏时两者之和可取 $C_1+C_2=0.0005\text{m/kN}$。

2.2.7.3　海生物

附着于风电机组基础上的海生物种类、厚度、密度、分布范围等参数可根据工程场区及周边区域调查资料得到。

海生物类型对波浪荷载计算中使用的水动荷载系数值的影响，可按相应柱段上的波浪力按乘以增大系数 n 处理，增大系数 n 可按表 2.17 选取。

表 2.17　增大系数 n

附着生物程度	相对糙率 ε/D	n	附着生物程度	相对糙率 ε/D	n
一般	<0.02	1.15	严重	>0.04	1.40
中等	0.02～0.04	1.25			

2.2.8　风电机组的设计荷载及组合

2.2.8.1　风电机组等级

设计中考虑的外部条件取决于风电机组拟安装位置或安装位置的类型。风电机组等级是根据风速和湍流参数来划分的。依据 GBT 18451.1—2012 中的要求，风电机组的安全等级及相应的风速和风湍流参数应符合表 2.18 的规定。

表 2.18　风电机组等级基本参数

风电机组等级	Ⅰ	Ⅱ	Ⅲ	S
V_{ref}/(m/s)	50	42.5	37.5	由设计者确定参数
AI_{ref}（—）	0.16			
BI_{ref}（—）	0.14			
CI_{ref}（—）	0.12			

注：各参数值适用于轮毂高度。V_{ref}表示 10min 平均参考风速；A 表示较高端流特性等级；B 表示中等湍流特性等级；C 表示较低湍流特性等级；I_{ref}表示风速为 15m/s 时湍流强度的期望值。

如果设计者或者客户需要使用特定的条件，如特定风况或其他外部条件或特定安全等级，则需要定义一个特定的风力发电机组等级，这个等级定为 S 级。S 级风力发电机组的设计值应由设计者选取，并在设计文件中详细说明。对于这样的特定设计，选取的设计值所反映的环境条件应至少与预期的风力发电机组使用环境同等恶劣。用于确定风电机组Ⅰ、Ⅱ、Ⅲ等级的特定外部条件，不包括海上条件，也不包括热带风

暴中的风况，如飓风、龙卷风和台风等。这些条件下的风电机组要求按S级设计。

2.2.8.2 风况

风电机组应设计成能安全承受由其等级定义的风况。Ⅰ～Ⅲ等级的风电机组的设计寿命至少应为20年。从载荷和安全角度出发，风况可分为风电机组正常运行期间频繁出现的正常风况和1年一遇或50年一遇的极端风况。

在很多情况下，风况包括稳定的平均气流与变化的可确定的阵风廓线或与湍流的组合。在所有的情况下应考虑平均气流与水平面夹角达到8°时的影响，假定此气流倾斜角不随高度变化。

GBT 18451.1—2012对风电机组风况作了分类。

1. 正常风况

(1) 风速分布。场地的风速分布对风电机组的设计至关重要。对于正常设计状态，其决定了各荷载情况出现的频率。应采用10min时间周期内的平均风速来得到轮毂高度处平均风速 v_{hub} 的瑞利分布 $P_R(v_{hub})$，即

$$P_R(v_{hub})=1-\exp[-\pi(v_{hub}/2v_{ave})^2] \tag{2.46}$$

对标准等级的风电机组，v_{ave} 应取

$$v_{ave}=0.2v_{ref} \tag{2.47}$$

(2) 正常风廓线模型（NWP）。风廓线 $v(z)$ 可表示成平均风速随离地高度 z 的变化函数，对标准等级的风力发电机组，正常风廓线由幂定律公式给出，即

$$v(z)=v_{hub}(z/z_{hub})^a \tag{2.48}$$

式中 z_{hub}——轮毂高度；

a——幂指数，一般取值 $a=0.2$。

假定的风廓线用于确定穿过风轮扫掠面的平均垂直风切变。

(3) 正常湍流模型（NTM）。对于正常湍流模型，给定轮毂高度处风速的湍流标准偏差的代表值 σ_1 应由该风速下湍流标准偏差分布的90%分位数确定。对于标准风电机组等级，这个值为

$$\sigma_1=I_{ref}(0.75v_{hub}+b)(b=5.6\text{m/s}) \tag{2.49}$$

湍流标准偏差 σ_1 与湍流强度 σ_1/v_{hub} 如图2.11（a）和图2.11（b）所示。

I_{ref} 的值由表2.18给出。

2. 极端风况

极端风况包括风切变以及由于暴风和风速及风向快速变化引起的风速峰值。

(1) 极端风速模型（EWM）。极端风速模型可以是稳态风速模型或湍流风速模型。该风速模型应基于参考风速 v_{ref} 与恒定的湍流标准偏差 σ_1。

1) 对于稳态极端风速模型，50年一遇和1年一遇的极大风速 v_{e50} 和 v_{e1} 作为高度 z 的函数

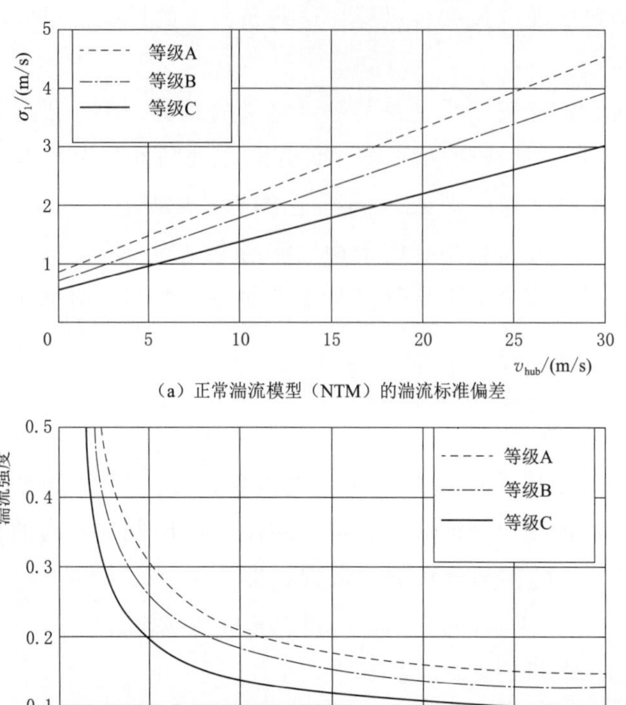

（a）正常湍流模型（NTM）的湍流标准偏差

（b）正常湍流模型（NTM）的湍流强度

图 2.11　正常湍流模型（NTM）

$$v_{e50}(z)=1.4v_{ref}(z/z_{hub})^{0.11} \tag{2.50}$$

$$v_{e1}(z)=0.8v_{e50}(z) \tag{2.51}$$

在稳态极端风速模型中，允许短时间内与平均风向有一定的偏离，应假定恒定的偏航误差在±15°范围内。

2）对于湍流极端风速模型，50 年一遇和 1 年一遇的 10min 平均风速是 z 的函数

$$v_{50}(z)=v_{ref}(z/z_{hub})^{0.11} \tag{2.52}$$

$$v_1(z)=0.8v_{50}(z) \tag{2.53}$$

纵向湍流标准偏差至少 $\sigma_1=0.11v_{hub}$。

（2）极端运行阵风（EOG）。对标准等级的风电机组，轮毂高度处的阵风幅值 v_{gust} 的计算为

$$v_{gust}=\min\left\{1.35(v_{e1}-v_{hub}),3.3\left(\frac{\sigma_1}{1+0.1\times\dfrac{D}{\Lambda_1}}\right)\right\} \tag{2.54}$$

式中　σ_1——湍流标准偏差，m/s；

Λ_1——湍流尺寸参数，当 $z_{hub}\leqslant 60$m，取 $\Lambda_1=0.7z$，当 $z_{hub}>60$m，取 $\Lambda_1=42$m；

D——风轮直径，m。

风速计算为

$$v(z,t)=\begin{cases}v(z)-0.37v_{gust}\sin(3\pi t/T)[1-\cos(2\pi t/T)] & (0\leqslant t\leqslant T)\\ v(z) & (t<0 \text{ 或 } t>T)\end{cases} \tag{2.55}$$

式中 $v(z)$——平均风速随离地高度 z 的变化函数；

T——极端湍风向瞬时变化的持续时间，取 $T=10.5$s。

(3) 极端湍流模型（ETM）。极端湍流模型应采用式（2.48）的正常风廓线模型（NWP）以及下式给出的湍流纵向分量的标准偏差，即

$$\sigma_1=cI_{ref}\left[0.072\left(\frac{v_{ave}}{c}+3\right)\left(\frac{v_{hub}}{c}-4\right)+10\right] \tag{2.56}$$

其中 $$c=2\text{m/s}$$

(4) 极端风向变化（EDC）。极端风向变化幅值 θ_e的计算为

$$\theta_e=\pm 4\arctan\left(\frac{\sigma_1}{v_{hub}\left[1+0.1\left(\frac{D}{\Lambda_1}\right)\right]}\right) \tag{2.57}$$

式中 θ_e——限定在±180°范围内；

σ_1——对于正常湍流模型（NTM），由式（2.49）给出，m/s；

D——风轮直径，m；

Λ_1——湍流尺度参数，m。

极端风向变化瞬时值 $\theta(t)$ 的计算为

$$\theta(t)=\begin{cases}0^\circ & (t<0)\\ \pm 0.5\theta_e\left[1-\cos\left(\frac{\pi t}{T}\right)\right] & (0\leqslant t\leqslant T)\\ \theta_e & (t>T)\end{cases} \tag{2.58}$$

式中 T——极端湍风向瞬时变化的持续时间，取 $T=6$s。

通过选择 $\theta(t)$ 的取值情况来确定产生的最严重的瞬时加载。在风向瞬时变化结束时，假定风向保持不变，并按式（2.48）确定风速。

(5) 方向变化的极端持续阵风（ECD）。方向变化的极端持续阵风的幅值为 $v_{cg}=15$m/s。风速的计算为

$$v(z,t)=\begin{cases}v(z) & (t<0)\\ v(z)+0.5v_{cg}[1-\cos(\pi t/T)] & (0\leqslant t\leqslant T)\\ v(z)+v_{cg} & (t>T)\end{cases} \tag{2.59}$$

式中 T——上升时间，取 $T=10$s；

$v(z)$——按正常风廓线模型给出。

假定风速的上升与风向的变化 θ_{cg}（0 到 θ_{cg}）同步进行的，则 θ_{cg}的计算为

$$\theta_{cg}(v_{hub})=\begin{cases}180^\circ & (v_{hub}<4\text{m/s})\\ \dfrac{720^\circ}{v_{hub}} & (4\text{m/s}\leqslant v_{hub}\leqslant v_{ref})\end{cases} \tag{2.60}$$

同步的风向变化的计算为

$$\theta(t)=\begin{cases}0^\circ & (t<0)\\ \pm 0.5\theta_{cg}[1-\cos(\pi t/T)] & (0\leqslant t\leqslant T)\\ \pm\theta_{cg} & (t>T)\end{cases} \tag{2.61}$$

此处上升时间 $T=10$s。

（6）极端风切变（EWS）。应用下列两个瞬时风速来计算极端风切变。

1）瞬时垂直风切变（有正负号）为

$$v(y,z,t)=\begin{cases}v_{hub}\left(\dfrac{z}{z_{hub}}\right)^{\alpha}\pm\left(\dfrac{Z-Z_{hub}}{D}\right)\left[2.5+0.2\beta\sigma_1\left(\dfrac{D}{\Lambda_1}\right)^{1/4}\right]\left[1-\cos\left(\dfrac{2\pi t}{T}\right)\right] & (0\leqslant t\leqslant T)\\ v_{hub}\left(\dfrac{z}{z_{hub}}\right)^{\alpha} & (t<0\text{ 或 }t>T)\end{cases} \tag{2.62}$$

2）瞬时水平风切变（有正负号）为

$$v(y,z,t)=\begin{cases}v_{hub}\left(\dfrac{z}{z_{hub}}\right)^{\alpha}\pm\dfrac{y}{D}\left[2.5+0.2\beta\sigma_1\left(\dfrac{D}{\Lambda_1}\right)^{1/4}\right]\left[1-\cos\left(\dfrac{2\pi t}{T}\right)\right] & (0\leqslant t\leqslant T)\\ v_{hub}\left(\dfrac{z}{z_{hub}}\right)^{\alpha} & (t<0\text{ 或 }t>T)\end{cases} \tag{2.63}$$

式中　α——幂指数，取 $\alpha=0.2$；

β——取 $\beta=6.4$；

T——上升时间，取 $T=12$s；

Λ_1——湍流尺度参数，m/s，按本节正常湍流模型计算；

D——风轮直径，m。

应选择水平风切变正负号，以求得最严重的瞬时荷载。两种极端风切变应分别考虑，不能同时应用。

2.2.8.3　其他环境条件

除风速外，其他环境（气候）条件都会影响风电机组的完整性和安全性，如热、光、化学、腐蚀、机械、电或其他物理作用，且气候因素共同作用会更加剧这种影

响。至少应考虑下列其他环境条件，包括温度、雷电、冰和地震等。

（1）温度。标准安全等级风电机组极端设计温度范围值为－20～50℃。如果安装场地多年来平均温度每年低于－20℃或高于50℃的天数超过9天，则温度的上限、下限就应做相应改变，且应验证风电机组的运行和结构噪声在所选温度范围内。如场地在多年内的平均温度与设计温度有超过15℃的偏差，则应予以考虑。

（2）雷电。应按照IEC 61024－1—1993进行风电机组的雷电保护设计。在安全不会受损的前提下，无需将保护措施的范围扩大到风电机组的所有零部件。

（3）冰。标准等级的风电机组没有结冰的最低要求。

（4）地震。标准等级的风电机组未提出抗震要求。在有可能发生地震的地区，应对风电机组的场地条件验证工程的完整性。荷载评估应考虑地震荷载和其他重要的、经常发生的运行负荷的组合。

地震荷载应由当地标准所规定的地面加速度和响应谱的要求来确定。如当地标准不适，用或没有提供地面加速度和响应谱，则应对其进行适当的评估。

地震荷载应和运行负荷叠加，其中运行负荷应取下述两种情况中的较大值：①情况一：风电机组寿命期内正常发电期间荷载的平均值；②情况二：在选定的风速下紧急关机期间的荷载。所有荷载分量的局部安全系数应取为1.0。地震荷载评估可用频域方法进行，即运行负荷直接加上地震荷载；地震荷载评估也可用时域方法进行，应采取充分的模拟以保证运行负荷代表情况一或情况二的时间平均值。

结构抗力的评估可仅假设为弹性响应或韧性能量损耗，但对所使用的特殊类型的结构（如晶格结构和螺栓连接件）应进行后期评估修正。

2.2.8.4 荷载作用工况及其组合

1. 荷载

风电机组支撑系统设计计算中应考虑下列荷载：

（1）惯性力和重力荷载。惯性力和重力荷载是由于振动、转动、地球引力和地震引起的作用在风电机组上的静态和动态荷载。

（2）空气动力荷载。空气动力荷载是由气流与风电机组的静止和运动部件相互作用引起的静态和动态荷载。气流取决于风轮转速、通过风轮平面的平均风速、湍流强度、空气密度和风电机组零部件气动外形及其相互影响（包括气动弹性效应）。

（3）冲击荷载。冲击荷载是由风电机组的运行和控制产生的。冲击荷载包括由风轮启动和停转、发电机/变流器接通和脱开、偏航和变距机构的激励及机械刹车等引起的瞬态荷载。在各种情况的响应和荷载计算中，应考虑有效的冲击力的范围，特别是机械刹车摩擦力、弹性力或压力，还应考虑温度和老化的影响。

（4）其他荷载。风能产生的其他荷载，如可能产生的波浪荷载、海流荷载、尾流荷载、地震区的地震作用等均应考虑。

2. 设计状态和荷载工况

为了达到设计目的，风电机组寿命以一系列条件设计风况，包含可能经历的最严重的工况来体现。

载荷工况应由风电机组的运行模式或其他设计状态（如特定的装配、吊装或维护条件）与外部条件的组合确定。应将具有合理发生概率的各相关载荷工况与控制和保护系统动作结合在一起考虑。用于验证风电机组结构完整性的设计载荷工况应由以下组合形式进行计算：①正常设计状态和合适的正常或极端外部条件；②故障设计状态和合适的外部条件；③运输、安装和维护设计状态和合适的外部条件。

如果极端外部条件和故障状态存在相关性，应考虑将它们组合在一起作为一种设计载荷工况考虑。在每种设计状态中，应考虑几种设计载荷工况。

表 2.19 列出了最少应考虑的设计载荷工况，表中的每种设计状态都通过对风况、电气和其他外部条件的描述，规定了设计载荷工况。

表 2.19　设计载荷工况 DLC

设计状态	DLC	风　况	其他情况	分析类型	局部安全因素
1. 发电	1.1	NTM　$v_{in}<v_{hub}<v_{out}$	极端事件外推	U	N
	1.2	NTM　$v_{in}<v_{hub}<v_{out}$		F	*
	1.3	ETM　$v_{in}<v_{hub}<v_{out}$		U	N
	1.4	ECD　$v_{hub}=\begin{cases}v_r-2m/s\\v_r\\v_r+2m/s\end{cases}$		U	N
	1.5	EWS　$v_{in}<v_{hub}<v_{out}$		U	N
2. 发电兼有故障	2.1	NTM　$v_{in}<v_{hub}<v_{out}$	控制系统故障或电网停电	U	N
	2.2	NTM　$v_{in}<v_{hub}<v_{out}$	保护系统或先前发生的内部电气故障	U	A
	2.3	EOG　$v_{hub}=v_r\pm2m/s$ 和 v_{out}	外部或内部电气故障，包括电网掉电	U	A
	2.4	NTM　$v_{in}<v_{hub}<v_{out}$	控制、保护或电气系统故障，包括电网掉电	F	*
3. 启动	3.1	NWP　$v_{in}<v_{hub}<v_{out}$		F	*
	3.2	EOG　$v_{hub}=v_{in}$，$v_r\pm2m/s$ 和 v_{out}		U	N
	3.3	EDC　$v_{hub}=v_{in}$，$v_r\pm2m/s$ 和 v_{out}		U	N
4. 正常关机	4.1	NWP　$v_{in}<v_{hub}<v_{out}$		F	*
	4.2	EOG　$v_{hub}=v_r\pm2m/s$ 和 v_{out}		U	N

续表

设计状态	DLC	风　况	其他情况	分析类型	局部安全因素
5. 紧急关机	5.1	NTM　$v_{hub}=v_r\pm 2m/s$ 和 v_{out}		U	N
6. 停机（静止或空转）	6.1	EMW　50年一遇		U	N
	6.2	EMW　50年一遇	失去电网连接	U	A
	6.3	EMW　1年一遇	极端偏航误差	U	N
	6.4	NTM　$v_{hub}<0.7v_{ref}$		F	*
7. 停机兼有故障	7.1	EMW　1年一遇		U	A
8. 运输、组装、维护和维修	8.1	NTM 由生产商决定		U	T
	8.2	EMW　1年一遇		U	A

注： DLC—设计荷载状态；ECD—方向变化的极端持续阵风；EDC—极端风向变化；EOG—极端运行阵风；EWM—极端风速模型；EWS—极端风切变；NTM—正常湍流模型；ETM—极端湍流模型；NWP—正常风廓线模型；$v_r\pm 2m/s$—在所分析的范围中对所有风速的灵敏度；F—疲劳荷载分析；U—极限荷载分析；*—疲劳局部安全系数；N—正常；A—非正常；T—运输和安装。

如果在有确定性风况模型的设计载荷工况下控制器能使风电机组在其达到最大偏航角或最大风速前关机，则应证明在湍流条件下，与上述确定性风况相当时，风电机组也能可靠关机。

在特定的风电机组设计中，还应考虑其他与结构完整性相关的设计载荷工况。

表 2.19 中，对每种设计载荷工况用 F 和 U 注明相应的分析类型。F 表示疲劳载荷分析，用于疲劳强度的评估。U 表示关于材料强度、叶尖挠度和结构稳定性的极限载荷分析。

标有 U 的设计载荷工况，又分为正常（N）、非正常（A）、运输和吊装（T）三种类型。在风电机组寿命期内，正常设计载荷工况频繁出现，此时风电机组处于正常状态或仅出现很小的故障或异常。非正常设计状态很少发生，往往对应于导致系统保护功能启动的严重故障的设计状态。设计状态的类型 N、A 和 T 确定极限载荷所使用的局部安全系数。

2.3 结构设计计算

2.3.1 设计方法

风电机组标准规定局部安全系数分析方法为风电机组系统构架的分析方法。局部安全系数考虑了载荷与材料的不确定性和易变性、分析方法的不确定性以及考虑失效后果时的重要性。

2.3.1.1　荷载和材料的局部安全系数

为保证具有安全的设计值，荷载与材料的不确定性和易变性可由局部安全系数进行修正，即

$$F_d=\gamma_f F_k \tag{2.64}$$

$$f_d=\frac{1}{\gamma_m}f_k \tag{2.65}$$

式中　F_d——合成的内部荷载或荷载响应（来自给定设计荷载工况的不同荷载源的多个同步性荷载分量）的设计值，kN；

γ_f——荷载局部安全系数；

F_k——荷载特征值，kN；

f_d——材料设计值，N/mm^2；

γ_m——材料局部安全系数；

f_k——材料特征值，N/mm^2。

2.3.1.2　失效后果和零件等级的局部安全系数

引入失效后果系数 γ_n 用来区分三类不同类型零件，其中：一类零件用于“失效—安全”结构件，结构件的失效不会引起风电机组主要零件的失效；二类零件用于“非失效—安全”结构件，结构件的失效可引起风电机组主要零件的失效；三类零件用于“非失效—安全”机械件，机械件把驱动机构和制动机构与主结构连接起来，以执行无冗余的风电机组保护功能。

对于风电机组的最大极限状态分析，应进行极限强度分析、疲劳失效分析、稳定性分析（屈曲等）、临界挠度分析（叶片与塔架间机械干涉等）四种类型的分析。每种分析都需用不同的极限状态函数公式，并且通过使用安全系数来处理不同来源的不确定性。

2.3.1.3　通用的材料标准的应用

在确定风电机组部件的结构完整性时，可采用国内或国际的相关材料的设计标准。当国内或国际规范中的局部安全系数与 GB/T 18451.1—2012 的局部安全系数同时使用时，应特别注意，须确保最终的安全等级不低于 GB/T 18451.1—2012 的安全等级。

当考虑各种类型的不确定性时，如材料强度的固有变化、加工控制范围或加工方法等，不同的标准将材料局部安全系数 γ_m 分为若干材料系数。如果参考标准采用了局部安全系数或特征值的折减系数来考虑其他不确定性，则也应考虑这些系数。

在设计验证中，不同标准可能选择不同的荷载和材料部件的局部安全系数分解因子。如果所选择的标准中的安全系数的分类偏离了 ISO 2394—2015，应对所选标准中的安全系数进行必要的调整。

2.3.2 极限强度分析

极限状态函数可分成荷载函数 S 和抗力函数 R，不超出最大极限状态的计算为

$$\gamma_n S(F_d) \leqslant R(f_d) \tag{2.66}$$

极限强度分析用的荷载函数 S 为结构响应的最大值。结构抗力函数 R 是材料抗力容许的最大设计值，故 $R(f_d)=f_d$。当同时作用多个荷载时，计算为

$$S(\gamma_{f1}F_{r1},\cdots,\gamma_{fn}F_{rn}) \leqslant \frac{1}{\gamma_m \gamma_n} f_k \tag{2.67}$$

为了对风电机组的每个构件进行评定，应用各种荷载情况进行极限强度分析。

2.3.2.1 荷载局部安全系数

荷载局部安全系数应不小于表 2.20 中的规定值。使用表 2.20 规定的正常或非正常设计状态的荷载局部安全系数，要求荷载计算模型经过荷载测量的验证。这些测量应在风电机组上进行，该风电机组应与考虑空气动力学、控制和动态响应时所设计的风电机组相似。

表 2.20 荷载局部安全系数 γ_f

非良性荷载			良性荷载
设计工况类型			所有设计工况
正常（N）	非正常（A）	运输、安装（T）	
1.35	1.1	1.5	0.9

2.3.2.2 无通用设计标准的材料局部安全系数

材料局部安全系数应根据大量有效的材料性能试验数据确定。当使用 95%存活率 p 及 95%置信度的材料特征性能时，考虑材料强度的固有可变性，一般材料安全系数 $\gamma_m \geqslant 1.1$。

这个值适用于具有塑性特性的零件，其失效可引起风电机组主要部件的失效，例如焊接的塔筒、塔架法兰连接、焊接机座或叶片连接。失效模式包括：塑性材料的屈服，在单个螺栓失效后，其他螺栓足以提供 $1/\gamma_m$ 强度的螺栓连接中的螺栓断裂。

对具有非塑性特性的“非失效—安全”机械/结构件（其失效会快速导致风电机组主要部件的失效），材料安全系数应不小于下列规定：对于曲形壳件（如塔筒和叶片）的整体屈曲不小于 1.2；对于超过拉伸或压缩强度的断裂不小于 1.3。

从这个一般系数推导出材料整体安全系数，需要考虑由外部作用（如紫外线辐射或湿度以及通常探测不到的缺陷）所造成的尺度效应、公差和老化。失效后局部安全系数 γ_n 为：一类构件 0.9，二类构件 1.0，三类构件 1.3。

2.3.2.3 有通用设计标准的材料局部安全系数

荷载、材料、失效后果局部安全系数 γ_f、γ_m 和 γ_n 的合成局部安全系数应不小于

2.3.2.1节和2.3.2.2节中的规定值。

2.3.3　疲劳损伤分析

疲劳损伤可通过适当疲劳损伤容限计算来估计。根据麦纳（Miner）准则，累积损伤超过1时，达到极限状态。在风电机组的寿命期内，累积损伤应不大于1，即

$$\sum_i \frac{n_i}{N\gamma_m\gamma_n\gamma_f S_i} \leqslant 1 \tag{2.68}$$

式中　n_i——荷载特性谱 i 区段中疲劳循环次数，包括所有荷载情况；

S_i——i 区段中与循环次数相对应的应力（或应变）水平，包括平均应力和应力幅的影响；

N——至零件失效的循环次数，它是应力（或应变）函数的变量（即 $S—N$ 特性曲线）；

γ_m——材料局部安全系数；

γ_n——重要失效局部安全系数；

γ_f——荷载局部安全系数。

2.3.3.1　荷载局部安全系数

正常和非正常设计状态的载荷局部安全系数，均为1.0。

2.3.3.2　无通用设计标准的材料局部安全系数

如果 $S—N$ 曲线是基于50%的存活率并且变化系数小于15%，材料局部安全系数 $\gamma_m \geqslant 1.5$。对于疲劳强度变化系数大的零件，即变化系数为15%～20%（许多由复合材料做成的零部件，如钢筋混凝土或纤维复合材料），局部安全系数 $\gamma_m \geqslant 1.7$。

疲劳强度应从大量试验的统计数据中获得，而特征值的获得应考虑由外部作用（如紫外线辐射或湿度以及通常探测不到的缺陷）所造成的尺度效应、公差和老化。

对于焊接钢和结构钢，传统上 $S—N$ 曲线以97.7%的存活率为基础。在这种情况下，$\gamma_m=1.1$。采用周期性检查程序，如果发现临界裂缝发展的情况，那么 γ_m 值可取得更小。但无论什么情况下，$\gamma_m>0.9$。对于纤维复合材料，应通过实际材料的测试数据来确定强度分布。$S—N$ 曲线应以95%的存活率（具有95%的置信度）为基础。在这种情况下，$\gamma_m=1.2$，此方法适用于其他材料。

失效后局部安全系数为：一类构件1.00，二类构件1.15，三类构件1.30。

2.3.3.3　有通用设计标准的材料局部安全系数

荷载、材料、失效后果局部安全系数的合成局部安全系数应不小于2.3.3.1节和2.3.3.2节中的规定值，并应适当考虑规定的百分比。

2.3.4 稳定性

设计荷载下，“非失效—安全”的承载件不应发生屈曲。对于其他部件，在设计荷载下允许发生弹性屈曲。

在特征荷载下，任何部件都不应发生屈曲。荷载局部安全系数 γ_f 的最小值应根据表 2.20 选取其设计值。材料局部安全系数应不小于 2.3.2.2 节中的规定值。

2.3.5 临界挠度分析

对于设计或极限荷载情况，应使用特征荷载确定不利方向上的最大弹性变形，并将计算结果乘以荷载局部安全系数、材料局部安全系数和重要失效局部安全系数。

荷载局部安全系数 γ_f 由表 2.20 选取，弹性材料局部安全系数 $\gamma_m=1.1$，但当弹性材料特性是由实尺寸试验确定时，γ_m 可减少到 1.0，应特别注意几何形状的不确定性和挠度计算方法的准确性。

重要失效局部安全系数为：一类构件 1.0，二类构件 1.0，三类构件 1.3。

风电机组零部件的强度分析可以采用应力法，疲劳分析可采用简化疲劳验证法和循环荷载谱的损伤累积法，变形限制分析一般采用传统的方法。当应力、变形和动力性都不能正确确定时，可以采用有限元等数值计算方法计算或其他相应的计算方法。

2.4 结 构 优 化

支撑系统结构的传统设计是按照已有标准进行设计，这种设计模型一般而言效率不高，设计方案也不是最优的。结构优化设计是用系统的、目标定向的过程与方法代替传统设计，其目的在于寻求既经济又适用的结构形式，以最少的材料、最低的造价实现结构的最佳性能。结构型式包含了关于尺寸、形状和拓扑等信息，相应的结构优化设计分为三个层次：①尺寸优化，其优化变量为杆件的横截面尺寸或板壳的厚度分布；②形状优化，对应的优化变量为杆系结构的节点坐标或表示连续体结构外形的变量；③拓扑优化，其优化变量为杆系结构的节点布局、节点间的连接关系或连续体结构的开孔数量和位置等拓扑信息。在风电机组支撑系统中，尺寸优化和形状优化较为常见，拓扑优化研究相对较少。

风电机组支撑体系的优化设计，一般需要在科学分析基础上建立合理的优化数学模型，然后选择适宜的方法求解。下面就优化设计数学模型的建立与求解作简要描述。

2.4.1 优化模型的建立

风电机组支撑体系的优化设计数学模型主要包括三个方面的内容：设计变量、约束条件与目标函数。

2.4.1.1　设计变量

在优化设计中，需要在优化过程中不断进行修改的参数称为设计变量，可以用一个列向量表示称作设计变量向量 $\boldsymbol{X}=[x_1\ x_2\cdots\ x_n]^{\mathrm{T}}$，由 n 个设计变量所组成的实空间称为设计空间。

以目前通常采用的钢制锥筒塔为例，描述其结构特点的参数主要有塔高、塔顶直径、塔底直径、各分段壁厚以及所选材料等。不同机型风电机组由于其各方面差异对塔架的要求是不一样的。进行塔架的设计，针对某一机型风电机组要求的在其他部件的设计方案拟定后，塔架的一些设计参数也就随之被基本确定了。塔架高度要根据风电机组功率及风电机组所在风区风资源特点等参数来确定，塔顶直径则需参照偏航轴承尺寸进行设计，塔底直径的设计与风电机组要求相对其他因素较独立，但又受到运输条件如过桥限高、限宽的限制。

2.4.1.2　约束条件

设计空间是所有设计方案的集合，但这些设计方案有些在工程上不被接受。一个可行的设计必须满足某些设计限制条件，这些限制条件称作约束条件。在工程问题中，根据约束的性质可以把它们区分为性能约束和侧面约束两大类。针对性能要求提出的限制条件称作性能约束，如塔架和基础结构必须满足强度、刚度、稳定性及疲劳等性能的要求。不是针对性能要求，只是对设计变量加以限制的约束称为侧面约束，如所取锥筒塔壁厚尺寸的范围、尺寸数值是否有标准板件可选等。

2.4.1.3　目标函数

用来使设计得以优化的函数称作目标函数。用它可以评价设计方案的好坏，记作 $f(x)$。目标函数可以是结构的重量、体积、功耗、产量、成本或其他性能指标（如变形、应力）和经济指标。例如对塔架或基础进行优化时，在满足性能要求的前提下使重量最小，即以原材料造价为目标函数。

2.4.1.4　优化问题的数学模型

在明确设计变量、约束条件、目标函数之后，优化设计问题表述为一般数学形式。

求解设计向量 $\boldsymbol{X}=[x_1\ x_2\cdots\ x_n]^{\mathrm{T}}$，使

$$f(x)\rightarrow\min$$

且满足约束条件

$$h_k(x)=0\quad(k=1,2,\cdots,l)$$
$$g_j(x)=0\quad(j=1,2,\cdots,m)$$

2.4.2　优化模型的求解方法

优化设计方法大致可以分为最优准则法、数学规划法和现代优化算法三类。最优

准则法应用比较局限，对不同性质的约束要采用不同的准则，所得的解不一定是最优解；数学规划法求解模式较为统一，适用性好，但全局寻优能力不足；随着人们对自然界认识的加深，模拟自然进化过程形成许多现代优化算法，包括遗传算法、模拟退火、禁忌搜索、人工神经网络等，这类方法提升了优化求解的全局最优解能力。

风电机组支撑系统的优化设计算法的应用，须依据具体优化模型的要素特征进行选择。目前开展的优化设计探索，对提高风电机组的性能，降低安装制造成本具有重要理论意义和现实意义，需要大力推进。

第3章　风电机组塔架结构设计

塔架是风电机组支撑系统的重要组成部分，是连接基础和机舱的承载主体，将风轮托举到设计高度处运行。随着风电机组应用场景的不同，塔架结构型式呈现多样性，其设计理论和方法也存在差异。

本章概述塔架设计基本方法，设计基本要求，荷载、荷载效应组合及组合系数，控制标准，构造要求，重点介绍几种不同类型塔架设计计算原理和方法。

3.1　设计基本方法

目前，风电机组塔架按结构型式主要可分为桁架式塔架和圆筒式塔架。相对于桁架式塔架，圆筒式塔架虽然成本高但其具有较高的安全性、简洁的外观和维修方便等诸多优点，在大中型风电机组中被大量采用。

桁架式塔架结构设计主要参考线路铁塔结构设计，但须考虑风电机组特有的荷载特性，重点对桁架连接节点进行疲劳复核，以满足风电机组生命周期内疲劳寿命要求。当前疲劳分析采用等效疲劳载荷或马尔科夫矩阵进行有限元计算。

国内已经发布风电机组钢塔架设计标准，但无专门针对风电机组混凝土塔架设计标准。钢塔架设计主要对塔架强度、稳定性、疲劳进行计算，采用许用应力法进行。混凝土塔架设计一般参考GB 50135—2019，同时考虑风电机组载荷的特殊性。混凝土塔架的结构分析，根据结构类型、材料性能和受力特点等，可选择弹性分析方法、弹塑性分析方法、塑性极限分析方法和试验分析方法等。

3.2　设计基本要求

3.2.1　钢塔架

钢塔架设计主要采用许用应力法，除需满足塔架结构的强度、变形、频率、稳定性、疲劳寿命等要求外，还需满足风电机组运行的相关要求。

3.2.2　混凝土塔架

混凝土塔架设计采用以概率理论为基础、以分项系数表达的极限状态设计方法。

除根据设计状况进行承载力计算和正常使用极限状态验算外，还需对施工阶段短暂设计状况进行计算。正常使用极限状态下，应根据正常运行结构刚度要求对塔架的变形进行验算，且不得超过规定的限值。

风电机组塔架结构安全等级应为二级，结构安全重要性系数为1.0。混凝土塔架宜采用预应力混凝土结构体系。

混凝土塔架承载能力极限状态应对正截面抗压和抗弯承载力、端部锚固区局部受压承载力、抗震设防要求时的抗震承载力等进行计算。

正常使用极限状态验算应进行变形验算、结构抗裂或裂缝宽度验算、应力验算和整体动力特性分析。

施工阶段应对混凝土塔架运输、安装、预应力张拉等进行施工阶段承载能力极限状态计算。

3.3　荷载、荷载效应组合及组合系数

3.3.1　荷载

风电机组塔架结构应考虑重力和惯性力荷载、空气动力荷载、施工及其他荷载。塔架设计计算荷载应包括极限荷载、疲劳荷载和附加荷载。极限荷载和疲劳荷载宜按塔架坐标系（图3.1）给定。

塔架制造、安装误差及单向太阳辐射导致塔架倾斜产生的附加荷载可按塔架高度的5‰计算；由基础不均匀沉降导致塔架倾斜产生的附加荷载可按塔架高度的3‰计算。塔架设计应同时考虑上述两种附加荷载。

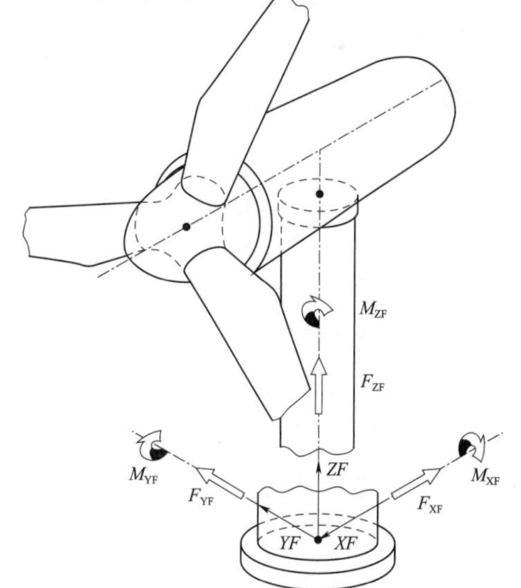

图3.1　塔架坐标系

F_{XF}、F_{YF}、F_{ZF}—塔架所受的 XF、YF、ZF 方向的水平力，kN；

M_{XF}、M_{YF}、M_{ZF}—塔架所受的 XF、YF、ZF 方向的水平弯矩，kN·m

3.3.2　荷载工况

1. 圆筒式钢塔架设计荷载工况

钢塔架结构应按正常使用极限状态及承载能力极限状态进行设计。正常使用极限状态应进行振动分析，承载能力极限状态下塔架计算内容及对应荷载类型应按表3.1的规定确定，表中“√”表示计算内容应包括的荷载，疲劳荷载

有 6 个独立分量 M_{XF}、M_{YF}、M_{ZF}、F_{XF}、F_{YF}、F_{ZF}，需分别对各分量所引起的损伤进行验算。M_{XY}为塔架在 XF、YF 方向合成弯矩；F_{XY}为塔架在 XF、YF 方向合成力；ΔM_{XY}为附加弯矩。

表 3.1　承载能力极限状态下钢塔架计算内容及对应荷载类型

计算内容	荷载类型			
	极限荷载	疲劳荷载	附加荷载	涡激振动
筒壁静强度计算	√	—	√	—
法兰连接计算	√	—	√	—
筒壁屈曲计算	√	—	√	—
疲劳强度验算	—	√	—	√

承载能力极限状态作用力分量选取应按表 3.2 的规定执行。

表 3.2　承载能力极限状态作用力分量选取

计算内容	主要荷载								
	M_{XF}	M_{YF}	M_{xy}	M_{ZF}	F_{XF}	F_{YF}	F_{xy}	F_{ZF}	ΔM_{xy}
静强度计算	—	—	√	√	—	—	√	√	√
法兰连接计算	—	—	√	√	—	—	√	√	√
筒壁屈曲计算	—	—	√	√	—	—	√	√	√
疲劳强度验算	√	√	—	√	√	√	—	√	—

2. 混凝土塔架设计荷载工况

风电机组混凝土塔架结构设计应按正常运行工况、极端工况、疲劳工况、多遇地震工况、罕遇地震工况、施工工况进行分析计算。

作用于塔架上可能同时出现的荷载效应分别按承载能力极限状态和正常使用极限状态进行组合。对于承载能力极限状态应采用荷载效应的基本组合和偶然组合；对于正常使用极限状态应采用荷载效应的标准组合。

混凝土塔架结构极限状态、设计状况、荷载效应组合、计算内容、荷载工况和主要荷载应按表 3.3 的规定选用。混凝土塔架结构设计分项系数应按表 3.4 的规定选用。

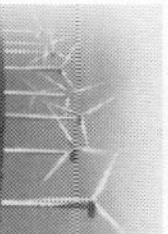

表 3.3 混凝土塔架结构极限状态、设计状况、荷载效应组合、计算内容、荷载工况及主要荷载

极限状态	设计状况	荷载效应组合	计算内容	荷载工况						主要荷载											
										永久荷载					可变荷载						偶然荷载
				正常运行	极端荷载	疲劳强度	多遇地震	罕遇地震	施工维修	竖向载荷（含重力）	混凝土收缩徐变	安装误差	基础变位	预应力	水平荷载	水平弯矩	荷载扭矩	风荷载	温度作用	多遇地震作用	罕遇地震作用
承载能力极限状态	持久设计状况	基本组合	（1）承载力计算（正常）	√	—	—	—	—	—	√		√	√	√	√	√	√	√	√	—	—
			（2）承载力计算（极端）	—	√	—	—	—	—	√	√	√	√	√	√	√	√	√	√	—	—
			（3）承载力计算（多遇地震）	—	—	—	√	—	—	√	√	√	√	√	√	√	√	√	√	√	—
			（4）疲劳强度验算	—	—	√	—	—	—	√	√	√	√	√	√	√	—	√	√	—	—
	短暂设计状况	基本组合	承载力计算（施工维修）	—	—	—	—	—	√	√	√	—	—	√	—	—	√	√	—	—	—
	偶然设计状况	偶然组合	承载力计算（罕遇地震）	—	—	—	—	√	—	√	√	√	√	√	√	√	—	√	√	—	√
正常使用极限状态	持久设计状况	标准组合	（1）应力、变形、抗裂验算（正常）	√	—	—	—	—	—	√	√	√	√	√	√	√	—	√	√	—	—
			（2）应力、变形、抗裂验算（极端）	—	√	—	—	—	—	√	√	√	√	√	√	√	—	√	√	—	—

表 3.4　混凝土塔架设计主要荷载分项系数取值

极限状态	设计状况	荷载效应组合	计算内容	主要荷载											
				永久荷载					可变荷载						偶然荷载
				竖向荷载（含重力）	混凝土收缩徐变	安装误差	基础变位	预应力	水平荷载	水平弯矩	荷载扭矩	风荷载	温度作用	多遇地震作用	罕遇地震作用
承载能力极限状态	持久设计状况	基本组合	（1）承载力计算（正常）	1.35/1.0*	1.2/1.0	1.2/1.0	1.2/1.0	1.2/1.0	1.4	1.4	1.4	1.4	1.4	H：1.3 V：0.5	—
			（2）承载力计算（极端）	1.35/1.0	1.2/1.0	1.2/1.1	1.2/1.0	1.2/1.0	1.4	1.4	1.4	1.4	1.4	H：1.3 V：0.5	—
			（3）承载力计算（多遇地震）	1.35/1.0	1.2/1.0	1.2/1.0	1.2/1.0	1.2/1.0	1.4	1.4	1.4	1.4	1.4	H：1.3 V：0.5	—
			（4）疲劳强度验算	1.0	1.0	1.0	1.0	1.0	1.0	1.0	1.0	1.0	1.0	—	—
	短暂设计状况	基本组合	承载力计算（施工维修）	1.35/1.0	1.2/1.0	1.2/1.0	1.2/1.0	1.2/1.0	1.4	1.4	1.4	1.4	1.4	—	—
	偶然设计状况	偶然组合	承载力计算（罕遇地震）	1.0	1.0	1.0	1.0	1.0	1.0	1.0	1.0	1.0	1.0	—	1.0
正常使用极限状态	持久设计状况	标准组合	（1）应力、变形、抗裂验算（正常）	1.0	1.0	1.0	1.0	1.0	1.0	1.0	1.0	1.0	1.0	—	—
			（2）应力、变形、抗裂验算（极端）	1.0	1.0	1.0	1.0	1.0	1.0	1.0	10	1.0	1.0	—	—

注：*——荷载效应对结构不利/荷载效应对结构有利；H——水平方向惯性力；V——竖向惯性力。

3.4 控 制 标 准

依据 GB 50010—2010、GB 50017—2017、GB 50135—2019 的相关规定，确定塔架结构设计的主要控制标准有 5 个方面。

3.4.1 混凝土应力

1. 施工阶段混凝土应力

在预应力、自重及施工荷载作用下（必要时应考虑动力系数）截面边缘的混凝土法向应力宜符合下列规定：

压应力
$$\sigma_{cc} \leqslant 0.80 f_{ck} \tag{3.1}$$

拉应力
$$\sigma_{ck} \leqslant k_{ct} f_{tk} \tag{3.2}$$

式中 σ_{cc}——构件截面混凝土法向压应力，MPa；

f_{ck}——混凝土轴心抗压强度标准值，MPa；

σ_{ck}——构件截面混凝土法向拉应力，MPa；

k_{ct}——截面混凝土抗拉强度的修正系数，接缝截面取 $k_{ct}=0.5$，非接缝截面取 $k_{ct}=1.0$；

f_{tk}——混凝土轴心抗拉强度标准值，MPa。

2. 正常使用极限状态

钢筋混凝土和预应力混凝土构件，应按下列规定进行受拉边缘应力或正截面裂缝宽度验算。

一级裂缝控制等级构件，在荷载标准组合下，混凝土压应力为

$$\sigma_{cc} \leqslant 0.60 f_{ck} \tag{3.3}$$

一级裂缝控制等级构件，在荷载标准组合、风电机组正常运行工况下，受拉边缘不产生拉应力，即

$$\sigma_{ck} - \sigma_{pc} \leqslant 0 \tag{3.4}$$

式中 σ_{pc}——扣除全部预应力损失后在验算边缘混凝土的预压应力，MPa。

极端荷载工况下应满足

$$\sigma_{ck} - \sigma_{pc} \leqslant k_{ct} f_{tk} \tag{3.5}$$

预应力混凝土受弯构件应分别对截面上的混凝土主拉应力和主压应力进行验算。

一级裂缝控制等级构件，风电机组正常运行工况下混凝土主拉应力应满足

$$\sigma_{tp} \leqslant 0.85 k_{ct} f_{tk} \tag{3.6}$$

极端工况下混凝土主拉应力满足

$$\sigma_{tp} \leqslant 0.95 k_{ct} f_{tk} \tag{3.7}$$

一级裂缝控制等级构件，混凝土主压应力应满足

$$\sigma_{cp} \leqslant 0.60 f_{ck} \tag{3.8}$$

3.4.2　钢塔架容许应力

塔筒钢材的强度设计值应满足表 3.5 所列极限值。

表 3.5　塔筒钢材的强度设计值

钢材牌号	厚度或直径/mm	强度设计值/MPa	
		抗拉、抗压、抗弯	抗剪
Q235	≤16	215	125
	>16，≤40	205	120
	>40，≤100	200	115
Q345	≤16	305	175
	>16，≤40	295	170
	>40，≤63	290	165
	>63，≤80	280	160
	>80，≤100	270	155

3.4.3　预应力钢筋容许应力

混凝土塔以及钢混塔中预应力计算参照 JTG 3362—2018 执行，使用阶段预应力钢筋的拉应力应符合

体内预应力钢绞线

$$\sigma_{pe} + \sigma_{p} \leqslant 0.65 f_{pk} \tag{3.9}$$

体外预应力钢绞线

$$\sigma_{pe} + \sigma_{p} \leqslant 0.60 f_{pk} \tag{3.10}$$

式中　σ_{pe}——预应力钢筋的有效预应力，MPa；

σ_{p}——预应力钢筋的应力，MPa；

f_{pk}——预应力钢筋极限强度标准值，MPa。

3.4.4　塔架水平容许位移

塔架结构的水平位移限值应满足

按线性分析

$$\frac{\Delta u}{H} = \frac{1}{75} \tag{3.11}$$

按非线性分析

$$\frac{\Delta u}{H} = \frac{1}{50} \tag{3.12}$$

式中　Δu——塔架水平位移，m；

H——塔架总高度，m。

3.4.5 风电机组容许频率

风电机组在正常运行时，整机固有频率与叶片的阶跃频率满足

$$\frac{f_R}{f_{0,1}}\leqslant 0.95 \text{ 或 } \frac{f_R}{f_{0,1}}\geqslant 1.05 \tag{3.13}$$

$$\frac{f_{R,m}}{f_{0,n}}\leqslant 0.95 \text{ 或 } \frac{f_{R,m}}{f_{0,n}}\geqslant 1.05 \tag{3.14}$$

式中 f_R——正常运行范围内风轮的最大旋转频率，Hz；

$f_{0,1}$——塔筒的第1阶固有频率，Hz；

$f_{R,m}$——m 个风轮叶片的通过频率，Hz；

$f_{0,n}$——塔筒的第 n 阶固有频率，Hz。

3.5 构 造 要 求

3.5.1 钢塔筒构造要求

(1) 塔筒使用的钢材应根据塔筒工作环境温度、钢材性能、风电机组运行要求等选定，不同环境温度下筒体钢材宜按表3.6选用。塔筒的使用钢材质量应符合现行国家标准GB/T 700—2006、GB/T 1591—2018、GB/T 3274—2017、GB/T 5313—2010的有关规定。主要结构件包括筒体、法兰、门框、基础环；非主要结构件包括梯子、平台及内部附件等。

表3.6 不同环境温度下筒体钢材

环境温度 T	主要结构件	非主要结构件
$T<-20℃$	Q345E	Q345、Q235
$-20℃\leqslant T<0℃$	Q345D、Q345E	
$0℃\leqslant T$	Q345C、Q345D、Q345E	

(2) 塔筒筒体壁厚要满足承载能力要求。考虑制造、运输、安装等要求，塔筒壁厚不宜小于10mm。

(3) 塔筒的分段和分节应根据材料尺寸、生产条件、运输及安装条件等因素综合确定。

(4) 相邻筒节对接错台大于等于4mm时，应采用不大于1∶4的缓坡过渡。

(5) 分段塔筒之间高强度螺栓布置应考虑扳手操作空间。

(6) 对接焊缝的坡口型式应符合标准要求，焊缝强度不应低于母材强度。

3.5.2　混凝土塔架构造要求

（1）混凝土塔筒筒壁的最小厚度应满足式（3.15），且不应小于 180mm，即

$$t_{\min}=100+0.01D \tag{3.15}$$

式中　D——塔筒外直径，mm。

（2）混凝土塔筒外表面沿高度坡度可连续变化，也可分段采用不同的坡度。塔筒壁厚可沿高度变化。

（3）混凝土段的混凝土强度等级不宜低于 C40，混凝土保护层厚度不宜小于 30mm。

（4）混凝土塔筒中预留孔道之间的水平净间距不宜小于 50mm，且不宜小于粗骨料粒径的 1.25 倍；孔道至结构边缘的净间距不宜小于 30mm，且不宜小于孔道直径的 50%。

（5）预留孔道的内径宜比预应力束外径及需穿过孔道的连接器外径大 6～15mm，且孔道的截面积宜为穿入预应力束截面积的 3～4 倍。

（6）混凝土塔筒要配置双排纵向钢筋和双层环向钢筋，且纵向普通钢筋推荐采用变形带肋钢筋，其最小配筋率满足表 3.7 的要求。在后张拉法预应力混凝土塔筒中，应配置适当的非预应力构造钢筋，如果有较多的非预应力受力钢筋，则可以替代构造钢筋。

表 3.7　混凝土塔筒的最小配筋率要求

塔筒配筋类型		最小配筋率/%
纵向钢筋	外排	0.25
	内排	0.20
横向钢筋	外排	0.20
	内排	0.20

（7）混凝土塔筒的筒壁上布置有孔洞时，应按下列规定执行：

1）在同一水平截面内设有两个孔洞时，宜中心对称布置。

2）筒壁上的孔洞应规整，同一截面上开多个孔洞时，应沿圆周均匀分布，其圆心角总和不应超过 140°，单个孔洞的圆心角不应大于 70°。

3）孔洞宜设计成圆形，矩形孔洞的转角宜设计成弧形。

（8）在后张法有黏结预应力混凝土塔筒两端及中部应设置灌浆孔，间距不宜大于 12m。孔道灌浆应密实，水泥浆强度等级不应低于 30MPa，其水胶比宜为 0.40～0.45，并按有关规定掺加膨胀剂，筒壁端部应设排气孔。

（9）锚板下混凝土应附加横向钢筋网或螺旋式钢筋进行局部加强，且体积配筋率不应小于 0.5%。

（10）装配式混凝土塔筒预制的单片构件的形状、尺寸和重量应满足制作、运输、安装各环节的要求。

（11）装配式预制混凝土塔筒的拼接应考虑温度作用和混凝土收缩徐变的不利影响，宜适当增加构造配筋。

3.6 钢塔架设计

3.6.1 静强度计算

钢筒筒壁和门洞等进行静强度计算，筒壁和门洞折算应力应满足

$$\sigma_V = S_{cf}\sqrt{\sigma^2+3\tau^2} \leqslant f \tag{3.16}$$

式中 σ_V——折算应力设计值，MPa；

S_{cf}——结构的应力集中系数，根据构件尺寸、外形等因素综合确定；

σ——正应力设计值，MPa；

τ——剪应力设计值，MPa；

f——材料的强度设计值，MPa。

3.6.2 法兰盘计算

1. 底法兰验算

钢塔架法兰没有加劲肋，属于柔性法兰。法兰盘受力示意图如图 3.2 所示。

单根锚束对应的管壁段的拉力为

$$T_b = \frac{1}{n}\left(\frac{M}{0.5R}+N\right) \tag{3.17}$$

顶力为

$$R_f = T_b\frac{b}{a} \tag{3.18}$$

法兰板剪应力为

$$\tau = 1.5\frac{R_f}{ts} \leqslant f \tag{3.19}$$

法兰板正应力为

$$\sigma = \frac{5R_f e}{st^2} < f \tag{3.20}$$

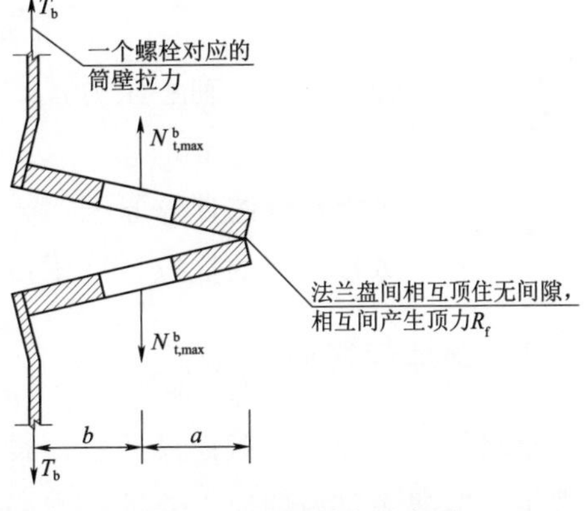

图 3.2 法兰受力示意图

式中 T_b——单个螺栓对应的筒壁拉力，kN；

n——螺栓数量；

M——法兰盘截面处弯矩值，kN·m；

R——法兰盘内半径，m；

N——法兰盘截面处竖向拉力，kN；

R_f——法兰板之间的顶力，kN；

b——螺栓孔到塔筒内壁的净距，m；

a——螺栓孔到法兰盘内壁的净距，m；

s——螺栓间距，m；

t——法兰盘厚度，m；

e——法兰板受力的力臂长，m。

柔性法兰板计算如图3.3所示。

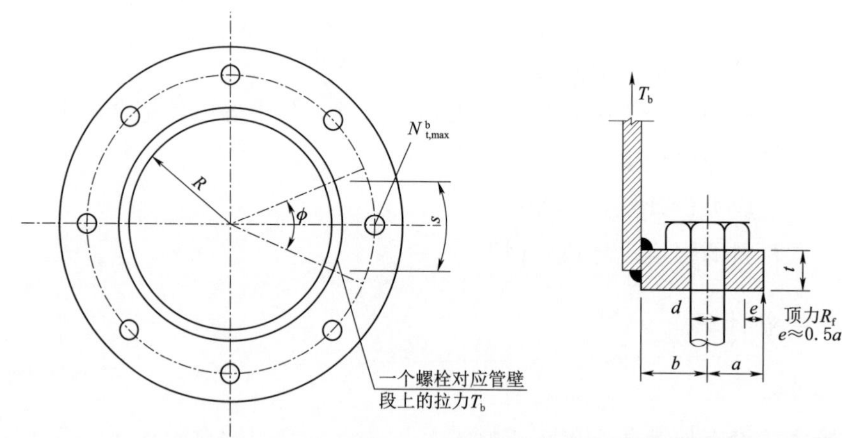

图3.3　柔性法兰板计算

2. 法兰焊缝验算

焊缝采用对接焊缝，V形坡口焊接的计算应根据GB 50017—2017进行，即

$$\sigma=\frac{N}{l_w t_w}<f_t^w \text{ 或 } f_c^w \tag{3.21}$$

式中　N——轴心拉力或轴心压力，kN；

l_w——焊缝长度，mm；

t_w——对接焊缝的计算厚度，m；

f_t^w、f_c^w——对接焊缝的抗拉、抗压强度设计值，MPa。

3.6.3　钢塔架屈曲计算

钢塔架高度较大，截面尺寸小，柔度大，易引起稳定性问题。塔架在满足强度的要求下，需要满足屈曲应力要求。本书介绍一种简化的屈曲应力计算方法。

当圆柱壳满足下面公式时，则定义为“细长”，即

$$\frac{l}{r}>0.5\sqrt{\frac{r}{t}} \tag{3.22}$$

式中 l——法兰间塔筒节高度，mm；

r——塔筒筒节的中径，mm；

t——塔筒的筒节壁厚，mm。

对于$\frac{l}{r}>0.5\sqrt{\frac{r}{t}}$的塔架截面，可等效为长圆柱理想屈曲应力计算为

$$\sigma_{xst}=0.605C_xE\frac{t}{r} \tag{3.23}$$

式中 σ_{xst}——理想屈曲应力，MPa；

E——塔筒的弹性模量，N/mm^2；

C_x——无量纲参数。

C_x 计算为

$$C_x=1-\frac{0.4\frac{l}{r}\left(\frac{t}{r}\right)^{0.5}-0.2}{\eta} \tag{3.24}$$

式中 η——支承条件系数，对于塔筒焊接段，取 $\eta=1$。

无量纲柔度参数 λ_s 计算为

$$\lambda_s=\sqrt{\frac{f_{y,k}}{\sigma_{xst}}} \tag{3.25}$$

式中 $f_{y,k}$——塔筒材料屈曲强度，MPa。

缩减系数 X 为

$$X=\begin{cases}1 & (\lambda_s\leqslant 0.25)\\ 1.233-0.933\lambda_s & (0.25<\lambda_s\leqslant 1.0)\\ \frac{0.3}{\lambda_s^3} & (1.0<\lambda_s\leqslant 1.5)\\ \frac{0.2}{\lambda_s^2} & (\lambda_s>1.5)\end{cases} \tag{3.26}$$

塔筒材料分项系数 γ_m 为

$$\gamma_m=\begin{cases}1.1 & (\lambda_s\leqslant 0.25)\\ 1.1\left(1+0.318\frac{\lambda_s-0.25}{1.75}\right) & (0.25<\lambda_s<2.0)\\ 1.45 & (\lambda_s\geqslant 2.0)\end{cases} \tag{3.27}$$

容许屈曲应力 $\sigma_{xS,R,k}$ 为

$$\sigma_{xS,R,k}=Xf_{y,k} \tag{3.28}$$

塔筒结构截面在荷载作用下的最大压应力 σ_z 为

$$\sigma_z=\frac{M_{xy}}{W}+\frac{F_z}{A} \tag{3.29}$$

式中　W——塔筒焊接段抗弯截面矩，kN·m；

A——塔筒焊接段截面面积，m^2；

M_{xy}——焊接段高度处最不利极限工况下的弯矩，kN·m。

结构屈曲安全裕度 SFR 计算为

$$SFR=\frac{\sigma_{xS,R,k}}{\gamma_m\sigma_z} \tag{3.30}$$

3.6.4　焊缝疲劳计算

塔架焊缝疲劳强度验算宜采用 Palmgren - Miner 线性损伤累积理论。疲劳损伤应根据所分析结构对应的焊缝疲劳细节选取相应的 $S—N$ 曲线，累积损伤计算为

$$D_d=\sum\frac{N_i\left(\dfrac{\Delta\sigma\gamma_N S_{cf}}{\Delta\sigma_D}\right)^m}{N_D}\leqslant 1 \tag{3.31}$$

$$\Delta\sigma'_D=\Delta\sigma_D\left(\frac{25}{t}\right)^{0.2} \tag{3.32}$$

式中　D_d——累积损伤；

N_i——荷载循环次数；

$\Delta\sigma$——循环荷载的应力范围，MPa；

$\Delta\sigma_D$——部件 $S—N$ 曲线对应的疲劳极限，MPa；

$\Delta\sigma'_D$——板厚大于 25mm 对接焊缝的疲劳极限，MPa；

N_D——部件 $S—N$ 曲线对应的荷载循环次数；

γ_N——疲劳计算采用的材料分项系数，$\gamma_N=1.265$；

m——$S—N$ 曲线斜率的倒数；

t——塔架钢板厚度，mm。

法兰连接螺栓疲劳计算可参考 NB/T 10216—2019 附录 D 的规定，按疲劳细节分类确定 $S—N$ 曲线，按式（3.32）计算累积损伤。对于超过 M30 的螺栓，疲劳缩减系数应进行修正，即

$$K_s=\left(\frac{30}{d_b}\right)^{0.25} \tag{3.33}$$

式中　K_s——疲劳缩减系数；

d_b——螺栓公称直径，mm。

塔架涡激振动产生的疲劳损伤应包括塔架已安装但未安装主机和塔架安装完成且

主机已安装两种状态的损伤。

（1）塔架已安装但未安装主机状态持续时间超过 1 周时，疲劳损伤 $D_{Q,0}\leqslant 1$。

（2）塔架安装完成且主机已安装状态的损伤 $D_{Q,1}\leqslant 1$，计算周期应为塔架设计寿命的 1/20。

（3）塔架所受疲劳荷载考虑风向分布时，应满足

$$D_F\leqslant 1 \tag{3.34}$$

$$D_Q+\frac{19D_F}{20}\leqslant 1 \tag{3.35}$$

$$D_Q=D_{Q,0}+D_{Q,1} \tag{3.36}$$

式中 D_F——风电机组运行工况下产生的疲劳损伤；

D_Q——涡激振动产生的疲劳损伤；

$D_{Q,0}$——塔架已安装但未安装主机状态下的疲劳损伤；

$D_{Q,1}$——塔架已安装完成且主机已安装状态下的疲劳损伤。

3.7 混凝土塔架设计

3.7.1 承载能力极限状态计算

1. 正截面承载力计算

塔架正截面承载力计算应满足下列基本假定：①截面应保持平面；②不考虑混凝土的抗拉强度；③混凝土受压的应力与应变关系应满足现行国家标准 GB 50010—2010 的有关规定；④纵向受拉钢筋的极限拉应变取为 0.01；⑤纵向钢筋的应力取钢筋应变与弹性模量的乘积，且应满足现行国家标准 GB 50010—2010 的有关规定。

当混凝土塔身无孔洞时，混凝土塔架正截面压弯承载力公式为

$$N_d\leqslant\phi[\alpha\alpha_1 f_c A-\sigma_{p0,i}A_{p,i}+\alpha f'_{py,i}A_{p,i}-\alpha_t(f_{py,i}-\sigma_{p0,i})A_{p,i}] \tag{3.37}$$

$$N_d e\leqslant\phi\left[\alpha_1 f_c A(r_1+r_2)\frac{\sin\pi\alpha}{2\pi}+f'_{py,i}A_{p,i}r_{p,i}\frac{\sin\pi\alpha}{\pi}+(f_{py,i}-\sigma_{p0,i})A_{p,i}r_{p,i}\frac{\sin\pi\alpha_t}{\pi}\right] \tag{3.38}$$

$$\alpha_t=1-1.5\alpha \tag{3.39}$$

$$e_i=e_0+e_a \tag{3.40}$$

式中 N_d——塔架接缝截面轴向压力的组合设计值，kN；

ϕ——接缝截面承载力的折减系数，取 $\phi=0.95$；无接缝截面承载力的折减系数，取 $\phi=1.0$；

α——受压区混凝土截面面积与全截面面积的比值；

α_1——受压区混凝土强度设计值系数，根据现行国家标准 GB 50010—2010 选取；

f_c——混凝土轴心抗压强度设计值，MPa；

A——塔架环形截面面积，m^2；

$\sigma_{p0,i}$——塔架接缝截面受拉区体内预应力钢束合力点混凝土正应力为零时的体内预应力钢束应力，MPa；

$A_{p,i}$——体内预应力钢束的截面面积，m^2；

$f'_{py,i}$——体内预应力钢束的抗压强度设计值（按 GB 50010—2010 确定），MPa；

α_t——纵向受拉钢筋截面面积与全部纵向钢筋截面面积的比值，当 $\alpha > 2/3$ 时取为 0；

$f_{py,i}$——体内预应力钢束的抗拉强度设计值（按 GB 50010—2010 确定），MPa；

e——轴向压力对截面重心的偏心距，m；

r_1、r_2——环形截面的内、外半径，m；

$r_{p,i}$——体内预应力钢束重心所在圆周的半径，m；

e_i——轴向压力对截面重心的初始偏心距，m；

e_0——轴向压力对截面重心的初始计算偏心距，m；

e_a——轴向压力附加偏心距（取 0.020m 和验算截面直径的 1/30 的较大值），m。

塔身有孔洞时，截面承载力计算应满足 GB 50135—2019 的要求。

2. 斜截面承载力计算

混凝土塔架斜截面抗剪承载力可计算为

$$V \leqslant \frac{1.75}{\lambda+1} f_t b h_0 + f_{yv} \frac{A_{sv}}{s} h_0 + 0.07N \tag{3.41}$$

其中

$$\lambda = \frac{M}{Vh_0}$$

式中　V——抗剪承载力，kN；

λ——偏心受压构件计算截面的剪跨比；

A_{sv}——配置在同一截面内箍筋各肢的全部截面面积，m^2；

h_0——截面有效高度（按 GB 50010—2010 确定），m。

N——与剪力设计值 V 相应的轴向压力设计值，kN，当 $N > 0.3 f_c A$ 时，取 $0.3 f_c A$，其中，A 为构件的截面面积；

b——计算截面宽度（按 GB 50010—2010 确定），m；

f_{yv}——横向钢筋的抗拉强度设计值，MPa；

s——沿构件长度方向的箍筋间距，mm。

混凝土塔架截面及接缝截面在压、弯、剪、扭共同作用下的承载能力应满足下列要求：

(1) 受剪承载力为

$$V \leqslant (1.5-\beta_t)\left(\frac{1.75}{\lambda+1}f_t b h_0 + 0.05N_{p0}\right) + f_{yv}\frac{A_{sv}}{s}h_0 \tag{3.42}$$

$$\beta_t = \frac{1.5}{1+0.2(\lambda+1)\dfrac{VW_t}{Tbh_0}} \tag{3.43}$$

式中 λ——计算截面的剪跨比，按 GB 50010—2010 确定；

β_t——集中荷载作用下剪扭构件混凝土受扭承载力降低系数，当 $\beta_t<0.5$ 时，取 0.5，当 $\beta_t>1.0$ 时，取 1.0。

(2) 受扭承载力为

$$T \leqslant \beta_t\left(0.35f_t + 0.05\frac{N_{p0}}{A_0}\right)W_t + 1.2\sqrt{\xi}f_{yv}\frac{A_{stl}A_{cor}}{s} \tag{3.44}$$

$$\xi = \frac{f_v A_{stl} s}{f_{yv} A_{stl} u_{cor}} \tag{3.45}$$

式中 T——受扭承载力，kN；

W_t——截面抗扭塑性抵抗矩，m^3；

A_{stl}——受扭计算中沿截面周边配置的箍筋单肢截面面积，m^2；

A_{cor}——截面核心部分的面积，m^2；

u_{cor}——截面核心部分的周长，m；

ξ——受扭的纵向普通钢筋与箍筋的配筋强度比值。

3. 疲劳计算

(1) 混凝土塔架的正截面疲劳应力验算时，应满足下列基本假定：

1) 截面应变保持平面。

2) 受压区混凝土法向应力图形取为三角形。

3) 钢筋混凝土构件不考虑受拉区混凝土的抗拉强度，拉力全部由纵向钢筋承受；要求不出现裂缝的预应力混凝土构件，受拉区混凝土的法向应力图形取为三角形。

4) 采用换算截面计算。

(2) 混凝土塔架的疲劳验算时，应计算下列部位的应力、应力幅：

1) 正截面受拉区和受压区边缘纤维的混凝土应力及受拉区纵向预应力筋、普通钢筋的应力幅。

2) 截面重心及截面宽度突变处的混凝土拉应力。

3) 受压区纵向钢筋可不进行疲劳验算。

对于一级裂缝控制等级的预应力混凝土塔架的钢筋可不进行疲劳验算。混凝土塔架疲劳寿命可根据 GB 50010—2010 的相关计算方法确定，也可采用疲劳试验的方法确定。

(3) 混凝土塔架疲劳应力应满足下列要求：

1) 正截面压应力应满足

$$\sigma_{cc,max}^{f} \leqslant f_{c}^{f} \tag{3.46}$$

式中　$\sigma_{cc,max}^{f}$——疲劳验算时塔架截面受压区边缘纤维的混凝土压应力（按 GB 50010—2010 确定），MPa；

f_{c}^{f}——混凝土轴心抗压疲劳强度设计值（按 GB 50010—2010 确定），MPa。

2) 截面受拉区边缘纤维拉应力应满足

$$\sigma_{ct,max}^{f} \leqslant k_{ct} f_{t}^{f} \tag{3.47}$$

式中　$\sigma_{ct,max}^{f}$——疲劳验算时塔架接缝截面受拉区边缘纤维的混凝土拉应力（按 GB 50010—2010 确定），MPa；

k_{ct}——截面混凝土抗拉强度的修正系数，接缝截面取 $k_{ct}=0.5$，非接缝截面取 $k_{ct}=1.0$；

f_{t}^{f}——混凝土轴心抗压疲劳强度设计值（按 GB 50010—2010 确定），N/mm^2。

3) 斜截面主拉应力应满足

$$\sigma_{tp}^{f} \leqslant k_{ct} f_{t}^{f} \tag{3.48}$$

式中　σ_{tp}^{f}——疲劳验算时塔架接缝位置斜截面纤维的混凝土主拉应力（按 GB 50010—2010 确定），MPa。

4) 受拉区预应力钢束应力幅验算应满足

$$\Delta\sigma_{p}^{f} \leqslant \Delta f_{py}^{f} \tag{3.49}$$

式中　$\Delta\sigma_{p}^{f}$——疲劳验算时塔架截面受拉区最外层预应力钢束的应力幅（按 GB 50010—2010 确定），MPa；

Δf_{py}^{f}——预应力钢束的疲劳应力幅限值（按 GB 50010—2010 确定），MPa。

4. 局部受压承载力计算

预应力混凝土塔架端部锚固区局部受压面上的局部压力设计值应满足

$$F_{l} \leqslant F_{lR} \tag{3.50}$$

式中　F_{l}——端部锚固区局部受压面上作用的局部压力设计值，kN；

F_{lR}——端部锚固区局部受压承载力，kN。

3.7.2　正常使用极限状态验算

1. 应力验算

(1) 正常使用极限状态，混凝土塔架水平截面压应力 σ_{c}' 应满足

$$\sigma_{c}' \leqslant f_{c} \tag{3.51}$$

式中 σ_c'——混凝土塔架水平截面压应力，MPa；

f_c——混凝土抗压强度设计值，MPa。

（2）正常使用极限状态，混凝土塔架截面主拉应力符合以下条件：

1）一级裂缝控制等级塔架混凝土塔架为

$$\sigma_{tp} \leqslant 0.85 f_{tk} \tag{3.52}$$

式中 σ_{tp}——混凝土塔架截面主拉应力，MPa；

f_{tk}——混凝土抗拉强度标准值，MPa。

2）二级裂缝控制等级混凝土塔架为

$$\sigma_{tp} \leqslant 0.95 f_{tk} \tag{3.53}$$

（3）一级、二级裂缝控制等级构件，混凝土主压应力满足

$$\sigma_{cp} \leqslant 0.60 f_{ck} \tag{3.54}$$

式中 σ_{cp}——混凝土塔架截面主压应力，MPa；

f_{ck}——混凝土抗压强度标准值，MPa。

混凝土主拉应力和主压应力计算为

$$\left.\begin{matrix}\sigma_{tp}\\ \sigma_{cp}\end{matrix}\right\} = \frac{\sigma_x + \sigma_y}{2} \pm \sqrt{\left(\frac{\sigma_x - \sigma_y}{2}\right) + \tau^2} \tag{3.55}$$

$$\sigma_x = \sigma_{cp} + \frac{M_k y_0}{I_0} \tag{3.56}$$

$$\tau = \frac{(V_k - \sum \sigma_{pe} A_{pb} \sin\alpha_p) S_0}{I_0 b} \tag{3.57}$$

式中 σ_x——由预应力和弯矩值 M_k 在计算纤维处产生的混凝土法向应力，MPa；

σ_y——由竖向荷载标准值 F_k 产生的混凝土竖向压应力，MPa；

τ——混凝土计算纤维处产生的混凝土剪应力，MPa，当计算截面上有扭矩作用时，应计入扭矩引起的剪应力；对于超静定后张法预应力混凝土结构构件，在计算剪应力时，应计入预加力引起的次剪力；

σ_{tp}——混凝土塔架截面主拉应力，MPa；

σ_{cp}——塔架正截面混凝土的永存预压应力，MPa；

y_0——换算截面重心至计算纤维处的距离，m；

I_0——换算截面惯性矩，m^4；

S_0——计算纤维以上部分换算截面面积对构件换算截面重心的面积矩，m^3；

σ_{pe}——预应力筋的有效预应力，MPa；

A_{pb}——计算截面上同一平面内的预应力筋的截面面积，m^2；

α_p——计算截面上预应力筋的切线与构件纵向轴线的夹角，(°)。

2. 裂缝验算

塔架混凝土构件开裂截面处受压边缘混凝土压应力、不同位置处钢筋的拉应力及

预应力筋等效应力宜按下列的假定计算：①截面应保持平面；②受压区混凝土的法向应力图取为三角形；③不考虑受拉区混凝土的抗拉强度；④采用换算截面。

混凝土塔架应按下列规定进行受拉边缘应力或正截面裂缝宽度验算：

(1) 一级裂缝控制等级，在风电机组正常运行工况荷载标准组合下，受拉边缘应力应符合

$$\sigma_{ck}-\sigma_{pc}\leqslant 0 \tag{3.58}$$

式中　σ_{ck}——荷载效应标准组合下，塔架正截面混凝土拉应力，MPa；

σ_{pc}——塔架正截面混凝土的永存预压应力，MPa。

(2) 二级裂缝控制等级，在风电机组正常运行工况荷载标准组合下，受拉边缘应力应符合

$$\sigma_{ck}-\sigma_{pc}\leqslant f_{tk} \tag{3.59}$$

(3) 三级裂缝控制等级，最大裂缝宽度可按荷载效应标准组合计算裂缝宽度。最大裂缝宽度应符合

$$w_{max}\leqslant w_{lim} \tag{3.60}$$

式中　w_{max}——荷载效应标准组合下，计算的最大裂缝宽度，mm；

w_{lim}——最大裂缝宽度限值，mm。

混凝土塔架裂缝计算应符合 GB 50010—2010 的有关规定。

3. 变形验算

计算圆筒型塔的动力特征时可将塔身简化成多质点悬臂体系，可沿塔高每 5～10m 设一质点，且每座塔的质点总数不宜少于 8 个，并应考虑塔架内附件的重量。

采用弹性理论进行塔架结构自振特性和变形计算时，截面刚度宜按下列规定取值：

(1) 结构自振特性计算时，预应力混凝土塔架截面刚度取 $1.0E_cI$。λ 为预应力度，即有效预压应力和标准荷载组合下混凝土中的拉应力之比。

(2) 变形计算时，预应力混凝土塔架截面刚度取 βE_cI，刚度折减系数 β 可按表 3.8 的规定取值。E_c 为混凝土的弹性模量，I 为圆环截面的惯性矩。

表 3.8　刚度折减系数 β

λ	0	0.1	0.2	0.3	0.4	0.5	0.6	≥0.7
β	0.65	0.66	0.68	0.72	0.76	0.80	0.84	0.85

变截面混凝土塔架顶部侧向位移可采用积分法计算，也可采用有限元分析方法计算。

4. 预应力损失计算

预应力损失计算应考虑下列因素：①预应力索在孔道内摩擦；②锚具变形、锚固和缝隙压密导致钢束回缩；③混凝土弹性压缩；④预应力索应力松弛；⑤混凝土收缩

和徐变。

(1) 预应力孔道摩擦损失为

$$\sigma_{l1}=\sigma_{con}\left[1-e^{-(kx+\mu\theta)}\right] \tag{3.61}$$

式中 k——单位长度孔道轴线局部偏差的摩擦系数(按表 3.9 采用),1/m;

x——自张拉端的孔道累计计算长度,m;

μ——钢束与曲线孔道的摩擦系数,按表 3.10 采用;

θ——自张拉端的孔道累计偏转角,rad;

σ_{con}——预应力钢束张拉控制应力,MPa。

表 3.9 体内钢束的系数 k 与 μ 值

管道成型形式		k/(1/m)	μ
预埋金属波纹管		0.0015	0.20~0.25
预埋塑料波纹管		0.0015	0.14~0.17
预埋铁皮管		0.003	0.35
钢管抽芯成型		0	0.55
橡皮管抽芯成型		0.0015	0.55
无黏结钢筋	7ϕ5 钢丝	0.0035	0.10
	15 钢绞线	0.004	0.12

表 3.10 体外钢束(钢绞线)的系数 k 与 μ 值

孔道成型方式、钢束种类	k	μ
钢管或 HDPE 管穿无黏结钢绞线	0.004	0.09
钢管穿光面钢绞线	0.001	0.25
HDPE 管穿光面钢绞线	0.002	0.13

(2) 预应力钢束由锚具变形、锚固和缝隙压密导致钢束回缩引起的损失为

$$\sigma_{l2}=E_p\frac{\Delta l}{l} \tag{3.62}$$

式中 E_p——预应力钢束的弹性模量,MPa;

Δl——锚具变形、钢束回缩和缝隙压密的合计值(各分项值按表 3.11 采用),mm;

l——预应力钢束的计算长度,m。

表 3.11 钢束锚具变形、钢束回缩和缝隙压密值 单位:mm

锚具类型		Δl	接缝类型	Δl
夹片锚具	有顶压	4	干接缝	1.5
	无顶压	6	胶接缝	1
带螺帽的锚具		1	湿接缝	0.5

（3）混凝土弹性压缩引起的预应力损失，应采用有限元分析软件按预应力钢束张拉步骤计算。静定结构近似计算为

$$\sigma_{l3}=\sum_{j=1}^{n}\frac{\sum_{i=1}^{m}(m-i)n_{p}\Delta\sigma_{cj}}{m} \tag{3.63}$$

式中　n——预应力钢束的种类数；

m——同一种预应力钢束的张拉分批数；

n_p——预应力钢束与混凝土的弹性模量比；

$\Delta\sigma_{cj}$——第 j 种预应力钢束张拉一批后，在已张预应力钢束段中点合力作用位置产生的混凝土正应力。

（4）预应力索松弛引起预应力损失的终值可计算为

$$\sigma_{l4}=\alpha\left(\frac{\sigma_{con}}{f_{pk}}-\gamma\right)\sigma_{con} \tag{3.64}$$

式中　σ_{con}——预应力钢束张拉控制应力，MPa；

α、γ——钢绞线张拉控制应力影响参数，当 $0.7f_{pk}<\sigma_{con}\leqslant 0.8f_{pk}$时，$\alpha=0.2$、$\gamma=0.575$，当 $\sigma_{con}\leqslant 0.7f_{pk}$时，$\alpha=0.125$、$\gamma=0.5$；

f_{pk}——预应力钢束的抗拉强度标准值，MPa。

（5）混凝土徐变和收缩引起的预应力损失，应采用有限元分析软件按施工和受力过程计算。静定结构近似计算为

$$\sigma_{l5}=\varepsilon_{s}(\infty,\tau)E_{p}+n_{p}\sigma_{c}\varphi(\infty,\tau) \tag{3.65}$$

式中　$\varepsilon_s(\infty,\tau)$——混凝土收缩应变值；

τ——预应力施加时的混凝土龄期，天；

E_p——预应力束的弹性模量，MPa；

n_p——预应力钢束与混凝土的弹性模量比；

σ_c——预应力施加后预应力钢束段中点合力作用位置的混凝土正应力，MPa；

$\varphi(\infty,\tau)$——混凝土徐变系数，按 JTG 3362—2018 确定。

3.8　预应力混凝土混合塔案例分析

某工程安装 25 台某厂家 2.5MW 机型，配置 120m 高预应力混凝土混合塔架，整体结构断面采用圆形，其中混凝土段 50m（采用 1.55m 高钢制连接段与 48.45m 高预制混凝土段组成），钢制段高度为 70m。预应力锚束采用 38 束预应力钢束，每束采用 8 根直径 17.8mm 的 1860MPa 低松弛预应力钢绞线，张拉控制应力为 $\sigma_{con}=1209$MPa（即

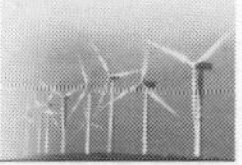

单束张拉控制力为1850kN），运行阶段永存预应力为1550kN。预应力混凝土塔架采用的混凝土强度等级为C60；钢制连接段、承压板采用Q355E钢材；预应力钢束采用符合GB/T 5224—2014规定的极限强度标准值 f_{ptk} =1860MPa的低松弛钢绞线；混凝土塔架内的竖向主筋和环向箍筋均采用HRB400钢筋。混凝土段分段尺寸见表3.12。

表3.12 混凝土段分段尺寸

序号	标高/m	环段高/m	内径/m	外径/m
1	0	3.8	6.760	7.400
2	3.8	3.8	6.512	7.166
3	7.6	3.8	6.263	6.931
4	11.4	3.8	6.015	6.697
5	15.2	3.8	5.766	6.463
6	19	3.8	5.518	6.228
7	22.8	3.8	5.269	5.994
8	26.6	3.8	5.021	5.795
9	30.4	3.8	4.773	5.525
10	34.2	3.8	4.524	5.291
11	38.0	3.8	4.276	5.056
12	41.8	3.8	4.027	4.822
13	45.6	3.8	3.779	4.588
14	48.45	2.85	3.5	4.500

本算例中取塔高19m处截面，计算截面承载力。19m高度处塔的截面外径6.228m，内径5.518m。该高度截面处荷载详见表3.13。

表3.13 19m高度截面处荷载

项　目	M_{xy}/(kN·m)	M_z/(kN·m)	F_{xy}/kN	F_z/kN
弯矩最大	104206	1697	1065	11709
水平力最大	75102	1136	1095	11568
扭矩最大	32736	7275	259	9543

3.8.1 承载能力极限状态计算

（1）正截面承载力计算。按照GB 50010—2010计算二阶效应对截面荷载的影响，计算 $C_m\eta_{ns}$ =1.147。

$$e_a=\frac{6.228}{30}=0.2076>0.02$$

$$e_0=\frac{M_{xy}}{F_z}=8.9$$

将 e_a 和 e_0 结果代入 $e_i=e_0+e_a$，得 e_i =9.1076m。考虑二阶效应后，轴向压力对截面重心的偏心距 $e=C_m\eta_{ns}e_i$ =10.446m。将 α_1 =0.96，f_c，$f_{py,i}$ 和式（3.39）代入

式（3.37）中，求得 $\alpha=0.4658$。将 α 代入式（3.39），$\alpha_t=0.306$。式（3.38）左侧 $\gamma_0 F_z e=122305512.23\text{N}\cdot\text{m}$；式（3.38）右侧为 $161475292.04\text{N}\cdot\text{m}$。

（2）斜截面承载力计算。混凝土塔筒斜截面抗剪承载力计算按照 GB 50010—2010，$bh_0=1.76r_1\times1.6r_1-1.76r_2\times1.6r_2=5.88$。

按照 GB 50010—2010 第 6.3.12 条计算偏心受压构件计算截面的剪跨比 $\lambda=\dfrac{M}{Vh_0}=\dfrac{M_{xy}}{F_{xy}h_0}=16.2>3$，$\lambda=3$，与剪力设计值 V 相应的轴向压力设计值 N 按照 GB 50010—2010 进行计算。

式（3.41）右侧 $>\dfrac{1.75}{\lambda+1}f_t bh_0+0.07N=9.09\times10^6$；式（3.41）左侧 $=1.06\times10^6$。

在压、弯、剪、扭共同作用下的承载能力计算：

$$V=245031\text{N},T=7275758\text{N}\cdot\text{m},N=9542980.741\text{N},W_t=\frac{\pi(r_1^4-r_2^4)}{2r_1}=24.1$$

1）受剪承载力。将 λ、V、W_t、T、bh_0 代入式（3.43），得 $\beta_t=1.58$；将 β_t 代入式（3.42），右侧 $=3.54\times10^6>V=245031\text{N}$

2）受扭承载力。代入式（3.44）得接缝处受扭承载力右边 $=1.11\times10^7\text{N}\cdot\text{m}>T=7275758\text{N}\cdot\text{m}$。

（3）疲劳验算。19m 高度处混凝土截面等效疲劳荷载见表 3.14。

表 3.14　19m 高度处等效疲劳载荷

载荷	M_x/(kN·m)	M_y/(kN·m)	M_z/(kN·m)	F_x/(kN·m)	F_y/(kN·m)	F_z/(kN·m)
$N=7$	8116	21897	3702	419	263	78

$$\sigma_{cc,\max}^f=\frac{F_z}{A}+\frac{M_{xy}}{W}=\frac{F_z+1550\times38}{\pi(r_1^2-r_2^2)}+\frac{\sqrt{M_x^2+M_y^2}}{W}=11.56\text{MPa}$$

$$f_c^f=\gamma_p f_c=0.68\times27.5=18.7\text{MPa}$$

$$\sigma_{cc,\max}^f\leqslant f_c^f$$

最不利弯矩疲劳作用下，19m 高的塔截面受压区混凝土压应力满足规范要求。由于混凝土边缘未出现拉应力、主拉应力为 0MPa，显然混凝土拉应力及主拉应力满足规范要求。

（4）局部受压承载力验算。预应力混凝土塔筒端部混凝土截面荷载见表 3.15。

表 3.15　50m 高度处截面处荷载

项　目	M_{xy}/(kN·m)	M_z/(kN·m)	F_{xy}/kN	F_z/kN
50m 高度处荷载	65191	1594	939	4303

根据 GB 50010—2010，混凝土塔架顶部混凝土 13 号段的局部承压进行计算，即

$$F_l \leqslant 0.9(\beta_c \beta_l f_c + 2\alpha\rho_v \beta_{cor} f_{yv}) A_{ln}$$

$$\sigma = \frac{F_z + 1550 \times 38}{A} + \frac{M_{xy}}{W}$$

$$F_l = \sigma A$$

将荷载和截面尺寸代入，即

$$\sigma = \frac{F_z + 1550 \times 38}{A} + \frac{M_{xy}}{W} = \frac{4303 + 1550 \times 38}{6.28} + \frac{65191}{5.67} = 21610(\text{kPa})$$

$$F_l = \sigma A = 21610 \times 6.28 = 135710(\text{kN})$$

采用直径 8mm 钢筋网片进行局部承压验算，初步拟定网片 5 层，间距为 50mm。环向布置 4 根，径向均匀布置 120 根，局部受压承载力达到 176510kN。满足设计要求。

3.8.2 正常使用极限状态验算

（1）应力计算为

$$\sigma = \frac{F_z + 1550 \times 38}{A} \pm \frac{M_{xy}}{W} \tag{3.66}$$

将混凝土塔筒顶部、底部荷载及截面尺寸代入式（3.66），见表 3.16。

表 3.16 混凝土塔筒顶部、底部最大压应力和拉应力表

项　　目	最大压应力/MPa	最大拉应力/MPa
混凝土塔筒顶部	−21.451	−3.423
底部	−17.001	−2.332

（2）裂缝验算。由应力计算可知，正常运行荷载作用下塔身未出现拉应力，因此满足裂缝要求。

（3）变形验算。采用有限元方法进行变形验算，极端工况下竖向和水平方向变形计算结果如图 3.4 所示。

表 3.17 变形计算结果汇总表

项　　目	极端工况	正常运行工况
方向	水平	水平
混凝土塔架顶端位移/mm	86.7	66.8
钢制塔架顶端位移/mm	1297	518.3

综合上述计算结果，钢制塔架顶部水平最大位移为极端荷载工况下 1297mm$<H/75=1600$mm；混凝土塔架顶端最大水平位移为极端工况下 98mm$<H/75=646$mm。均满足设计要求。

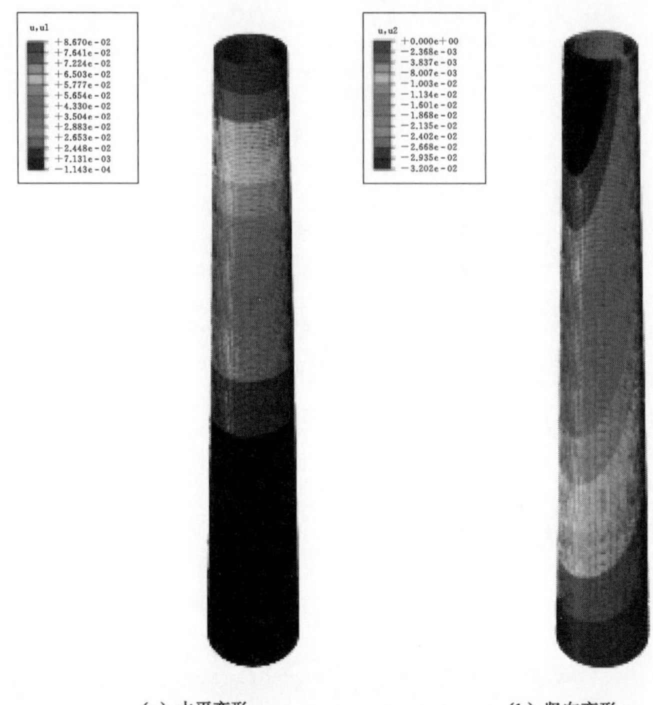

(a) 水平变形　　(b) 竖向变形

图 3.4　极端工况混凝土塔架变形云图

3.8.3　钢塔筒强度计算

取某一高度钢塔筒截面，对该截面处钢塔筒进行静强度分析、屈曲分析和法兰强度分析。该截面外径 4.3m，壁厚 22mm，该截面处荷载见表 3.18。

表 3.18　钢塔筒某高度截面处荷载

项目	M_{xy}/(kN·m)	M_z/(kN·m)	F_{xy}/kN	F_z/kN
荷载	41574	505	686	1413

(1) 静强度计算为

$$\sigma=\frac{F_z}{A}\pm\frac{M_{xy}}{W} \tag{3.67}$$

$$\tau=\frac{F_{xy}}{A}\pm\frac{M_z}{W} \tag{3.68}$$

$$\sqrt{\sigma^2+3\tau^2}\leqslant f \tag{3.69}$$

式中　f——钢材屈服强度，Q355 钢材取 $f=335\text{N/mm}^2$；

将荷载和截面尺寸代入上式，求得该截面处最大压应力为 $\sigma=137\text{MPa}$，剪切应力为 $\tau=2.4\text{MPa}$，静强度满足要求。

(2) 法兰盘计算。该截面位置处有一法兰盘，基本尺寸如图 3.5 所示。法兰盘截面处荷载见表 3.18。

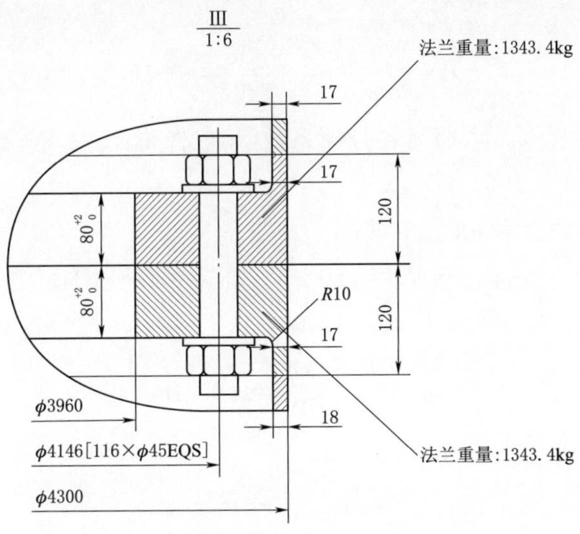

图 3.5 法兰盘基本尺寸图（单位：mm）

由图 3.5 知：$n=116$，$R=1980$mm，$b=77$mm，$a=93$mm，$t=80$mm，$s=112$mm，$e=55$mm，代入式（3.17）～式（3.19），$T_b=374$kN，$R_f=310$kN，$\tau=51$MPa$\leqslant f_v$，$\sigma=119$MPa$\leqslant f$，均小于 Q355 钢材的抗剪强度设计值和抗拉强度设计值，因此法兰盘底法兰满足要求。

(3) 刚塔架屈曲计算。塔筒外径 $R=2.15$m，壁厚 $t=0.022$m，中心半径 $r=2.139$m，该节塔筒长度 $l=13.81$m。

1）判断是否为长圆柱。

$$\frac{l}{r}=\frac{13.81}{2.139}=6.46$$

$$0.5\sqrt{\frac{r}{t}}=0.5\sqrt{\frac{2.139}{0.022}}=4.93$$

$$\frac{l}{r}>0.5\sqrt{\frac{r}{t}}$$

塔筒为长圆柱。

2）计算无量纲参数 C_X，得

$$C_X=1-\frac{0.4\frac{l}{r}\left(\frac{t}{r}\right)^{0.5}-0.2}{\eta}=1-\frac{0.4\times\frac{13.81}{2.139}\times\left(\frac{0.022}{2.139}\right)^{0.5}-0.2}{1}=0.938$$

3）计算理想屈曲应力，根据式（3.23）得

$$\sigma_{xSt}=0.605C_xE\ \frac{t}{r}=0.605\times0.938\times2.06\times10^5\times\frac{0.022}{2.139}=1202(\mathrm{MPa})$$

4）计算无量刚柔度参数 λ_s，得

$$\lambda_s=\sqrt{\frac{f_{y,k}}{\sigma_{xSt}}}=\sqrt{\frac{335}{1202}}=0.528$$

5）计算缩减系数 X、塔筒材料分项系数 γ_m，将 λ_s 代入式（3.26）和式（3.27），求得 $X=0.74$，$\gamma_m=1.156$。

6）计算容许屈曲应力 $\sigma_{xS,R,k}$，得

$$\sigma_{xS,R,k}=Xf_{y,k}=0.74\times335=248(\mathrm{MPa})$$

7）计算截面最大压应力 σ_z，得

$$\sigma_z=\frac{F_z}{A}+\frac{M_{xy}}{W}=137\mathrm{MPa}$$

8）计算结构屈曲安全裕度 SRF，得

$$SRF=\frac{\sigma_{xS,R,k}}{\gamma_m\sigma_z}=\frac{248}{1.156\times137}=1.56$$

综上，该截面屈曲满足要求。

第4章　风电机组基础结构设计

基础是整个风电机组系统的承载主体，是整机安全可靠性的保证。根据不同地域地基条件、风电机组结构及容量对基础承载力的不同要求，选择合理基础结构型式，确保风电机组的整机运行安全。

本章概述不同风电机组基础结构特点，主要介绍不同基础类型设计计算方法、控制标准以及构造要求。

4.1　基础结构概述

风电机组具有重心高、承受较大水平荷载和倾覆荷载的特点，陆上风电机组主要承受风荷载作用，北方地区要考虑冬季冰冻对叶片和地基的影响，位于堤防、河道或水塘旁的基础结构要考虑不均匀土压力、水压力等，海上风电机组承受的环境荷载更为复杂，除风荷载作用，还要考虑波浪力、水流力、冰荷载及靠泊撞击力等多种环境荷载作用，海上风电机组的支撑系统结构同时承受海床冲淤变化和环境腐蚀的影响。

目前国内外的陆上风电机组基础结构分为重力式和群桩基础承台两大类。其中重力式又分为扩展基础、梁板式基础等，重力式基础下可采用多种地基处理方式提高地基承载力，也可采用锚杆嵌岩提高基础抗倾覆能力；群桩基础承台又分为独立承台和梁板式承台，桩基础可采用预制桩、灌注桩等。

由于海洋环境的复杂性，随着不同海域、不同水深海上风电的开发进展，海上风电机组支撑系统结构出现多种型式，包括重力式基础、单桩基础、三（多）脚架、导管架、桩基承台（钢承台或混凝土承台）、吸力桶及浮式基础等。具体到每种基础型式在结构细节上也有差别，如重力式基础可采用钢、混凝土或后填充砂石等材料，单桩基础包括过渡段和不带过渡段两种，三（多）脚架包括水下和水上两种，导管架包括先打桩导管架插入式、先导管后打桩、裙桩后打桩等型式，桩基混凝土承台包括钢过渡段、预应力锚栓等不同型式，吸力桶包括单筒和多筒基础，浮式基础包括浮柱式、张力腿、驳船平台和半潜式等型式。

4.2　陆上重力式基础

4.2.1　结构型式及特点

1. 扩展基础

扩展基础按大块体结构混凝土设计，依靠自身重量及覆土来维持稳定，满足风电机组对地基稳定性要求。扩展基础是目前风电场设计最为普遍应用的基础，风电机组单机容量自 750～5000kW 均有应用。基础体型有方形、八边形、圆形等不同形式，尤以圆形为主，在酒泉千万千瓦级风电基地、新疆风电基地，以及西北、华北、东北等低压缩性且地基承载能力大于 160kPa 等场地得到广泛应用。

某圆形扩展基础主要尺寸为：底部直径 16～20m，下部圆柱体高 0.8～1.0m；顶面直径 6.0～8.0m，圆台高 1.3～1.8m；基础总埋深 3～4m。扩展基础体型图如图 4.1 所示。

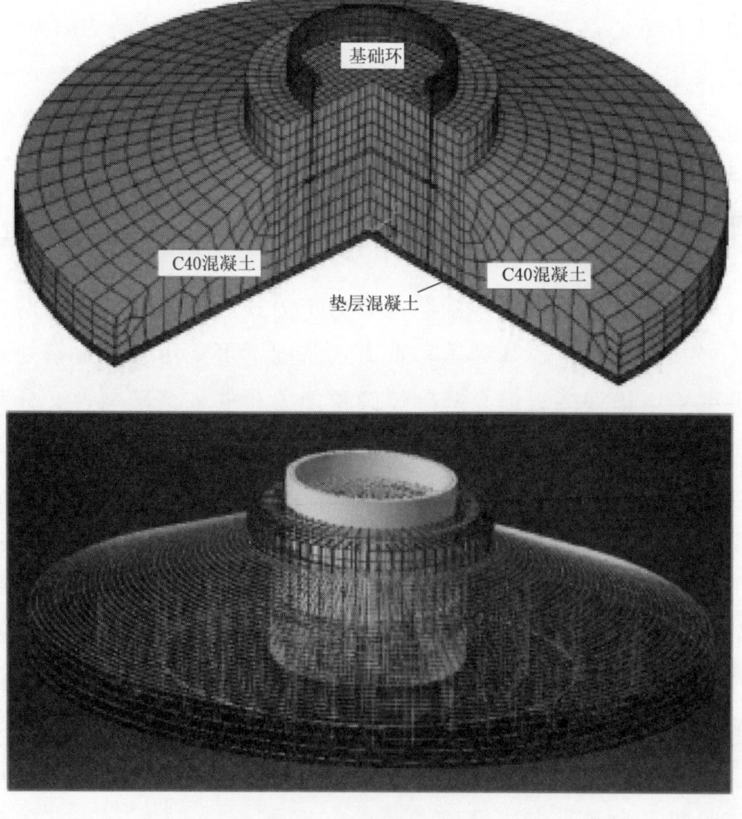

图 4.1　扩展基础体型图

2. 梁板基础

梁板基础与扩展基础类似，也是依靠自身重量及覆土来维持稳定，地基反力经过底板传给主梁，主梁成为主要的受力结构。梁板基础是目前风电电场较为推崇的基础型式，但因质量不易控制，还未得到广泛实际应用。

梁板基础体型有方形、八边形、圆形等，一般以圆形最为常见。底板直径较扩展基础略大，一般为 18～21m，厚度不小于 0.4m，一般为 0.5～0.8m；主梁根数可根据风电机组单机容量大小按照 6 根、8 根、10 根选取，梁宽为 0.8～1.0m；基础中部圆柱高度视基础埋深确定，一般取 3.0～4.5m；梁板基础一般布置有次梁，其宽度和高度一般取主梁的一半。梁板基础体型图如图 4.2 所示。

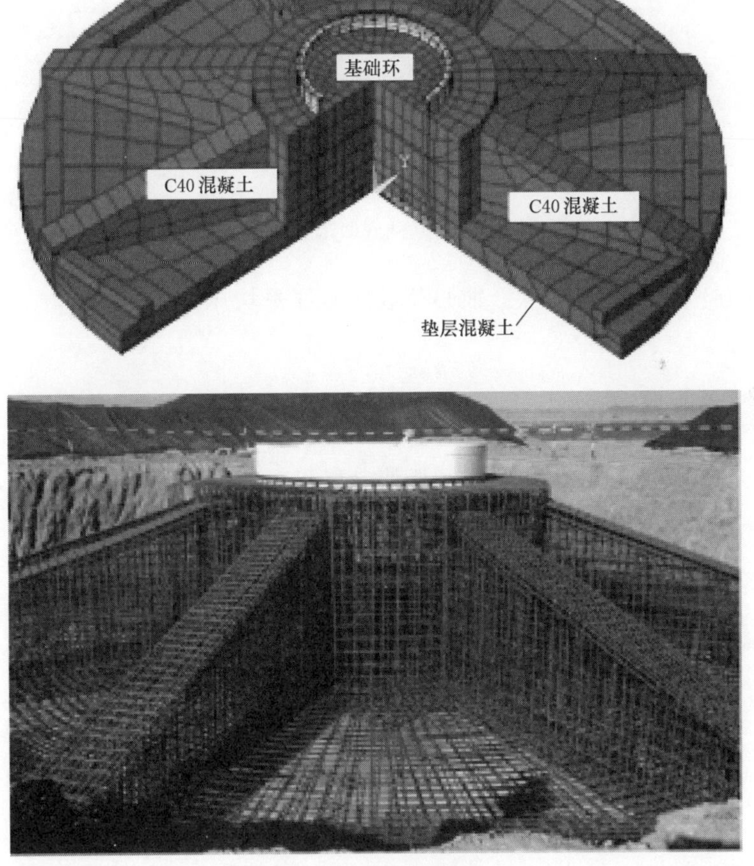

图 4.2 梁板基础体型图

与扩展基础相比，其主要特点有：①混凝土及钢筋用量少，单台风电机组基础造价较低；②体型较为复杂，由于肋梁配筋较密，根部高度较高，造成施工难度加大，施工工期长，质量较难控制。

4.2.2　地基承载力计算

（1）对于扩展基础和梁板基础，在承受轴心荷载，或在核心区内承受偏心荷载且基础底面未脱开地基时（图 4.3），风电机组基础底面的压力计算，应符合下列规定：

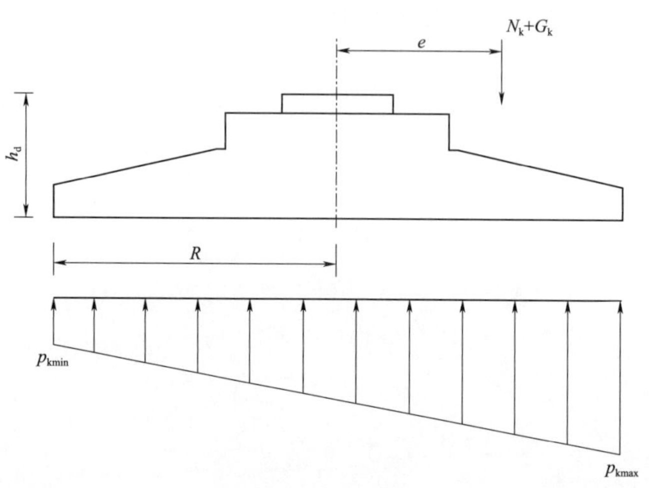

图 4.3　基础底面未脱开地基

1）矩（方）形扩展基础承受轴心荷载时基底平均压力为

$$p_k=\frac{N_k+G_k}{A} \tag{4.1}$$

式中　N_k——荷载效应标准组合下，上部结构传至基础顶面的竖向力标准值，kN；

G_k——荷载效应标准组合下，基础自重和基础上覆土重力标准值，kN；

p_k——荷载效应标准组合下，基础底面平均压力值，kPa；

A——基础底面积，m^2。

2）矩（方）形扩展基础承受偏心荷载时基底压力为

$$p_{kmax}=\frac{N_k+G_k}{A}+\frac{M_k}{W} \tag{4.2}$$

$$p_{kmin}=\frac{N_k+G_k}{A}-\frac{M_k}{W} \tag{4.3}$$

$$M_k=M_{rk}+H_k h_d \tag{4.4}$$

式中　M_k——荷载效应标准组合下，上部结构传至基础底面合力矩标准值，kN·m；

M_{rk}——荷载效应标准组合下，上部结构传至基础顶面合力矩标准值，kN·m；

W——基础底面的抵抗矩，m^3；

H_k——荷载效应标准组合下，上部结构传至基础顶面水平合力标准值，kN；

p_{kmax}——荷载效应标准组合下，基础底面边缘最大压力值，kPa；

p_{kmin}——荷载效应标准组合下，基础底面边缘最小压力值，kPa；

h_d——基础环或锚笼环顶面至基础底面的高度，m。

(2) 对于扩展基础和梁板基础，在核心区外承受偏心荷载，基础底面部分脱开（图 4.4）且面积不大于全部面积的 1/4 时，基础底面压力可计算为

$$p_{kmax}=\frac{N_k+G_k}{\xi R^2} \tag{4.5}$$

$$a_c=\tau R \tag{4.6}$$

式中 τ、ξ——基础底面最大压力计算系数，根据比值 e/R 按表 4.1 采用；

a_c——基础底面受压面积宽度，m；

R——基础底面半径，m。

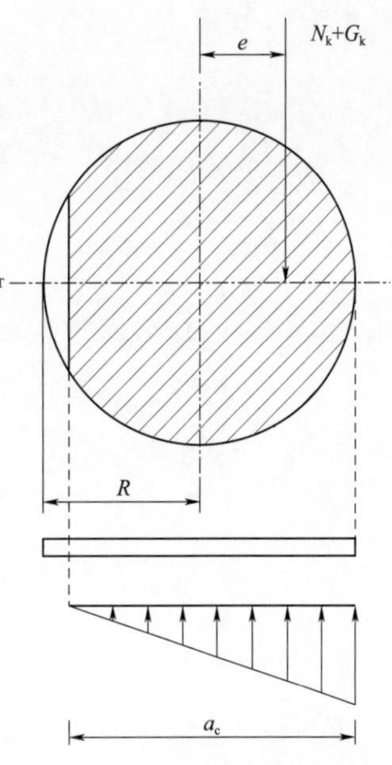

图 4.4 基础底面部分脱开地基

表 4.1 基础底面最大压力计算系数

e/R	τ	ξ	e/R	τ	ξ
0.25	2.000	1.571	0.39	1.541	1.170
0.26	1.960	1.539	0.40	1.513	1.143
0.27	1.924	1.509	0.41	1.484	1.116
0.28	1.889	1.480	0.42	1.455	1.090
0.29	1.854	1.450	0.43	1.427	1.063
0.30	1.820	1.421	0.44	1.399	1.037
0.31	1.787	1.392	0.45	1.371	1.010
0.32	1.755	1.364	0.46	1.343	0.984
0.33	1.723	1.335	0.47	1.316	0.959
0.34	1.692	1.307	0.48	1.288	0.933
0.35	1.661	1.279	0.49	1.261	0.908
0.36	1.630	1.252	0.50	1.234	0.883
0.37	1.601	1.224	0.51	1.208	0.858
0.38	1.571	1.197	0.52	1.181	0.833

4.2.3 地基沉降变形计算

扩展基础、梁板基础可按各向同性均质线性变形体理论假定确定地基内应力分

布，最终沉降值为

$$s = \Psi_s s' \tag{4.7}$$

$$s' = \sum_{i=1}^{n} \frac{p_{0k}}{E_{si}} (z_i \bar{\alpha}_i - z_{i-1} \bar{\alpha}_{i-1}) \tag{4.8}$$

$$\tan\theta = \frac{s_1 - s_2}{a_c} \tag{4.9}$$

式中　s——地基最终沉降值，mm；

s'——按分层总和法计算出的地基沉降值，mm；

s_1、s_2——基础倾斜方向实际受压区域两边缘的最终沉降值，mm；

Ψ_s——沉降计算经验系数，根据地区沉降观测资料及经验确定，无沉降观测资料地区及经验时，沉降计算经验系数可按表 4.2 的规定确定；

n——地基沉降计算深度范围内分层数（图 4.5）；

p_{0k}——荷载效应标准组合下基础底面处的附加压力，kPa；

E_{si}——基础底面下第 i 层土的压缩模量，应取土自重压力至土的自重压力与附加压力之和的压力段计算，MPa；

z_i、z_{i-1}——基础底面至第 i、$i-1$ 层土底面的距离，m；

$\bar{\alpha}_i$、$\bar{\alpha}_{i-1}$——基础底面计算点至第 i、$i-1$ 层土底面范围内平均附加应力系数；

θ——基础倾斜角度，(°)。

表 4.2　沉降计算经验系数

基底附加压力 /kPa	$\bar{E}_s$/MPa				
	2.5	4.0	7.0	15.0	20.0
$p_{0k} \geqslant f_{ak}$	1.4	1.3	1.0	0.4	0.2
$p_{0k} \leqslant 0.75 f_{ak}$	1.1	1.0	0.7	0.4	0.2

$$\bar{E}_s = \frac{\sum A_i}{\sum \frac{A_i}{E_{si}}} \tag{4.10}$$

式中　A_i——第 i 层土附加应力系数沿土层厚度的积分值，m；

$\bar{E}_s$——沉降计算深度范围内压缩模量的当量值，MPa。

4.2.4　稳定性验算

（1）除罕遇地震工况外的其他荷载工况，扩展基础和梁板基础抗滑和抗倾覆稳定计算应符合下列规定：

1）抗滑稳定最危险滑动面上的抗滑力与滑动力应满足

$$\gamma_0 F_s \leqslant \frac{1}{\gamma_d} F_R \tag{4.11}$$

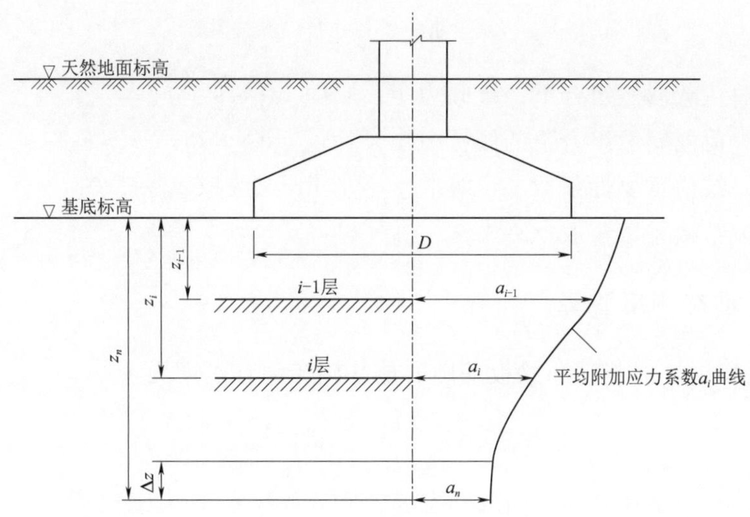

图 4.5 沉降计算分层示意

式中 F_R——荷载效应基本组合下的抗滑力，kN；

F_s——荷载效应基本组合下的滑动力设计值，kN；

γ_d——结构系数，取 $\gamma_d=1.3$；

γ_0——结构重要性系数，一级取 $\gamma_0=1.1$，二级取 $\gamma_0=1.0$。

2）沿基础底面的抗倾覆稳定计算，其最不利计算工况应满足

$$\gamma_0 M_s \leqslant \frac{1}{\gamma_d} M_R \tag{4.12}$$

式中 M_R——荷载效应基本组合下的抗倾力矩，kN·m；

M_s——荷载效应基本组合下的倾覆力矩设计值，kN·m；

γ_d——结构系数，取 $\gamma_d=1.6$；

γ_0——结构重要性系数，一级取 $\gamma_0=1.1$，二级取 $\gamma_0=1.0$。

（2）罕遇地震工况下，扩展基础和梁板基础抗滑和抗倾覆稳定计算应符合下列规定：

1）抗滑稳定最危险滑动面上的抗滑力与滑动力应满足

$$\gamma_0 F'_s \leqslant \frac{1}{\gamma_d} F'_R \tag{4.13}$$

式中 F'_R——荷载偶然组合下的抗滑力，kN；

F'_s——荷载偶然组合下的滑动力矩设计值，kN；

γ_0——结构重要性系数，一级取 $\gamma_0=1.1$，二级取 $\gamma_0=1.0$；

γ_d——结构系数，取 $\gamma_d=1.0$。

2）沿基础底面的抗倾覆稳定计算，其最危险计算工况应满足

$$\gamma_0 M'_s \leqslant \frac{1}{\gamma_d} M'_R \tag{4.14}$$

式中　M'_R——荷载偶然组合下的抗倾力矩，kN·m；

M'_s——荷载偶然组合下的倾覆力矩设计值，kN·m；

γ_0——结构重要性系数，一级取 $\gamma_0=1.1$，二级取 $\gamma_0=1.0$；

γ_d——结构系数，取 $\gamma_d=1.0$。

4.2.5　地基动态刚度验算

（1）风电机组扩展基础和梁板基础的地基旋转动态刚度为

$$K_{\varphi,dyn}=\frac{4}{3}\frac{(1-2\nu)}{(1-\nu)^2}R_0^3 E_{s,dyn} \tag{4.15}$$

式中　$K_{\varphi,dyn}$——地基和基础之间的动态旋转刚度，N·m/rad；

ν——岩土体泊松比；

R_0——基础半径，m；

$E_{s,dyn}$——基础底面土层土壤的动态压缩模量，MPa。

（2）扩展基础和梁板基础的地基水平动态刚度为

$$K_{H,dyn}=2\frac{(1-2\nu)}{(1-\nu)^2}RE_{s,dyn} \tag{4.16}$$

式中　$K_{H,dyn}$——地基和基础之间的水平动态刚度，N/m。

4.2.6　扩展基础结构计算

1. 地基净反力计算

计算基础底板的内力时，基础底板压力可按均布荷载采用，并应取外悬挑 2/3 处的最大压力，其值应计算为

$$p=\frac{N}{A}+\frac{M}{I}\cdot\frac{2R+r_1}{3} \tag{4.17}$$

式中　p——近似均布地基净反力，kPa；

M——作用于基础底面的总弯矩设计值，kN·m；

N——作用于基础顶面的垂直荷载设计值，kN；

A——基础底面面积，m^2；

I——基础底面惯性矩，m^4；

R——基础底面半径，m；

r_1——台柱半径，m。

2. 冲切验算

基础台柱边缘、基础环与基础交接处的基础受冲切强度计算应满足

$$\gamma_0 F_l \leqslant 0.35\beta_{hp} f_t (b_t + b_b) h_0 \tag{4.18}$$

式中 γ_0——结构重要性系数；

F_l——荷载效应基本组合下，冲切破坏体以外的荷载设计值，kN；

f_t——混凝土轴心抗拉强度设计值，kPa；

b_b——冲切破坏锥体斜截面的下边圆周长，m；

b_t——冲切破坏锥体斜截面的上边圆周长，m；

β_{hp}——承台受冲切承载力截面高度影响系数，当 $h \leqslant 800$mm 时，取 $\beta_{hp}=1.0$，$h \geqslant 2000$mm 时，取 $\beta_{hp}=0.9$，其间按线性内插法取值；

h_0——承台冲切破坏锥体计算截面的有效高度，m。

3. 斜截面受剪验算

扩展基础底板应按不配置箍筋和弯起钢筋的一般板类受弯构件来验算斜截面受剪承载力。斜截面受剪承载力应满足

$$\gamma_0 V \leqslant 0.7\beta_h f_t b h_0 \tag{4.19}$$

$$\beta_h = \sqrt[4]{\frac{800}{h_0}} \tag{4.20}$$

式中 V——荷载效应基本组合下构件斜截面上最大剪力设计值，kN；

β_h——受剪切截面高度影响系数，$h_0 < 800$mm 时，取 $h_0=800$mm，$h_0 \geqslant 2000$mm 时取 $h_0=2000$mm；

f_t——混凝土轴心抗拉强度设计值，N/mm^2；

b——截面宽度，m；

h_0——截面的有效高度，m。

4. 基础底板配筋计算

基础底板的配筋应按抗弯计算确定，圆形基础底板宜按径环向配筋取变截面位置进行计算，单位宽度径向配筋弯矩可取 $2/3M_{dh}$，单位宽度环向配筋弯矩可取 $1/3M_{dh}$。

(1) 基础底板底面钢筋配置。基础台柱半径 r_1 处单位弧长的弯矩设计值，可根据地基净反力分布计算为

$$M_{dh} = \frac{p(2R + r_1)(R - r_1)^2}{6r_1} \tag{4.21}$$

式中 M_{dh}——荷载效应基本组合下，基础底板单位弧长的弯矩设计值，kN·m；

R——基础底板半径，m；

r_1——台柱半径，m。

(2) 基础底板顶面钢筋配置，其用于配筋的弯矩值可按承受均布荷载的悬臂构件进行计算，且基础台柱半径 r_1 处单位弧长的上部弯矩设计值为

$$M_{dh} = \frac{q(2R + r_1)(R - r_1)^2}{6r_1} \tag{4.22}$$

式中　q——基础底板顶面近似均布荷载，kPa。

4.2.7　梁板基础结构计算

1. 地基净反力计算

梁板基础结构的地基净反力计算同扩展基础结构。

2. 冲切验算

基础底板受冲切承载力验算（图 4.6）应符合

$$\gamma_0 F_l \leqslant 0.7\beta_{hp} f_t U_m h_0 \tag{4.23}$$

$$F_l = pA_j \tag{4.24}$$

式中　F_l——荷载效应基本组合下作用在 A_j 上的地基净反力设计，kN；

A_j——冲切验算时取用的部分基底面积，m²；

p——荷载效应基本组合下基础底板近似均布地基净反力，kPa；

U_m——计算截面周长，m，取距离局部荷载或集中反力作用面周边 $h_0/2$ 处板垂直截面的最不利周长。

3. 斜截面受剪验算

基础底板斜截面受剪承载力验算（图 4.7）应满足

$$V_s \leqslant 0.7\beta_h f_t (l_n - 2h_0) h_0 \tag{4.25}$$

式中　V_s——荷载效应基本组合下，距梁边缘 h_0 处，作用在图 4.7 中阴影部分面积上的地基土平均净反力设计值，kN；

l_n——计算板格的长边净跨度，m。

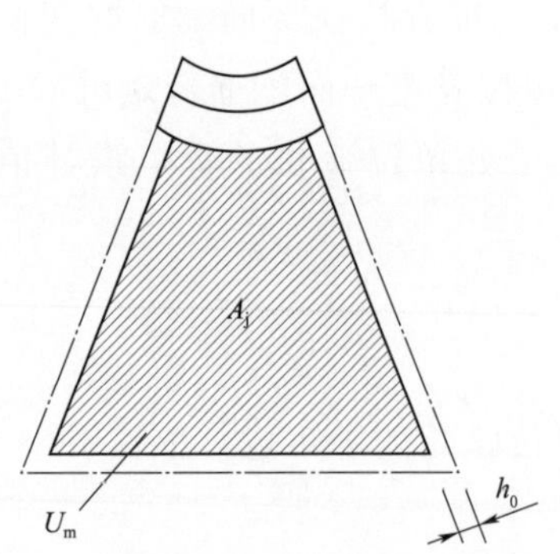

图 4.6　基础底板受冲切承载力验算示意图

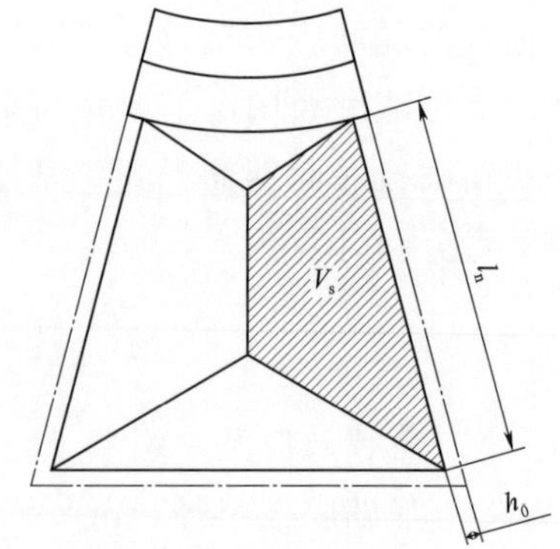

图 4.7　基础底板斜截面受剪承载力验算示意图

4. 梁板基础内力计算

梁板基础底板的弯矩可按三边固结、一边简支的双向板进行计算；梁板基础主梁内力可按悬臂梁分析计算，次梁内力可按两端固定分析计算。

4.3 陆上桩承式基础

4.3.1 结构型式及特点

风电场工程地质条件各不相同，当其浅层土质不良，无法满足风电机组对地基变形和强度方面的要求时，可采用深层较为坚实的土层或岩层作为持力层，用桩基础来传递荷载。

桩基础由承台和桩群或单桩组成。桩基根据不同的分类标准可以划分为不同的类型：按桩的根数可分为单桩基础和群桩基础；按桩身材料可分为木桩、钢桩、混凝土桩、水泥土桩、碎石土桩、石灰桩等；按成桩方法不同可分为预制桩、灌注桩、水泥搅拌桩等；按直径分为小直径桩（$d\leqslant250$mm）、中直径桩（250mm$<d<$800mm）、大直径桩（$d\geqslant800$mm）；按扩底形状分为扎扩桩、夯扩桩、人工扩底桩、机械扩底桩、注浆桩等；按打桩垂直度分为竖直桩和斜桩；按竖向承载方式分为摩擦桩和端承桩；按竖向受力分为抗压桩和抗拔桩等。

4.3.2 桩基础构造规定

1. 基桩

基桩构造应符合下列规定：

（1）基桩布置时宜使桩群承载力合力点与竖向永久荷载合力作用点重合。

（2）基桩最小中心距应符合表4.3的规定；当施工中采取减小挤土效应的可靠措施时，可根据经验适当减小。其中，d 为圆桩直径或方桩边长，D_1 为扩大端设计直径；纵横向桩距不相等的，其最小中心距应满足“其他情况”栏的规定；端承型非挤土灌注桩的“其他情况”栏可减小至 $2.5d$。

表4.3 基桩最小中心距 单位：m

<table>
<tr><th colspan="2">土类与成桩工艺</th><th colspan="2">排数不少于3排且桩数不少于9根的摩擦型桩桩基</th><th colspan="2">其他情况</th></tr>
<tr><td colspan="2">非挤土灌注桩</td><td colspan="2">$3.0d$</td><td colspan="2">$3.0d$</td></tr>
<tr><td colspan="2">部分挤土桩</td><td colspan="2">$3.5d$</td><td colspan="2">$3.0d$</td></tr>
<tr><td rowspan="2">挤土桩</td><td>非饱和土</td><td colspan="2">$4.0d$</td><td colspan="2">$3.5d$</td></tr>
<tr><td>饱和黏性土</td><td colspan="2">$4.5d$</td><td colspan="2">$4.0d$</td></tr>
<tr><td colspan="2" rowspan="2">钻、挖孔扩底桩</td><td>$D\leqslant2$</td><td>$2D_1$</td><td>$D_1\leqslant2$</td><td>$1.5D_1$</td></tr>
<tr><td>$D_1>2$</td><td>$D_1+2.0$</td><td>$D_1>2$</td><td>$D_1+1.5$</td></tr>
<tr><td rowspan="2">沉管夯扩、钻孔挤扩桩</td><td>非饱和土</td><td colspan="2">$2.2D_1$且$4.0d$</td><td colspan="2">$2.0D_1$且$3.5d$</td></tr>
<tr><td>饱和黏性土</td><td colspan="2">$2.5D_1$且$4.5d$</td><td colspan="2">$2.2D_1$且$4.0d$</td></tr>
</table>

（3）基桩宜选择较硬土层作为桩端持力层。桩端全断面进入持力层的深度，对黏性土、粉土不宜小于 $2d$，砂土不宜小于 $1.5d$，碎石类土不宜小于 $1d$。存在软弱下卧层的，桩端以下硬持力层厚度不宜小于 $3d$。

（4）非腐蚀性环境中，桩身混凝土强度等级灌注桩不应低于 C25，预制桩不应低于 C30，预应力管桩不应低于 C60，预应力高强混凝土管桩不应低于 C80。

（5）扩底灌注桩的扩底直径，不应大于桩身直径的 3 倍，扩底端尺寸应符合现行行业标准 JGJ 94—2008 的有关规定。

（6）基桩构造还应符合现行行业标准 JGJ 94—2008 的有关规定。

2. 承台构造

承台构造除应满足抗冲切、抗剪切、抗弯承载力和上部结构要求外，承台边缘至边桩中心的距离不宜小于桩的直径或边长，且边缘挑出的长度不宜小于 150mm。

3. 基桩与承台的连接

基桩与承台的连接应符合下列规定：

（1）桩顶嵌入承台的长度不宜小于 100mm。

（2）混凝土桩应在桩顶设置锚筋锚入承台混凝土中，主筋或锚筋的锚入长度不宜小于 35 倍钢筋直径。桩顶纵向主筋的锚固长度应按现行国家标准 GB 50010—2010 的有关规定确定。

4.3.3　桩的承载力验算

（1）轴心竖向力作用下基桩的平均竖向力为

$$N_{ik}=\frac{F_k+G_k}{n} \tag{4.26}$$

（2）偏心竖向力作用下第 i 根基桩的竖向力为

$$N_{ik}=\frac{F_k+G_k}{n}\pm\frac{M_{xk}y_i}{\sum y_j^2}\pm\frac{M_{yk}x_i}{\sum x_j^2} \tag{4.27}$$

式中　F_k——荷载效应标准组合下作用于桩基承台顶面的竖向力，kN；

G_k——桩基承台和承台上土自重，kN，对地下水位以下部分扣除水的浮力；

N_{ik}——荷载效应标准组合轴心或偏心竖向力作用下第 i 基桩或复合基桩的竖向力，kN；

M_{xk}、M_{yk}——荷载效应标准组合偏心竖向力作用下作用于承台底面，绕通过桩群形心的 y、x 主轴的力矩，kN·m；

x_i、x_j、y_i、y_j——第 i、j 基桩或复合基桩至 y、x 轴的距离，m；

n——桩数。

（3）单桩竖向极限承载力标准值的计算为

$$Q_{uk}=Q_{sk}+Q_{pk}=u\sum\Psi_{si}q_{sik}l_i+\Psi_p q_{pk}A_p \tag{4.28}$$

式中 Q_{uk}——单桩竖向极限承载力标准值，kN；

u——桩身周长，m；

A_p——桩端面积，m^2；

q_{sik}——桩侧第 i 层土极限侧阻力标准值，kPa；

q_{pk}——桩的极限端阻力标准值，kPa；

l_i——第 i 层土的厚度，m；

Ψ_{si}、Ψ_p——大直径桩侧阻力、端阻力尺寸效应系数。

（4）单桩竖向承载力特征值 R_a 为

$$R_a=\frac{Q_{uk}}{K} \tag{4.29}$$

式中 K——安全系数，取 $K=2.0$。

（5）基桩竖向承载力计算应符合下列要求：

1）荷载效应标准组合：

轴向竖向力作用应满足

$$N_k\leqslant R_a$$

偏心竖向力作用应满足

$$N_{kmax}\leqslant 1.2R_a$$

式中 N_k——荷载效应标准组合轴心竖向力作用下基桩或复合基桩的平均竖向力，kN；

N_{kmax}——荷载响应标准组合偏心竖向力作用下基桩或复合基桩的最大竖向力，kN；

2）地震作用效应和荷载效应标准组合：

轴向竖向力作用应满足

$$N_{Ek}\leqslant 1.25R_a$$

偏心竖向力作用应满足

$$N_{Ekmax}\leqslant 1.5R_a$$

式中 N_{Ek}——地震作用效应和荷载效应标准组合下基桩或复合基桩的平均竖向力，kN；

N_{Ekmax}——地震作用效应和荷载响应标准组合下基桩或复合基桩的最大竖向

力，kN；

R_a——基桩或复合基桩竖向承载力特征值，kN。

（6）桩的抗拔承载力验算。基桩的抗拔承载力为

$$N_{ik} \leqslant \frac{\sum \lambda_i q_{sik} u_j l_i}{2+G_P} \tag{4.30}$$

式中　λ_i——抗拔系数；

u_j——桩身周长，m；

G_P——基桩自重，kN。

（7）桩的水平力承载力验算为

$$H_{ik}=\frac{H_k}{n} \tag{4.31}$$

式中　H_k——荷载效应标准组合下作用于桩基承台底面的水平力，kN；

n——桩数。

4.3.4　桩基础变形验算

1. 沉降值计算

桩基础沉降量计算为

$$s=\Psi\Psi_e s'=\Psi\Psi_e\sum_{j=1}^{m}p_{0j}\sum_{i=1}^{n}\frac{z_{ij}\,\overline{\alpha}_{ij}-z_{(i-1)j}\,\overline{\alpha}_{(i-1)j}}{E_{si}} \tag{4.32}$$

式中　s——桩基础最终沉降量，mm；

s'——采用布辛奈斯克解，按实体深基础分层总和法计算出的桩基础沉降量，mm；

Ψ——桩基础沉降计算经验系数；

Ψ_e——桩基础等效沉降系数；

m——角点法计算点对应的矩形荷载分块数；

p_{0j}——第 j 块矩形底面在荷载效应准永久组合下的附加压力，kPa；

n——桩基础沉降计算深度范围内所划分的土层数；

E_{si}——等效作用面以下第 i 层土的压缩模量，采用地基土在自重压力至自重压力加附加压力作用时的压缩模量，MPa；

z_{ij}、$z_{(i-1)j}$——桩端平面第 j 块荷载作用面至第 i 层土、第 $i-1$ 层土底面的距离，m；

$\overline{\alpha}_{ij}$、$\overline{\alpha}_{(i-1)j}$——桩端平面第 j 块荷载计算点至第 i 层土、第 $i-1$ 层土底面深度范围内平均附加应力系数。

桩基础沉降示意图如图 4.8 所示。

桩基础计算深度 Z_n 应按应力比法确定，即计算深度处的附加应力 σ_z 与土自重应

力 σ_c 应符合

$$\sigma_z \leqslant 0.2\sigma_c \tag{4.33}$$

$$\sigma_z = \sum_{j=1}^{m} a_j p_{0j} \tag{4.34}$$

式中 a_j——附加应力系数。

2. 倾斜率计算

倾斜率系指基础倾斜方向实际受压区域两边缘的沉降差与其距离的比值，即

$$\tan\theta = \frac{s_1 - s_2}{b_s} \tag{4.35}$$

式中 s_1、s_2——基础倾斜方向实际受压区域两边缘的最终沉降值，mm；

b_s——基础倾斜方向实际受压区域的宽度，mm。

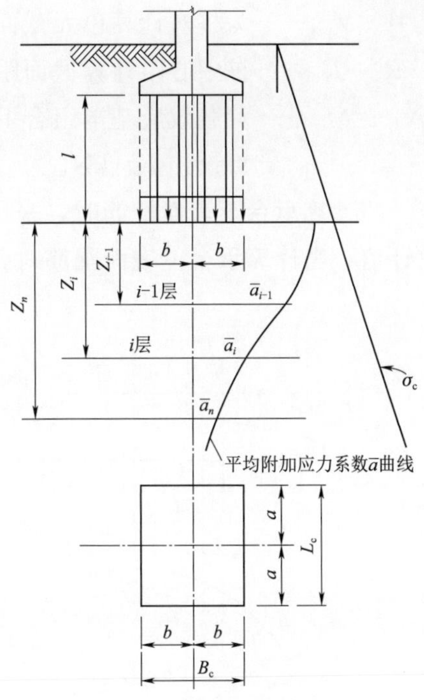

图 4.8 桩基沉降示意图

4.3.5 桩基承台结构计算

1. 冲切验算

(1) 承台台柱边缘、基础环与基础交接处、角桩受冲切承载力验算应按照式(4.18)进行计算。

(2) 承台受边桩冲切承载力应满足

$$\gamma_0 N_{max} \leqslant 0.7\beta_{hp} f_t A_s \tag{4.36}$$

式中 N_{max}——荷载效应基本组合下，扣除承台及其上填土自重后的边桩桩顶竖向力设计值最大值，kN；

A_s——边桩冲切截面面积，m^2。

承台斜截面抗剪验算应按式进行计算。承台边桩冲切示意图如图 4.9 所示。

2. 承台底板配筋计算

桩基础圆形承台抗弯计算（图 4.10）可按以下方法确定：群桩圆形承台计算截面，以最大受力桩与基础中心连线为中心线，取基础环边或锚笼环边和承台变阶处，取包含外圈三根基桩所均分的承台扇形面作为计算单元。底板配筋计算弯矩径向可取 $2/3M_{ws}$，环向可取 $1/3M_{ws}$，计算单元截面处弯矩为

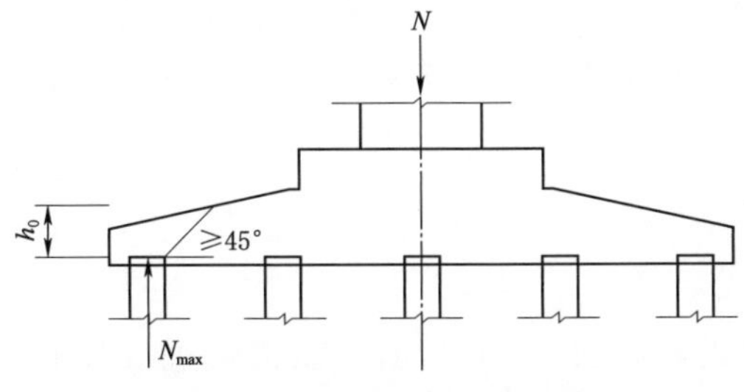

图 4.9 承台边桩冲切示意图

$$M_{ws} = \sum (N_{1i}R_1 + N_{2j}R_2) \tag{4.37}$$

式中　M_{ws}——为桩对计算单元截面处的弯矩设计值，kN·m；

R_1、R_2——桩中心距计算截面距离，m；

N_{1i}、N_{2j}——荷载效应基本组合下基础扇形面内圈 i 根桩和外圈第 j 根桩的桩顶反力设计值，kN。

当计算承台下表面配筋时，采用扣除所取计算单元承台及其上填土自重后的压力设计值；当计算承台上表面配筋时，采用桩顶拔力设计值。

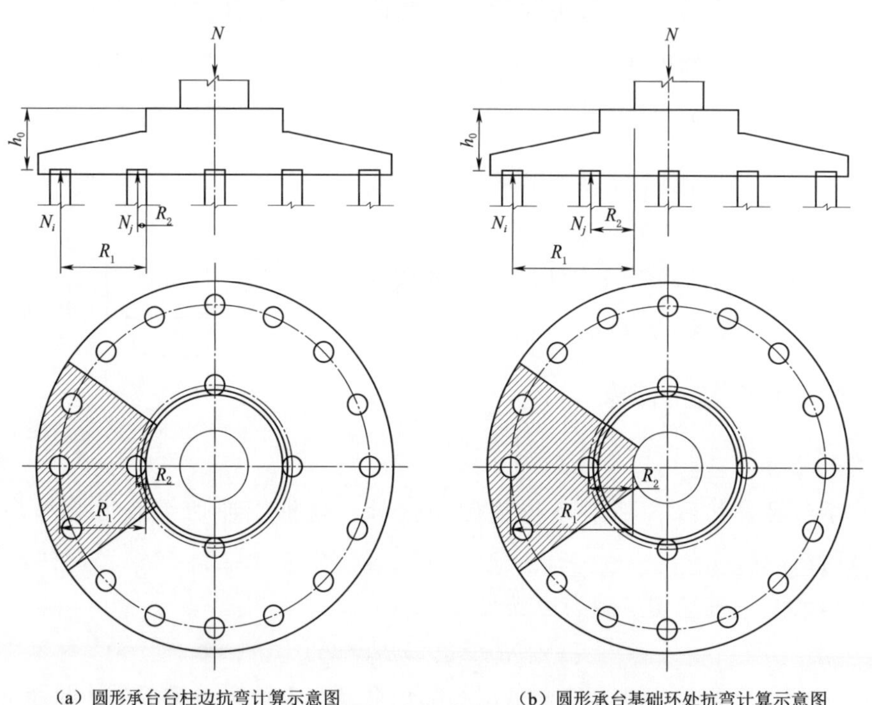

(a) 圆形承台台柱边抗弯计算示意图　　(b) 圆形承台基础环处抗弯计算示意图

图 4.10　桩基础圆形承台抗弯计算示意图

4.4　海上桩承式基础

4.4.1　海上桩承式基础型式类别

桩承式基础型式是目前海上风电机组基础型式中应用最多的一种，其中又分为单桩基础、三（多）脚架基础、导管架基础、群桩承台基础等几种型式。

4.4.1.1　单桩基础

单桩基础为国内外近海风电机组基础的较常用结构型式，其结构相对简单，只需一根钢管桩，或由钢管桩及连接过渡段组成，如图 4.11 所示。在钢管桩或过渡段四周，设置靠船设施、钢爬梯及平台等，钢管桩或过渡段顶面设有与风电机组塔筒底匹

配的法兰系统。采用大型沉桩设备将钢桩打入海底，钢管桩上部可通过法兰与塔筒底连接；也可采用过渡段与塔筒连接，过渡段与钢管桩之间灌浆连接，过渡段与塔筒之间通过法兰连接，连接过渡段同时起到调平作用。

图 4.11　单桩基础型式示意图

国外单桩基础一般采用带过渡段的单桩基础型式，过渡段与钢管桩之间采用灌浆连接、法兰连接或二者结合等连接方式。国内已在多个海上风电场项目成功实施了无过渡段的单桩基础型式，无过渡段的单桩基础结构相对简单，施工工序较少、周期短，省去了灌浆等复杂、技术要求高的施工过程，但同时对现场施工控制精度提出了更高的要求。

4.4.1.2　三（多）脚架基础

三（多）脚架结构与油田开发的简易平台相似，根据桩数不同可设计成三脚、四脚等基础，以三脚架为例，三根桩通过一个三角形刚架与中心立柱连接，风电机组塔架连接到立柱上形成一个结构整体，三脚架结构的刚度大于单桩结构，可以通过调整三脚架来保证中心立柱的垂直度，其适用水深范围较大。三脚架结构用三根桩取代了单桩结构的一根桩，因此，桩径小于单桩结构。三（多）脚架基础又可以分水下（图 4.12）和水上（图 4.13）两种基础形式。

水下三脚架基础的导管架结构位于水下区、水位变动区和浪溅区，可采用先放导管架后打桩或者先打桩后放导管架两种工序，基础结构刚度较大，但是由于灌浆连接段大部分淹没于水中，水下灌浆难度较大。水上三脚架主结构抬高在水面之上，需先放下沉桩施工定位架然后沉桩，最后将上部导管架通过插尖结构对中就位后与钢管桩现场焊接，灌浆为水上灌浆。

4.4.1.3　导管架基础

导管架基础结构借鉴了海洋石油平台的概念，导管架基础根据桩数不同可设计成

图 4.12　水下三脚架基础

图 4.13　水上三脚架基础

三桩、四桩或多桩导管架，其上部结构采用桁架式结构，其结构刚度比三脚、四脚架基础刚度更大。因此，其适用水深和可支撑的风电机组规格大于三脚、四脚架基础，如图 4.14 所示。导管架结构的造价高于单桩结构，是固定式海上风电机组基础结构中适用水深最深的一种结构。导管架结构的关键部位是塔架与导管架的连接，它控制着结构的刚度与疲劳性能。导管架上部结构的交叉节点较多，结构复杂，结构疲劳敏感性高。

4.4.1.4　群桩承台基础

群桩承台基础由基桩和混凝土承台组成，如图 4.15 所示。该基础刚度较大，抗

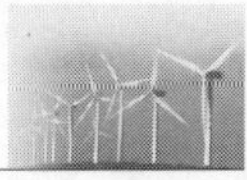

图 4.14 多桩导管架基础

水平荷载性能较好，该基础适用于中等水深且对海床地质条件要求不高的条件下。群桩承台基础采用传统的海上施工设备和施工工艺、施工难度较小、大多数海上施工单位都有能力施工，我国通过东海大桥 100MW 海上风电示范工程、东海大桥二期海上风电场工程、上海临港海上风电场、福建南日岛海上样机工程等，积累了较为成熟的设计、施工与运行经验。

图 4.15 群桩承台基础

4.4.2　多桩基础设计

三（多）脚架基础、导管架基础、群桩承台基础等都属于多桩的桩承式基础，将多桩基础的设计分为基础桩设计和基础结构设计，又将基础结构分为钢基础结构和混凝土基础结构两类分别论述。

4.4.2.1　多桩基础设计概述

海上风电机组桩基础常被用来作为下部结构向地基深部传递荷载。作为“桩基础”的桩通常称作“基础桩”或简称“基桩”。

海上风电机组基桩按照成桩工艺分为钢管桩、灌注桩和嵌岩桩，一定条件下可以使用预应力混凝土管桩。灌注桩可按成孔方法分为钻孔灌注桩和挖孔灌注桩。嵌岩桩可以分为灌注型嵌岩桩、灌注型锚杆嵌岩桩、预制型植入嵌岩桩、预制型芯柱嵌岩桩、预制型锚杆嵌岩桩和预制型组合嵌岩桩等。

海上风电机组基桩抗弯要求高且入土较深，沉桩采用打入式钢管桩。

但下列情况宜采用灌注桩：①地质条件复杂、岩面起伏较大或地下障碍物较多，打入桩难以下沉时；②采用打入桩不经济时；③锤击沉桩可能影响周边敏感结构或敏感环境时；④受施工条件限制难以使用大型水上沉桩设备时。

当采用打入桩承载能力不足、无覆盖层或覆盖层较薄时宜采用嵌岩桩，嵌岩桩选型可按照下列情况确定：①桩在岩面处抗弯要求较高或轴向抗压要求较高时，宜采用灌注型嵌岩桩、植入嵌岩桩或芯柱嵌岩桩；②以增加桩的抗拔能力为目的时，宜选用锚杆嵌岩桩；③在岩面处抗弯和抗拔要求均较高时，宜采用组合式嵌岩桩。

基桩可以采用直桩或斜桩。桩的斜度除应考虑受力要求外，尚应考虑施工条件以及地质、水深、水文等其他条件的影响。

4.4.2.2　多桩基础计算方法

桩基承载力验算是桩基础设计的关键环节，对于结构安全性和结构可靠性都起到决定性作用。国内外不同规范中对桩基承载力的计算方法都有相关规定，与海上风电相关标准：国内有 NB/T 10105—2018，国外有 DNVGL - ST - 0126—2016 及 API RP 2GEO—2011（2014）等。

以海上风电机组常见的钢管桩基础为例，NB/T 10105—2018 中关于桩基础承载力的计算规定如下：

（1）轴向力作用应满足

$$\gamma_0 S_d \leqslant R_d \tag{4.38}$$

式中　γ_0——不同结构安全等级的重要性系数，海上风电机组基础一般取 1.1；

S_d——作用组合的效应设计值；

R_d——抗力设计值。

单桩轴向承载力设计值 R_d 为

$$R_d=\frac{Q_k}{\gamma_R} \tag{4.39}$$

式中 Q_k——单桩轴向极限承载力标准值；

γ_R——单桩轴向承载力分项系数。

单桩轴向极限承载力标准值及单桩轴向承载力分项系数按照 NB/T 10105—2018 中的规定计算。

(2) 为了反映风电机组荷载和波浪荷载动力循环作用下软土的强度衰减和桩基水平大变形的特点，桩基水平受力计算采用考虑循环荷载影响的 $p-y$ 曲线法进行计算。该 $p-y$ 曲线按照 NB/T 10105—2018 规定按以下公式确定：

1) 当地基土层为不排水抗剪强度标准值 $C_u \leqslant 96\text{kPa}$ 的软黏土时，土体极限水平抗力为

$$p_u=\begin{cases}(3C_u+\gamma X)D+JC_uX & (0<X\leqslant X_R)\\ 9C_uD & (X>X_R)\end{cases} \tag{4.40}$$

$$X_R=\frac{6D}{\dfrac{\gamma D}{C_u}+J} \tag{4.41}$$

式中 p_u——深度 X 处单位桩长的极限水平土抗力标准值，kN/m；

C_u——未扰动黏土土样的不排水抗剪强度，kPa；

D——桩直径，m；

γ——土的有效重度，kN/m^3；

X——泥面下计算点的深度，m；

X_R——泥面以下到土抗力减少区域底部的深度，m；

J——无量纲经验常数，取 $J=0.25\sim0.50$，对于正常固结软黏土 $J=0.50$。

在风电机组荷载的循环作用下，$p-y$ 曲线可按下列规定执行：

当 $X>X_R$ 时

$$p=\begin{cases}\dfrac{p_u}{2}\left(\dfrac{y}{y_c}\right)^{1/3} & (y\leqslant 3y_c)\\ 0.72p_u & (y>3y_c)\end{cases} \tag{4.42}$$

当 $0<X\leqslant X_R$ 时

$$p=\begin{cases}\dfrac{p_u}{2}\left(\dfrac{y}{y_c}\right)^{1/3} & (y\leqslant 3y_c)\\ 0.72p_u\left[1-\left(1-\dfrac{X}{X_R}\right)\dfrac{y-y_c}{12y_c}\right] & (3y_c<y\leqslant 15y_c)\\ 0.72p_u\dfrac{X}{X_R} & (y>15y_c)\end{cases} \tag{4.43}$$

式中　p——深度 X 处单位桩长的水平土抗力标准值，kN/m；

y_c——桩周土极限水平土抗一半时，相应桩的侧向水平变形，m；

y——泥面以下 X 深度处桩的侧向水平变形，m。

2）对于黏聚力 $c_u>96$kPa 的硬黏土，在周期性荷载作用下应适当降低极限承载力 p_u，大变形情况要考虑承载力的退化。

3）基土层为砂土时，土体极限水平抗力可计算为

$$p_u=\begin{cases}(C_1X+C_2D)\gamma X & (0<X\leqslant X_R)\\ C_3D\gamma X & (X>X_R)\end{cases} \tag{4.44}$$

式中　C_1、C_2、C_3——系数，取决于内摩擦角 φ；

其余符号意义同前。

计算 $p-y$ 曲线的公式为

$$p=Ap_u\tan\left(h\frac{KX}{Ap_u}y\right) \tag{4.45}$$

其中

$$A=\begin{cases}0.9 & (\text{周期荷载})\\ \left(3-0.8\dfrac{X}{D}\right)\geqslant 0.9 & (\text{静态荷载})\end{cases} \tag{4.46}$$

式中　K——为地基反力初始模量，MN/m^3，与内摩擦角 φ 关系见表 4.4；

y——桩侧位移，m。

表 4.4　K 取值参考表

内摩擦角 φ/(°)	25	30	35	40
K/(MN/m^3)	5.4	11	22	45

4.4.2.3　钢基础结构设计

1. 海上风电基础钢结构设计标准

随着我国海上风电行业的发展，行业规范日益成熟。国家能源局于 2018 年 12 月发布了 NB/T 10105—2018，并且于 2019 年 5 月 1 日正式开始实施。该规范的第 9 章为钢结构，该章节包括海上风电机组基础设计的一般规定、杆件以及节点校核相关要求等。该规范根据海上风电机组基础钢结构受力特点，并参考海洋石油行业标准 SY/T 10009—2002 编制而成。

海洋石油行业平台结构设计中用的较多的是 API RP 2A－WSD，在《海洋石油工程设计指南》这套书的《平台结构设计》一册中，对包括结构杆件校核、节点冲剪校核在内的多处提到按照 API RP 2A－WSD 进行，石油行业参考 API RP 2A－WSD（2000 年 12 月版本）编制了 SY/T 10030—2004。

由于 API RP 2A－WSD 和 API RP 2A－LRFD 均有比 SY/T 10009—2002 和 SY/

T 10030—2004 引用版本的更新版本，建议在使用规范时直接参照最新的 API 规范。

海上风电机组钢结构设计还可能用到 SY/T 10049—2004、SY/T 10031—2000 等。

相对而言，DNVGL 的标准体系最完整，可以在官网免费下载最新版本，使用非常方便，海上风电钢结构设计可能用到的标准有 DNVGL - OS - C101、DNVGL - RP - C203 等。

海上风电机组钢结构设计还可参照其他行业标准，如中国船级社 CCS 的一系列规范，可以在其网站下载，尤其是《材料与焊接规范》规定比较细，建议参考。

能源行业标准 NB/T 47013—2015 目前较广泛地应用于海上风电机组塔筒和基础钢结构的无损检测中，石油行业的钢结构检测标准经常是按照美国焊接协会 AWS 的一系列规定。

2. 海上风电机组基础钢结构设计原则

(1) 导管架、桁架结构设计。风电机组基础钢结构主要包括导管架结构、桁架结构、门架结构等以钢质材料为主的基础支撑结构。导管架、桁架结构设计宜满足下列要求：

1) 总体布局合理，传力路径短，尽量使杆件在各种受力状态下都能发挥较大作用，杆件数量和规格力求少，结构尽量对称。

2) 桁架结构斜撑宜采用 X 型连接方式，斜撑与水平面夹角宜在 50°左右。

3) 导管架结构、桁架结构在浪溅区、冰作用区内不宜设置水平杆件和斜撑。

4) 杆件类型、材料、尺寸规格尽量选用规范标准尺寸规格，尽量减少规格种类；杆件尺寸应有明显差别，以便区分和连接。

5) 管节点宜设计为简单节点。

6) 主要节点、吊点应选用 Z 向性能钢材，板厚较厚受力集中部位也应考虑钢材的 Z 向性能。

(2) 钢质圆管构件。风电机组基础钢结构所用钢质圆管构件，应满足下列规定：钢材的屈服强度不小于 420MPa；管件径厚比不大于 120；管件壁厚不小于 6mm；钢质圆管构件，宜满足下列规定：主要杆件的长细比宜不大于 120；主要节点直径比范围宜为 0.4～0.8。

(3) 其他原则。钢结构设计应满足构件对强度、稳定和疲劳的要求，并应避免构件产生过大的变形和振动；风电机组基础钢结构应按基于可靠度的分项与抗力系数法进行设计；风电机组基础钢结构设计宜减少施工现场的制作与焊接，需现场焊接、水下作业时，应制定完备的施工工艺，满足质量、安全、环保方面的技术要求；风电机组基础钢结构应便于制作、运输、安装、维护。

3. 钢结构构件强度和稳定性

钢结构构件的强度和稳定性校核应符合现行行业标准 NB/T 10105—2018 第 9.2 节的有关规定。

需要注意的是，结构杆件除了承受轴向力和弯矩外，在水中的杆件还会承受静水压力，因此在进行深水结构杆件设计时，务必结合杆件入水深度进行静水压溃校核，对不满足强度要求的杆件应进行加强或调整。一般通过增加加强环、增加结构壁厚或调整结构型式改变结构受力三种方式来避免结构杆件静水压溃。

4. 钢结构管节点设计

钢结构管节点设计应符合 NB/T 10105—2018 第 9.3 节的有关规定，应满足节点应力校核要求和最小能力校核要求。

4.4.2.4　混凝土基础结构设计

多桩承台基础是针对我国沿海深厚软土和浅覆盖层岩石海床地基条件，并结合我国近海工程施工经验和设备而首次提出的一种新型海上风电机组基础型式，是目前我国海上风电场风电机组基础的主要型式之一。多桩承台基础，即在桩基础顶部浇注钢筋混凝土承台，风电机组塔筒底部与钢筋混凝土承台固定，通过钢筋混凝土承台将风电机组塔筒上的荷载传递到桩基础上，虽然海上风电机组高承台群桩基础在结构型式上借鉴了跨海大桥、高桩码头等基础型式，但是由于海上风电机组荷载及其运行要求的特殊性，导致高承台群桩基础具有不同于常规桥梁、码头等结构的高承台群桩基础的受力特征。

海上风电场风电机组塔筒将承受的风电机组自重、风电机组运行时产生的动力荷载和风的脉动荷载作用传递到风电机组基础上。因此海上风电机组高承台群桩基础的载荷分配和传递体系为：上部风电机组传递到塔筒底部的倾覆力矩 M 和作用在承台和桩基上的波浪、水流载荷是基础的控制性载荷。其中，倾覆力矩通过塔筒底部传递到承台顶部，由于承台刚度很大，在力矩作用下承台产生整体刚体转动，将力矩 M 转换为群桩桩顶的轴向受压和受拉载荷 Q_1，然后桩顶轴向载荷通过桩—土之间的轴向阻力 f_s 和端部阻力 f_p 传导到海床地基中；同时，作用在承台上的波流侧向载荷和通过塔筒底部传递下来的风电机组水平载荷 F_H，通过承台的整体平动转换为群桩桩顶的侧向剪力 Q_2，然后通过桩—土之间的侧向抗力 f_t 传递到地基中；此外，直接作用在基桩上的波流载荷同样通过桩—土之间的侧向抗力 f_t 传递到地基中。

混凝土承台结构的设计计算及预埋在混凝土结构与风电机组塔筒之间的连接构件的设计，对整个基础结构的安全性起到了至关重要的作用。由于承台结构属于墩式结构，难以采用常规梁板理论计算，常需借助有限元软件来解决。

1. 混凝土材料本构模型

利用有限元软件对混凝土结构进行弹塑性非线性分析时，混凝土材料本构模型的

选择对分析结果影响至关重要。目前主流有限元软件中提供了两种混凝土本构模型，分别是混凝土弥散开裂模型和损伤塑性模型。两种本构模型各适用于不同的混凝土问题模拟，弥散开裂模型主要用来模拟低围压下单调加载的混凝土结构和模拟脆性材料的开裂问题；而损伤塑性模型可以模拟混凝土结构在较小围压时，单调荷载、循环荷载以及动力荷载下的力学行为。两种混凝土本构模型既可用于钢筋混凝土结构分析，也能够用于素混凝土结构分析。

在混凝土弹塑性有限元模型中，如何确定混凝土的单轴应力—应变曲线至关重要。然而相关模型参数一直没有明确的指导性方法。GB 50010—2010 对于混凝土本构关系，特别是混凝土单轴受拉和受压应力—应变曲线的计算公式做了一些修订，引入了受拉和受压损伤演化参数，如图 4.16 所示。

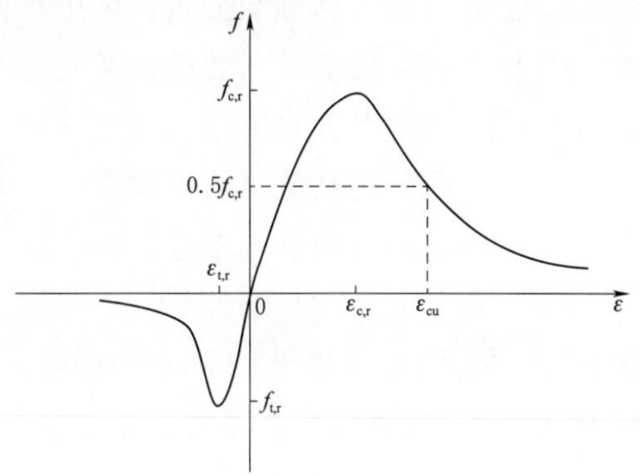

图 4.16　混凝土应力—应变关系曲线

在对混凝土结构进行有限元分析时，可通过查询规范得出混凝土抗压和抗拉强度设计值和初始弹性模量，计算出混凝土的单轴应力—应变曲线继而代入有限元模型完成设置。

2. 混凝土结构分析中相互作用模拟

根据实际受力情况，在钢结构和混凝土承台之间受力复杂区域可采用摩擦接触，对结果影响不大的次要区域采用绑定约束。

钢管与混凝土的界面模型由界面法线方向的接触和切线方向的黏结滑移构成。法线方向的接触采用硬接触，即垂直于接触面的界面压力可以完全地在界面间传递。界面切向力的模拟采用库伦摩擦模型，即界面可传递剪应力，直到剪应力达到临界值，界面之间产生相对滑动。

摩擦方式采用主从面面接触，在面面接触设置中，钢结构部分应为主面，混凝土部分应为从面。为保证收敛，从面网格尺寸应比主面网格尺寸更小。适当设立接触容差，并先以小荷载加载，以保证主面与从面各网格逐步建立接触对，再加载计算荷载。

由于多数考虑弹塑性和钢结构相互作用的大体积混凝土结构中既涉及了材料非线性同时亦涉及边界条件非线性，故加载时应以小荷载加载起步，逐步过渡到设计荷载。

3. 结果评判及应用

大体积混凝土结构计算中，应力指标和塑性指标是判定结构是否发生破坏的重要

指标。对于钢结构部分应查看等效应力是否小于钢结构标准中的相应材料的设计强度，对于混凝土部分，建议综合应力结果和塑性指标共同考虑。

查看接触作用的压应力可以明确钢结构和混凝土之间的相互作用，对钢连接件周边混凝土是否开裂分离及锚栓结构锚板是否与承台混凝土脱离有良好的判定。

4.4.3　单桩基础设计

海上风电机组单桩基础桩径大（桩径一般超过 5m）、桩身重（目前有的单桩桩重 1000t 以上），在设计标准与分析方法中有所不同，本节主要针对大直径单桩基础设计标准与分析方法中的不同之处进行阐述。

4.4.3.1　桩土水平相互作用

岩土条件是结构最重要的承载条件，以单桩为例，在空气及水动力作用下，桩基周围岩土会提供相应的承载支撑，保证结构在施工及运行期间安全可靠。

岩土对结构的影响在计算中一般通过设置不同方向的一系列弹簧进行模拟（图 4.17），包括模拟岩土水平向作用的 $p-y$ 非线性弹簧、模拟岩土竖向作用的 $t-z$ 弹簧以及桩端作用的 $q-z$ 弹簧。在实际的设计中，对桩土相互作用影响最大的是反映水平作用的 $p-y$ 曲线。

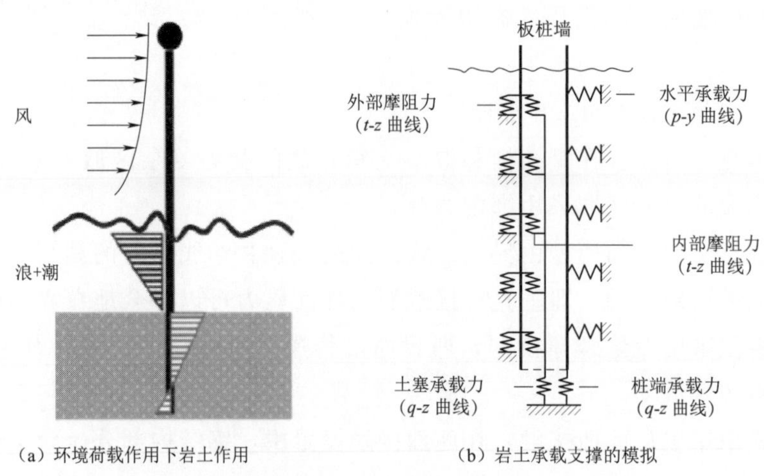

（a）环境荷载作用下岩土作用　　（b）岩土承载支撑的模拟

图 4.17　单桩岩土承载支撑作用及计算模拟

桩土相互作用分析 $p-y$ 曲线通常一般采用 API 曲线，但是该曲线一般适用于较小的桩径，有研究表明，对于海上风电机组大直径单桩基础，API 曲线（特别是对于砂土）可能不符合实际工况的成果。现阶段欧洲海上风电机组在桩基结构设计中，多采用基于 Kallehave 及 Sorensen 的研究成果进行设计。根据相关研究，对于大直径单桩的桩土作用，在极限工况的大变形问题中，传统的 $p-y$ 曲线会高估土体（特别是对于砂性土）的初始刚度；而对于小变形问题，传统的 $p-y$ 曲线又可能低估土体初始刚度。因此，当采用传统 $p-y$ 曲线在极限荷载下对大直径单桩的桩长、直径、壁厚等参数的进行设计中可以考虑对 $p-y$ 曲线进行适度折减。

然而，目前没有标准明确指出大直径单桩的桩土水平相互作用应该采用怎样的计算方法，大直径尺度问题仍然是热点问题。DNVGL - ST - 0126—2016 中指出：API 的 $p-y$ 曲线建议在小直径（直径 1m 以内）桩中使用，对于大直径桩需要选合适的岩土本构（如 HSS 模型本构）通过有限元方法进行分析。

4.4.3.2 桩长控制标准

在海上风电开发伊始，海上风电机组单桩按照弹性桩进行设计，单桩结构在泥面以下存在两个反弯点。随着工程及设计经验的不断完善，单桩的桩长设计也在不断的优化中，现在的单桩设计越来越由柔性设计转向刚性设计。如图 4.18 所示，从右向左，桩长逐渐减小，泥面以下逐渐变“刚”。

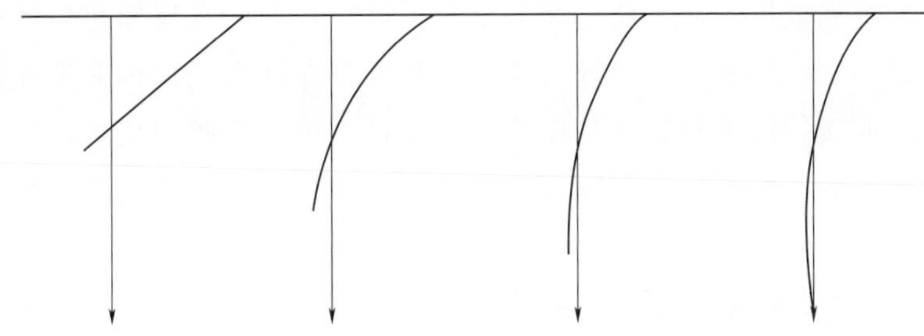

图 4.18 不同桩长的变形示意图

现阶段单桩桩长设计的具体方法，没有标准或者导则予以明确。目前主要采用“桩长—桩土相对刚度”的计算方法，即通过分析桩长的增加对桩头（一般为泥面位置）位移的影响程度，判断单桩的临界桩长，再通过一定控制标准确定最终桩长。方法基本流程如下：

(1) 进行极限工况荷载作用下单桩计算，统计单桩每增加单位长度（如以 1m 为单位）桩长桩顶（一般为泥面处）位移（或者转角）的值。

(2) 将计算结果进行分析，做出桩长—位移图。

(3) 分析每增加单位长度时桩顶位移的减小值，当变化值达到某一限值（例如每增加 1m 时桩顶位移的减小值在 0.0005 倍的最大桩径）以内时即求得该桩长的临界长度。

(4) 对数据结果进行校正，求得最终设计桩长（建议与设计机位的地质剖面图图进行对照，桩尖进入承载力较好土层的深度不少于 1.5m；建议设计桩顶位移值不大于 1.1 倍的稳定桩顶位移）。

4.4.3.3 位移控制标准

为了风电机组基础安全运行，要求基础的永久变形值不超过一定限值。对于海上风电机组单桩基础，NB/T 10105—2018 第 3.2.3 条规定“单桩基础计入施工误差后，泥面处整个运行期内循环累积总倾角不应超过 0.50°；其余基础计入施工误差后，基础顶位置整个运行期内循环累积总倾角不应超过 0.50°。”国外设计标准 DNVGL-ST-0126—2016 中对单桩位移限制为单桩施工时误差不超过 0.25°，运行期间土壤的总的累积变形在 0.25°以内，总的累计转角不超过 0.50°，二者要求一致。

4.4.3.4　附属结构集成设计

我国的海上风电机组单桩基础基本上都采用无过渡段型式（单桩附带桩顶法兰），附属构件现场安装。采用这样的方式可以减少灌浆工作，减少灌浆作业船只，集成式的附属构件现场安装的工作量也有限，但是这种无过渡段型式的单桩对现场施工精度要求很高，一旦施工精度达不到要求则较难处理。欧洲海上风电机组单桩基础一般都带过渡段，待单桩完成施工后，将过渡段吊至单桩上，通过灌浆料进行灌浆连接。附属构件（包括靠船、内外平台、内外爬梯等）都可以在陆上工厂内制造完成并集成到过渡段上，过渡段安装使单桩施工精度要求放松，单桩施工倾斜度可以在过渡段安装时有一定调平的范围，但是经过早期海上风电场的运行实践，发现灌浆料的耐久性可能出现问题。目前一些海上风电场的过渡段和单桩之间逐渐采用灌浆和螺栓双连接（也存在仅灌浆或仅螺栓连接）的方式。

4.5　海上重力式基础

重力式基础是一种传统的基础型式，是所有海上风电机组基础类型中体积最大、重量最大的基础，依靠自身的重力使海上风电机组整体结构保持稳定。其工作原理和陆上风电机组常见的重力式扩展基础相似，主要依靠基础结构及内部压载重量抵抗上部风电机组和外部环境产生的倾覆力矩和滑动力，使风电机组基础和塔架结构保持稳定，基本结构型式如图 4.19 所示。重力式基础通常在风电场附近的码头场地或船坞内预制建造，制作好后再由专用船舶装运或浮运至预定位置安装，并用砂砾等填料填充基础内部空腔以获得必要的重量，基础沉放前，海床预先处理平整并铺上一层碎石作为基床，然后将其沉入经过整平的海床面上。

重力式基础通常为钢筋混凝土结构，节省钢材，经济性好，采用陆上预制方式建造，不需要海上打桩作业，海上现场安装工作量小，节省施工时间和费用。重力式基础的结构分析和建造工艺比较复杂，对海床地质条件要求较高，还需要有较深的、隐蔽条件较好的预制码头和水域条件。

重力式基础一般适用于水深小于 10m 的海域，其优点在于结构简单、造价低、抗风暴和风浪袭击性能好；其稳定性和可靠性是所有基础中最好的。但其缺点同样明

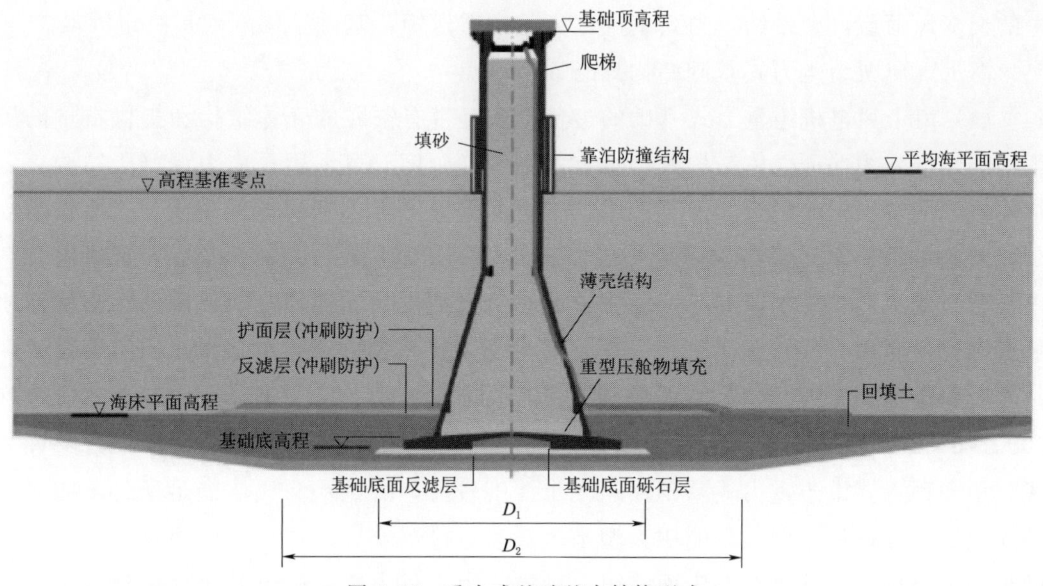

图 4.19 重力式基础基本结构型式

显，基础需要预先处理基床；由于体积重量均较大，安装不方便；适用水深浅，随着水深的增加，其经济性反而大幅降低，造价反而比其他类型基础要高。

4.5.1 重力式基础结构型式

重力式基础一般为水下安装的预制结构，根据墙身结构型式不同可分为沉箱基础、大直径圆筒基础。这两种基础型式在港口工程中得到了广泛的应用，设计和施工技术完善。

4.5.1.1 沉箱基础

沉箱是一种大型钢筋混凝土或钢质空箱，箱内用纵横隔墙隔成若干仓格。在专门的预制场地预制后下水，用拖轮拖至施工海域，定位后灌水压载将其沉放在整平的基床上，再用砂或块石填充沉箱内部。有条件时沉箱也可采用吊运安装。沉箱基础水下工作量小，结构整体性好，抗震性能强，施工速度快，需要专门的施工设备和施工条件。

4.5.1.2 大直径圆筒基础

大直径圆筒基础的墙身是预制的大直径薄壁钢筋混凝土无底圆筒，圆筒内填块石或砂土，主要靠圆筒与其内部的填料重力来抵消作用于基础上的荷载，圆筒可直接沉入地基中，也可放在抛石基床上。这种基础结构简单，混凝土与钢材用量少，对地基适应性强，可不做抛石基床，造价低，施工速度快。但它也存在一些问题，如抛石基床上的大圆筒产生的基底应力大，需要沉入地基的大直径圆筒基础施工较复杂。

4.5.2 重力式基础结构特点

目前海上风电正加速向深水海域、大容量机型方向发展，海上风电机组要承受巨大的交变风荷载，会带给重力式基础巨大的倾覆弯矩，基础结构刚度是决定因素。

海上风电机组重力式基础结构具有以下特点：

(1) 海上风电机组重力式基础的最佳形式是带有空腔的壳体结构和提供重量的压载物的组合，为保证壳体结构具有足够的强度和刚度，可采用预应力混凝土结构、钢结构或者两种结构的组合。混凝土结构整体性较好，节省钢材，现场预制工序较为复杂，基础重量较大；钢结构强度大，基础重量轻，但钢结构疲劳和腐蚀问题比较突出，材料成本高；采用钢管桩—混凝土沉箱组合结构，能够较好地平衡两种结构材料的利弊，但两种材料连接部位受力复杂，需要设计可靠的连接方式。

(2) 设计 5MW 以上大容量海上风电机组时，重力式基础预制结构部分重量达到 3000～6000t。根据重力式基础的浮运稳定性，目前的运输安装方式主要分为两种方式。第一种方式由于重力式基础浮运吃水深度较大，海域水深无法满足条件，或者基础无法满足浮运稳定性，只能用大型半潜驳船运输至安装机位，然后用重型浮吊船辅助重力式基础基础下沉至海床面；第二种方式由于重力式基础下部尺寸设计较大，浮运吃水深度小，具有良好的浮运稳定性，可在海况较好的情况下用拖轮拖航浮运至安装机位。

(3) 重力式基础在安放就位之前，先要对海床进行处理，海床处理的主要目的是：①使得海床浅层土满足地基承载力的要求；②对基床进行整平，满足重力式基础对基床平整度的要求；③扩散基础对地基的应力，减小地基应力和不均匀沉降。

4.5.3　基床处理设计

重力式基础宜建在地基承载力较好的土层上，在基础安放就位前要先对海床进行处理，这也是重力式基础相较于单桩、导管架基础的劣势所在。基床处理的流程包括基槽开挖、基槽抛石、基床夯实、基床整平。

4.5.3.1　基槽开挖

根据地勘报告判断浅层是否存在软弱土层，对于淤泥、软黏土、松砂等这些软弱土层需要挖除，也就是先要清淤开挖基槽。具体的开挖深度取决于土层的分布情况和土体的强度，土层强度指标满足承载力要求，可作为重力式基础的持力层。基槽开挖深度需要从专业技术角度评估对项目经济性的影响。根据开挖深度确定基槽放坡系数，基槽开挖宽度不宜小于基础直径与 2 倍基床厚度之和。基槽开挖坡度应根据稳定性计算确定，夯实基床的肩宽不宜小于 2m，海域流速较大，地基土有被冲刷危险时，应采取加大基床外肩宽度，放缓边坡，增大埋深等措施。

挖泥船挖出来淤泥土有两种途径进行处理。

(1) 经过专业判断淤泥可以用来作为重力式基础的压载物，可将淤泥倾倒在附近供以后填充使用。

(2) 经专业判断不适合再利用的则需要将淤泥运至规定的海洋倾废区倾倒。

基槽开挖深度原则有：软弱覆盖层厚度小于5.0m，直接开挖；软弱覆盖层厚度大于5.0m，采取挤密砂桩处理。

4.5.3.2 基槽抛石

对岩石地基，若预制构件直接坐落在岩面上，则应以二片石、碎石整平岩面，岩面较低时也可采用抛石基床。对非岩石地基，采用水下安装的预制结构。应设置抛石基床。抛石基床的厚度应满足JTS 167—2—2009的要求。

在抛石前应检查基槽尺寸是否发生变动，有显著变动时应进行处理。基床宜采用10～100kg的块石；对夯实基床，当地基为松散砂或采用换砂处理时，宜在基床底层设置0.5m厚的二片石（粒径8～15cm小块石）垫层作为反滤层。

4.5.3.3 基床夯实

基床锤夯范围按照基槽宽度确定，夯实前应对抛石面层做适当整平，夯锤底面积不宜小于0.8m^2，底面静压强宜采用40～60kPa，每夯的冲击能不宜小于120kJ/m^2；对无掩护的深水区域，冲击能宜采用150～200kJ/m^2。夯锤落点示意如图4.20所示。

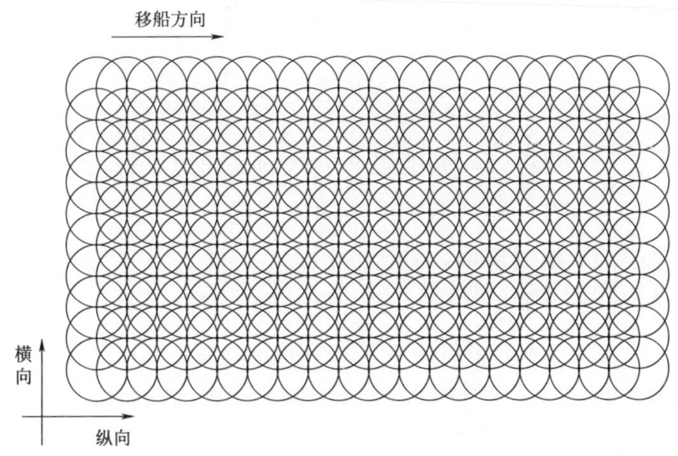

图4.20 夯锤落点示意图

4.5.3.4 基床整平

根据JTS 167—2—2009，重力式基础整平类型为细平，高程允许偏差为±3cm，整平采用二片石和碎石。整平时，对块石间不平整部分，宜用二片石填充，对二片石间不平整部分宜用碎石填充，基床整平后应及时安装重力式基础。

4.5.4 地基承载力验算

海上风电机组重力式基础要承受360°方向重复荷载和大偏心受力的特殊性，对基础的稳定性要求高，重力式基础应按照大块体结构设计。验算地基承载力时应考虑往复荷

载作用对地基土强度的影响，对应于正常使用状态下荷载效应和地震荷载效应的标准组合，风电机组基础底面不允许脱开地基土。在极限状态下底面允许脱开地基土的面积不大于底面全面积的 25%。如果不满足应采取增加基础底面积或增加基础自重等措施。

重力式基础的地基承载力验算参照 GB 50135—2019 的相关规定计算，对于承受偏心荷载的地基抗压计算需同时满足下式要求，即

$$p_k \leqslant f_a \tag{4.47}$$

$$p_{k,max} \leqslant 1.2 f_a \tag{4.48}$$

式中　p_k——荷载效应标准组合下基础底面平均压应力，kPa；

$p_{k,max}$——荷载效应标准组合下基础底面最大压应力，kPa；

f_a——修正后的地基承载力特征值，kPa。

偏心荷载在基础底面产生的偏心距 e 计算为

$$e = \frac{M_k}{N_k + G_k} \tag{4.49}$$

圆形基础在核心区内（$e/r \leqslant 0.25$）承受偏心荷载作用时，基础底面压力应计算为

$$p_{k,max} = \frac{N_k + G_k}{A} + \frac{M_k}{W} \tag{4.50}$$

$$p_{k,min} = \frac{N_k + G_k}{A} - \frac{M_k}{W} \tag{4.51}$$

式中　$p_{k,max}$、$p_{k,min}$——荷载效应标准组合下基础底面边缘最大、最小压力值，kPa；

N_k——为上部结构传至基础的竖向力值，kN；

G_k——基础自重，kN；

M_k——上部结构传至基底的力矩，kN·m；

W——基础底面的抵抗矩，m^3。

圆形基础在核心区外（$e/r > 0.25$）承受偏心荷载作用时，且基底脱开地基土面积不大于全部面积的 25%（$e/r \leqslant 0.43$）时，最大压应力为

$$p_{k,max} = \frac{N_k + G_k}{\xi r^2} \tag{4.52}$$

$$a_c = \tau r \tag{4.53}$$

式中　r——基底半径，m；

ξ、τ——系数，由 e/r 根据 GB 50135—2019 附录 C 查表确定；

a_c——基底受压面积宽度，m。

对地震基本烈度Ⅶ度及以上地区，应根据地基土振动液化判断成果，通过技术经济比较采取稳定基础的对策和处理措施。

地基承载力特征值 f_a 可以由理论公式、加载试验或其他原位试验并结合实践经验等方法综合确定。

对于重力式基础，当基础宽度大于 3m 或埋置深度大于 0.5m 时，由加载试验或其他原位试验、经验值等方法确定的地基承载力特征值，计算为

$$f_a = f_{ak} + \eta_b \gamma (b_s - 3) + \eta_d \gamma_m (h_m - 0.5) \tag{4.54}$$

式中 f_a——修正后的地基承载力特征值，kPa；

f_{ak}——地基岩体承载力特征值，kPa；

η_b、η_d——基础宽度和埋深的地基承载力修正系数，根据土的类别确定；

γ——基础底面以下土的有效重度，kN/m^3；

b_s——基础底面宽度（力矩作用方向），m，当基底宽度大于 6m 时取 6m；

γ_m——基础底面以上土的加权平均重度（有效重度），kN/m^3；

h_m——基础埋置深度，m。

对于岩石地基的承载力，其承载力特征值可根据岩石饱和单轴抗压强度、岩体结构和裂缝发育程度，按表 4.5 做相应折减；对于极软岩可通过三轴压缩试验或现场加载试验确定其承载力特征值。岩石基础无需进行宽度修正。

表 4.5 地基岩体承载力特征值 f_{ak}

岩石单轴饱和抗压强度 R_b/MPa	f_{ak}/MPa			
	岩体完整，节理间距大于 1m	岩体较完整，节理间距 1～0.3m	岩体完整性较差，节理间距 0.3～0.1m	岩体破碎，节理间距小于 0.1m
坚硬岩、中硬岩（R_b>30）	(1/17～1/20)R_b	(1/11～1/16)R_b	(1/8～1/10)R_b	(1/7)R_b
较软岩、软岩（R_b<30）	(1/11～1/16)R_b	(1/8～1/10)R_b	(1/6～1/7)R_b	(1/5)R_b

当采用理论公式计算地基承载力时，由于水平荷载的作用，使得地基受力不均匀，降低了地基承受竖向荷载的能力，这种影响在地基承载力分析时应予以考虑。图 4.21 是理想化的海上风电机组基础受力示意图，图中 H 和 V 分别表示水平荷载和竖向荷载，LC 表示水平荷载和竖向荷载在基础底面的合力作用点位置，偏心距的计算公式为

$$e = \frac{M_d}{V_d} \tag{4.55}$$

式中 M_d——经转换计算后作用在基础底面的弯矩特征值，kN·m；

V_d——竖向荷载特征值，kN·m。

目前理论公式计算地基承载力是根据经验减小基础的有效面积来考虑倾斜荷载对地基承载力的影响。荷载偏心距的大小会影响到地基的破坏模

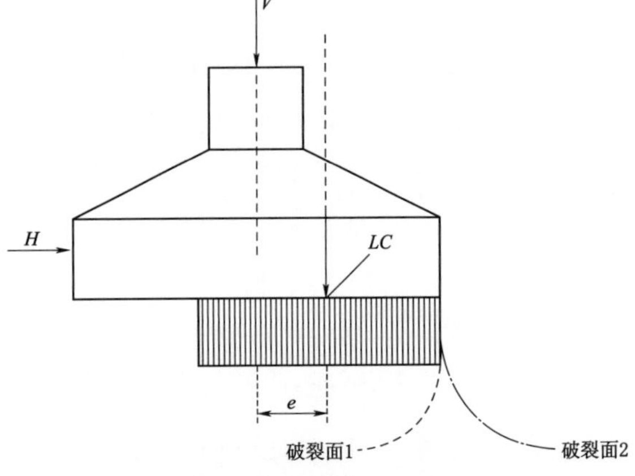

图 4.21 理想化的海上风电机组基础受力示意图

式，一般有两种地基破坏模式，破坏模式不同，地基承载力的计算方法也不同。

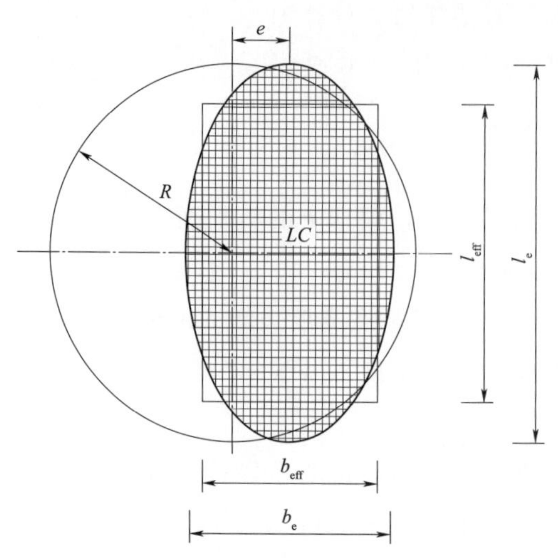

图 4.22　圆形基础有效面积示意图

为了有效降低浪流荷载，海上风电机组重力式基础形状一般设计为圆形。对于半径为 R 的圆形基础，倾斜荷载作用下形成的有效面积为如图 4.22 所示的椭圆面积，其大小为

$$A_{eff}=2\left[R^2\arccos\left(\frac{e}{R}\right)-e\sqrt{R^2-e^2}\right] \tag{4.56}$$

椭圆的主轴长度分别为

$$b_e=2(R-e) \tag{4.57}$$

$$l_e=2R\sqrt{1-\left(1-\frac{b_e}{2R}\right)^2} \tag{4.58}$$

为方便计算，基础的有效面积可被等效为一矩形。矩形边长分别为

$$l_{eff}=\sqrt{A_{eff}\frac{l_e}{b_e}} \tag{4.59}$$

$$b_{eff}=\frac{l_{eff}}{l_e}b_e \tag{4.60}$$

得到倾斜荷载作用下基础的有效面积后，即可计算地基承载力。在完全排水条件下，基础承载力的计算为

$$f_a=\frac{1}{2}\gamma' b_{eff}N_\gamma s_\gamma d_\gamma i_\gamma+p_0' N_q s_q d_q i_q+c_d N_c s_c d_c i_c \tag{4.61}$$

在不排水条件下，即 $\varphi=0$，计算地基承载力特征值为

$$f_a=c_{ud}N_c^0 s_c^0 d_c^0 i_c^0+p_0 \tag{4.62}$$

式中　f_a——修正后的地基承载力特征值，kN/m²；

γ'——基础底面以下地基土的有效重度，kN/m³；

p_0'——基础底面以上两侧的有效荷载，kN/m²；

c_d——地基土的黏聚力特征值，kN/m²；

N_γ、N_q、N_c——地基承载力系数；

s_γ、s_q、s_c——基础形状修正系数；

d_γ、d_q、d_c——深度修正系数；

i_γ、i_q、i_c——荷载倾斜修正系数。

地基土的不排水强度特征值 c_{ud} 和内摩擦角特征值 φ_d 的计算为

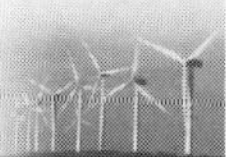

$$c_{ud}=\frac{c}{\gamma_c} \tag{4.63}$$

$$\varphi_d=\arctan\left(\frac{\tan\varphi}{\gamma_\varphi}\right) \tag{4.64}$$

式中 γ_c、γ_φ——地基土的材料系数。

当承载力公式应用于地基土排水工况时，重力式基础承载力计算公式中的系数计算为

$$N_q=e^{\pi\tan\varphi_d}\frac{1+\sin\varphi_d}{1-\sin\varphi_d} \tag{4.65}$$

$$N_c=(N_q-1)\cot\varphi_d \tag{4.66}$$

$$N_\gamma=\frac{3}{2}(N_q-1)\tan\varphi_d \tag{4.67}$$

当利用地基承载力计算公式反算基础底面反力，并应用地基反力设计基础时，地基承载力系数 N_γ 为

$$N_\gamma=2(N_q+1)\tan\varphi_d \tag{4.68}$$

$$s_\gamma=1-0.4\frac{b_{eff}}{l_{eff}} \tag{4.69}$$

$$s_q=s_c=1+0.2\frac{b_{eff}}{l_{eff}} \tag{4.70}$$

$$d_\gamma=1.0 \tag{4.71}$$

$$d_q=1+2\frac{d}{b_{eff}}\tan\varphi_d(1-\sin\varphi_d)^2 \tag{4.72}$$

$$d_c=d_q-\frac{1-d_q}{N_c\tan\varphi} \tag{4.73}$$

$$i_q=i_c=\left(1-\frac{H_d}{V_d+A_{eff}c_d\cot\varphi_d}\right)^2 \tag{4.74}$$

当承载力计算公式用于地基土不排水工况时，$\varphi=0$，则有

$$N_c^0=\pi+2 \tag{4.75}$$

$$s_c^0=s_c \tag{4.76}$$

$$i_c^0=0.5+0.5\sqrt{1-\frac{H}{A_{eff}c_{ud}}} \tag{4.77}$$

当荷载偏心距超过 0.3 倍基础边长时，此时地基承载力计算为

$$q_d=\gamma' b_{eff}N_\gamma s_\gamma i_\gamma+c_dN_cs_ci_c(1.05+\tan^3\varphi) \tag{4.78}$$

$$i_q=i_c=1+\frac{H}{V+A_{eff}c\cot\varphi} \tag{4.79}$$

$$i_\gamma=i_q^2$$

$$i_c^0=\sqrt{0.5+0.5\sqrt{1+\frac{H}{A_{eff}c_{ud}}}} \tag{4.80}$$

按照图 4.21 中，破坏面 2 对应的地基承载力计算公式得到的结果还要与破坏面 1 情况下的结果做比较，取较小值作为计算结果。

由于水平荷载的存在，重力式基础有可能沿着基础底面发生滑动。重力式基础的水平抗滑承载力根据地基土的排水情况确定。

在地基土排水情况下，基础的水平承载力 f_{ah} 计算为

$$f_{ah}=A_{eff}c+V\tan\varphi \tag{4.81}$$

在不排水情况下，由于地基土的内摩擦角 $\varphi=0$，公式简化为

$$f_{ah}=A_{eff}c_{ud} \tag{4.82}$$

4.5.5　地基变形计算

重力式基础的地基变形主要包括最终沉降量和基础变形，其计算值应不大于地基变形容许值，其中基础倾斜率计算为

$$\tan\theta=\frac{s_1-s_2}{D} \tag{4.83}$$

式中　s_1、s_2——基础倾斜方向两边缘的最终沉降量，m；

D——圆形基础的外径，m。

计算地基变形时，地基内的应力分布采用各向同性均质线性变形体理论，可计算最终沉降量为

$$s=\varphi_s s'=\varphi_s\sum_{i=1}^{n}\frac{p_{0k}}{E_{si}}(z_i\bar{\alpha}_i-z_{i-1}\bar{\alpha}_{i-1}) \tag{4.84}$$

式中　s'——按照分层总和法计算的沉降量，mm；

φ_s——沉降量计算经验系数；

E_{si}——基础底面下第 i 层土的压缩模量，MPa；

$\bar{\alpha}_i$、$\bar{\alpha}_{i-1}$——平均附加压应力系数，按 GB 5007—2011 取用；

z_i、z_{i-1}——基础底面至第 i 层土、第 $i-1$ 层土底面的距离，m。

地基沉降应符合

$$\Delta s'_n\leqslant 0.025\sum_{i=1}^{n}\Delta s'_i \tag{4.85}$$

式中　$\Delta s'_i$——在计算深度范围内第 i 层土的计算变形值，mm；

$\Delta s'_n$——在由计算深度向上取厚度为 Δz 的土层计算变形值，mm。

复合地基加固区复合土层压缩变形可采用复合模量法计算，即

$$s=\varphi_s\sum\frac{\Delta p_i}{E_{spi}}H_i \tag{4.86}$$

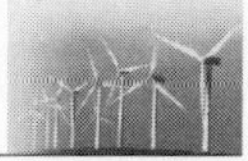

其中 $$E_{spi}=mE_{pi}+(1-m)E_{si} \tag{4.87}$$

式中 φ_s——修正系数；

Δp_i——第 i 层土的附加应力增量，MPa；

H_i——第 i 层土的厚度，m；

E_{spi}——第 i 层土的复合压缩模量，MPa；

E_{pi}——第 i 层桩体的压缩模量，MPa；

E_{si}——第 i 层土的压缩模量，MPa；

m——复合地基置换率。

4.5.6 基础稳定性验算

在水平荷载和竖向荷载的共同作用下，重力式基础可能发生的破坏模式是基础与深层土一起发生整体滑动破坏，沿着基底面发生滑动、倾覆。因此，应对基础进行抗滑移和抗倾覆稳定性验算。若是与深层土一起整体滑动发生破坏，通常采用圆弧滑动面法进行验算。

4.5.6.1 抗滑移稳定性验算

沿基础底面和基床底面的抗滑稳定验算一般按平面问题取单宽计算。

（1）不考虑波浪作用，考虑冰荷载，有

$$\gamma_0\psi(\gamma_I F_I+\gamma_c F_c+\gamma_f F_{fH})\leqslant\frac{1}{\gamma_d}(\gamma_G G+\gamma_f F_{fV})f \tag{4.88}$$

（2）考虑波浪作用，不考虑冰荷载，有

$$\gamma_0\psi(\gamma_P P_B+\gamma_c F_c+\gamma_f F_{fH})\leqslant\frac{1}{\gamma_d}(\gamma_G G+\gamma_f F_{fV}-\gamma_U P_U)f \tag{4.89}$$

式中 G——作用在计算面以上的结构自重力标准值，kN；

F_I——冰荷载标准值，kN；

F_c——水流荷载标准值，kN；

F_{fH}——水平向荷载标准值，kN；

F_{fV}——竖向荷载标准值，kN；

P_B——波峰作用时水平波压力标准值，kN；

P_U——波峰作用时作用在计算面上波浪浮托力标准值，kN；

ψ——组合系数，主导可变作用时取 1，非主导可变作用时取 0.7；

γ_G——结构自重荷载分项系数；

γ_0——结构重要性系数；

γ_I、γ_c、γ_f、γ_P、γ_U——冰荷载、流荷载、风荷载、水平波浪力和波浪上托力的分项系数；

γ_d——结构系数，无波浪作用时取 $\gamma_d=1.0$，有波浪时取 $\gamma_d=1.1$；

f——沿计算面的摩擦系数设计值，无实测资料时取值见表 4.6。

表 4.6　摩擦系数 f 设计值

材　料		摩擦系数 f
混凝土与混凝土		0.55
混凝土墙身底部与抛石基床		0.6
抛石基床与地基土	地基土为细砂～粗砂	0.5～0.6
	地基为粉砂	0.4
	地基为砂质粉土	0.35～0.5
	地基为黏土、粉质黏土	0.3～0.45

4.5.6.2　抗倾覆稳定性验算

对基础底面外趾的抗倾覆稳定验算仍按平面问题取单宽计算。

(1) 不考虑波浪作用，考虑冰荷载，有

$$\gamma_0\psi(\gamma_1 M_I+\gamma_c M_c+\gamma_f M_{fH})\leqslant\frac{1}{\gamma_d}(\gamma_G M_G+\gamma_f M_{fV}) \tag{4.90}$$

(2) 考虑波浪作用，不考虑冰荷载，有

$$\gamma_0\psi(\gamma_p M_P+\gamma_c M_c+\gamma_f M_{fH}+\gamma_U M_U)\leqslant\frac{1}{\gamma_d}(\gamma_G M_G+\gamma_f M_{fV}) \tag{4.91}$$

式中　M_G——结构自重标准值对外趾的稳定力矩，kN·m；

M_I——冰荷载标准值对外趾的倾覆力矩，kN·m；

M_c——水流荷载标准值对外趾的倾覆力矩，kN·m；

M_P——波峰作用时水平波压力标准值对外趾的倾覆力矩，kN·m；

M_U——波峰作用时波浪浮托力标准值对外趾的倾覆力矩，kN·m；

M_{fH}——水平向荷载标准值对外趾的倾覆力矩，kN·m；

M_{fV}——竖向荷载标准值对外趾的稳定力矩，kN·m；

ψ——组合系数，主导可变作用时，取 $\psi=1$，非主导可变作用时，取$\psi=0.7$；

γ_0——结构系数，无波浪作用时，取 $\gamma_0=1.25$。

4.5.6.3　基床承载力验算

基床承载力的验算为

$$\gamma_0\gamma_\sigma\sigma_{max}\leqslant\sigma_y \tag{4.92}$$

式中　γ_0——结构重要性系数；

γ_σ——基础顶面最大应力分项系数，可取 $\gamma_\sigma=1.0$；

σ_y——基床承载力设计值，kPa；

σ_{max}——基床顶面最大应力标准值，kPa。

基床承载力设计值一般取 600kPa。对于受波浪作用的墩式建筑物或地基承载能

力较强（如果地基为岩基）时，可酌情适当提高取值，但不应大于 800kPa。重力式基础的刚度一般很大，基床顶面应力可按直线分布，按偏心受压公式计算。以矩形基础底面为例（图 4.23），其计算为

$$\begin{matrix}\sigma_{\max}\\ \sigma_{\min}\end{matrix}=\frac{V_k}{b}\left(1\pm\frac{6e}{b}\right) \tag{4.93}$$

其中

$$e=\frac{b}{2}-\xi$$

$$\xi=\frac{M_R-M_0}{V_k}$$

式中 $\sigma_{\max}$、$\sigma_{\min}$——基床顶面的最大和最小应力标准值，kPa；

b——基础底宽，m；

V_k——作用在基床顶面的竖向合力标准值，kN；

e——基础底面合力标准值作用点的偏心距，m；

ξ——合力作用点与基础前趾的距离，m；

M_R、M_0——竖向合力标准值和倾覆力标准值对基础前趾的稳定力矩、倾覆力矩，kN·m。

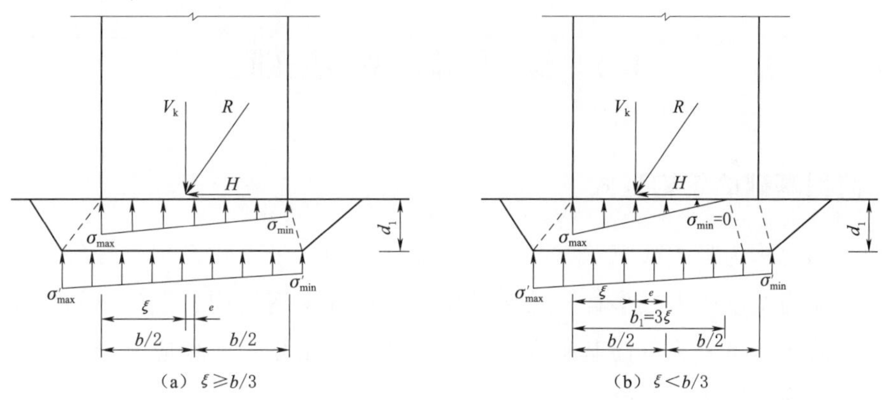

图 4.23 基底应力和地基应力计算图

当 $\xi<b/3$ 时，$\sigma_{\min}$将出现负值，即产生拉应力。但基础底面和基床顶面之间不可能承受拉应力，基底应力将重分布。根据基底应力的合力和作用在建筑物上的垂直合力相平衡的条件，可得

$$\sigma_{\max}=\frac{2V_k}{3\xi} \tag{4.94}$$

$$\sigma_{\min}=0 \tag{4.95}$$

为保证基础不产生过大不均匀沉降，一般要求 $\xi\geqslant b/4$。对于岩石地基则不受限制。

4.5.6.4　地基承载力验算

基床顶面应力通过基床向下扩散，扩散宽度为 b_1+2d_1，并按直线分布。基床底面最大、最小应力标准值和合力作用点的偏心距计算为

$$\sigma'_{\max}=\frac{b_1\sigma_{\max}}{b_1+2d_1}+\gamma d_1 \tag{4.96}$$

$$\sigma'_{\min}=\frac{b_1\sigma_{\min}}{b_1+2d_1}+\gamma d_1 \tag{4.97}$$

$$e'=\frac{b_1+2d_1}{6}\times\frac{\sigma'_{\max}-\sigma'_{\min}}{\sigma'_{\max}+\sigma'_{\min}} \tag{4.98}$$

式中　$\sigma'_{\max}$、$\sigma'_{\min}$——基床地面最大和最小应力标准值，kPa；

γ——块石的水下重度标准值，kN/m^3；

d_1——抛石基床厚度，m；

b_1——基础底面的实际受压宽度，当 $\xi\geqslant b/3$ 时，$b_1=b$；当 $\xi<b/3$ 时，$b_1=3\xi$；

e'——抛石基床底面合力作用点的偏心距，m。

4.6　海上筒型基础

4.6.1　筒型基础的结构型式

筒型基础也称为吸力式沉箱基础、负压筒型基础、吸力式筒型基础等。可用于海上风电场的吸力式基础型式多样；按照结构材料可分为钢结构、混凝土结构和混合结构；按吸力筒数量可分为单筒基础和多筒组合基础；按是否有预应力分为预应力吸力式基础和非预应力吸力式基础。

筒型基础结构主要由基础过渡段、筒顶盖板以及筒体三个部分组成。目前常见的筒型基础主要有弧线型过渡段筒型基础、直线型过渡段筒型基础、单柱复合筒基础以及导管架吸力筒基础。

4.6.1.1　弧线型过渡段复合筒

弧线型过渡段复合筒基础结构（图 4.24）过渡段为弧形，过渡段由混凝土与预应力钢绞线（图 4.25）组成，环梁顶盖板（图 4.26）为环形阵列间隔且沿径向布置的梁组成（图 4.27），筒体为内部含有蜂窝状分仓板的钢圆筒制成。预应力钢绞线混凝土过渡段传递顶部风电机组塔筒荷载，环梁盖板连接过渡段与下部筒体，并提供刚性支撑，蜂窝状钢筒体嵌固入土，传递并分散荷载到海床中。

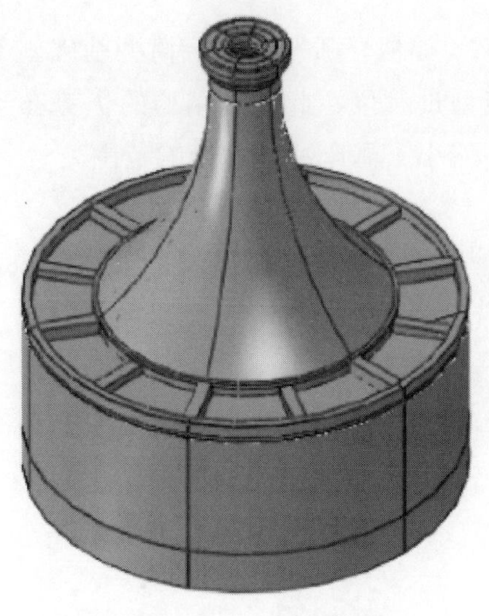

图 4.24 弧线型过渡段复合筒基础结构

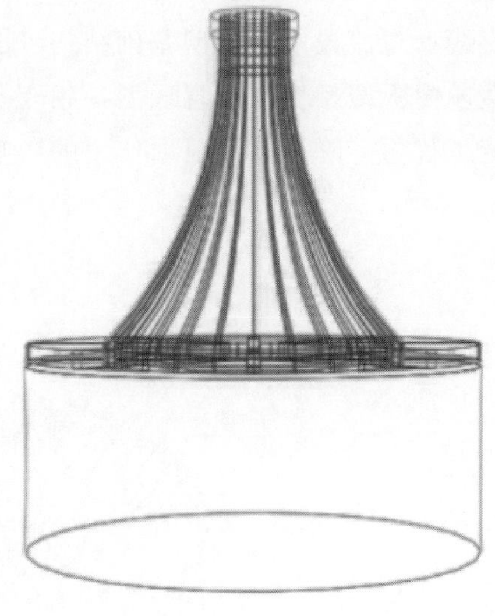

图 4.25 弧线型过渡段混凝土预应力钢绞线

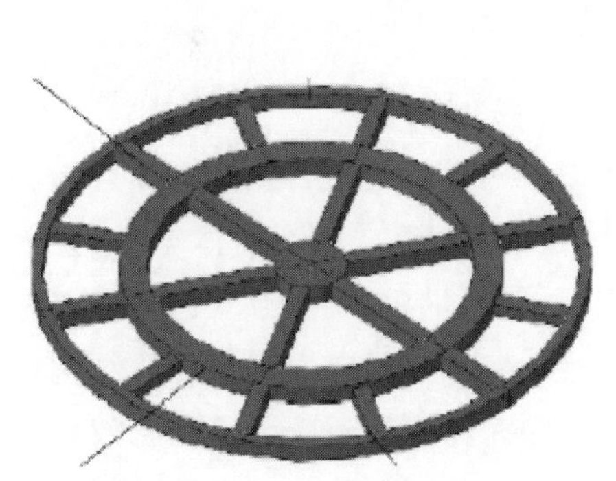

图 4.26 环梁顶盖板图

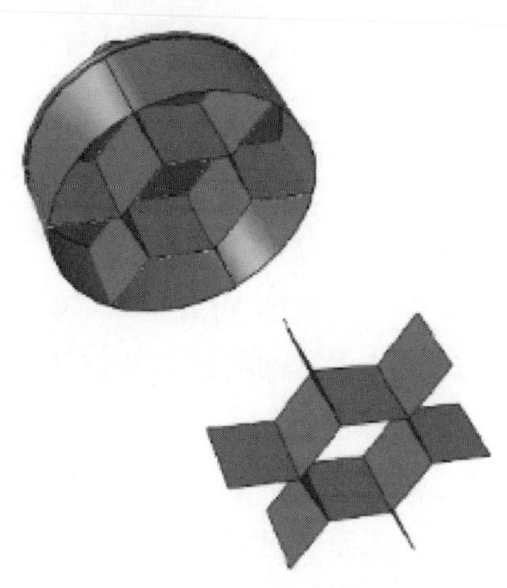

图 4.27 沿径向布置的梁

弧线型过渡段很好地解决了风电机组与地基基础之间传力体系中大弯矩和较大水平力的问题，这一结构通过预应力的设计，充分发挥了钢绞线的高强性能和混凝土的抗压性能，实现了过渡段受力中的全压状态，避免了混凝土开裂引起的腐蚀问题。通过预应力弧线型过渡段的曲率设计及其上下开口直径变化范围等核心技术指标的设计，巧妙地解决了过渡段顶端大弯矩向过渡段底部有限拉压应力转换的问题，实现了新型预应力钢绞线—钢板—混凝土复合筒型风电机组基础的组合结构体系的经济性、耐久性和可靠性。

4.6.1.2　直线型过渡段复合筒

直线型过渡段复合筒型基础结构（图 4.28）类似于弧线型复合筒型基础。不同的是过渡段由弧线型变成了直线型，相较于弧线型过渡段，此基础结构的优势在于能减少一定工程量，降低了波浪力作用的影响，并缩小了海床冲刷的影响范围。

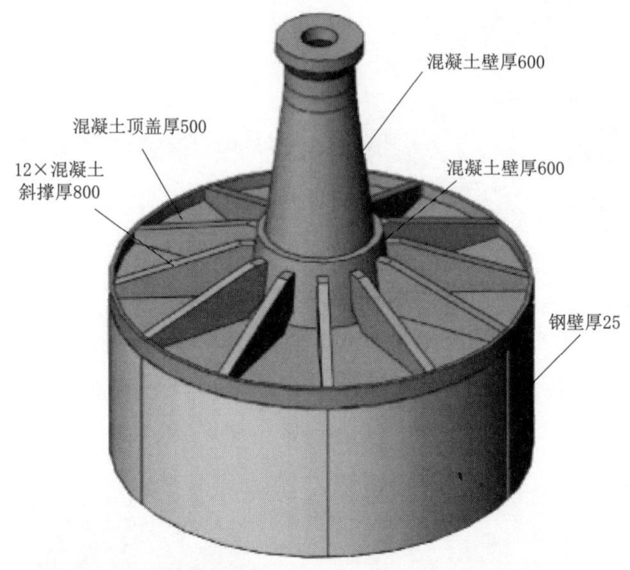

图 4.28　直线型过渡段复合筒型式基础结构（单位：mm）

4.6.1.3　单柱复合筒

单柱复合筒型基础（图 4.29）由单桩筒体以及过渡段连接件构成。单桩上部与普通单桩基础无异，下部桩体贯穿筒体，与筒体底高程一致，成为筒体舱室的一部分。过渡段连接件为钢制结构。筒顶盖板为梁系组合，提供整体刚度。下部筒体为蜂窝状。单柱复合筒是提出的一种新型复合筒型基础，相对于预应力—复合筒结构，单柱形式大幅减少了深水海域波流的影响，连接件的设置代替了预应力筋，有效地将风电机组产生的大弯矩荷载通过连接件传递到筒体钢板，继而分散到土层中，整个传力机制合理可靠。单柱—复合筒基础结构整体为钢结构制作，预制件简单，建造周期短，施工方便，整体结构重量合理，可适应深水海域和浅覆盖层地质海域，是一种安全、可靠的新型基础形式。

4.6.1.4　导管架吸力筒

导管架吸力筒型基础（图 4.30）由上部导管架基础、过渡段以及下部筒体组成。主要应用于深水区域，由上部导管架结构承受较大的倾覆弯矩，并传递给下部筒体。该结构不同于其他形式的复合筒基础，下部的多个筒体除了受压力与倾覆弯矩外，还受上拔力，这对筒体与土体作用提供的侧摩阻力有着更高的要求，并且多筒体的不均匀沉降是需要特别注意的问题。

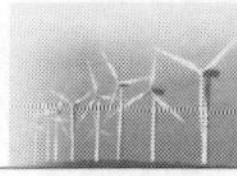

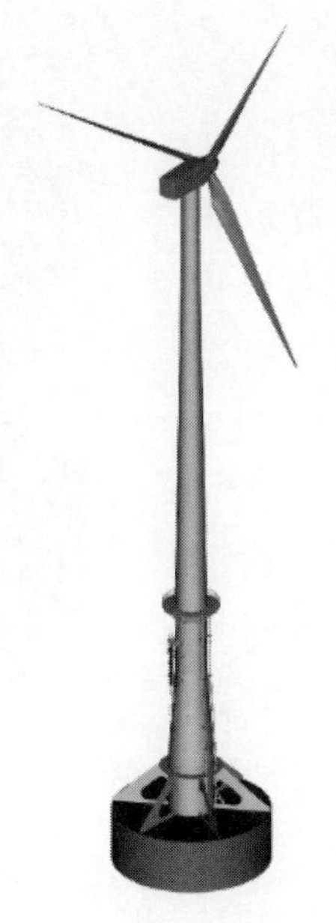

图 4.29 单柱复合筒型基础

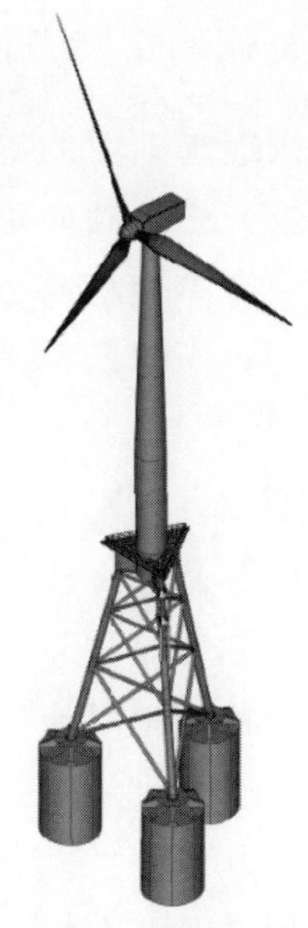

图 4.30 导管架吸力筒型基础

4.6.2 筒式基础的构造

复合筒基础根据材料的不同，可分为全混凝土型和钢筒—混凝土组合筒型。全混凝土型基础上部连接结构、筒体顶盖和插入土中的筒体均采用钢筋混凝土结构，上下基础用料一致，受力均匀，但由于下部混凝土筒体壁厚较厚，基础下沉时的端阻较大，因此下沉施工困难，需要采取一定的辅助措施。

钢筒—混凝土组合筒型基础的上部连接采用混凝土结构，下部筒体采用钢结构，相比于全混凝土基础，这种基础下沉施工容易，但混凝土与钢材的有效连接是设计难点，此外还需要考虑基础运输和施工过程中下部钢筒体的变形和稳定。

对于海上风电机组吸力式基础而言，其竖向承载力相对容易满足要求，关键在于保障抗倾覆能力能满足要求，所以常常将吸力筒设计成宽浅结构，高径比多在 0.5 左右，一般不超过 1。对于钢质吸力筒，为了防止基础发生屈曲破坏，一般要求吸力筒直径 D 与壁厚 t 之比不超过 150。当吸力筒平面尺寸较大时，也可在吸力筒内部设置一定数量的隔板，并在隔板分成的各个独立分仓的顶盖上预设抽水孔，当遇到筒体在下沉过程中发生倾斜时，对沉降小的部位对应的分仓加大负压，其他分仓不进行任何操作，从而达到调平的目的。

在塔筒与吸力式基础的连接部位容易产生应力集中，进而造成吸力筒顶板的破坏，设计时可以在吸力筒与塔筒相连处增加肋板，消除连接处的应力集中问题（图 4.31）。

4.6.3　筒型基础的承载力计算

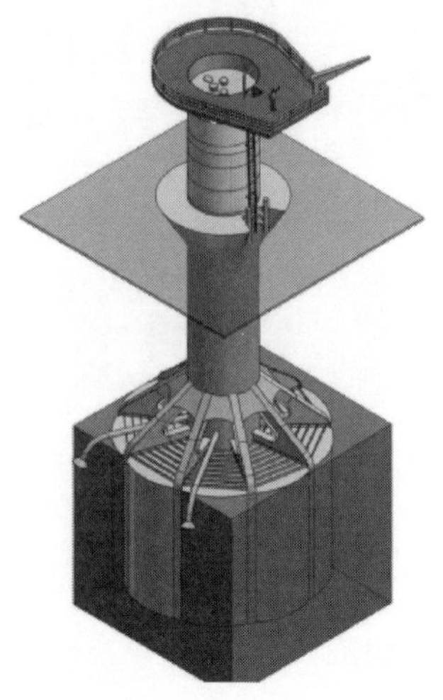

图 4.31　吸力筒与塔筒连接

海上风电机组基础中的筒型基础承受水平和竖向下压荷载作用。吸力式基础的抗压承载力计算还没有标准可依，在设计中可参照桩基础来进行。但由于吸力式基础埋深较浅和筒内土体的影响，使得其又与桩和普通浅基础有所区别。

4.6.3.1　抗压承载力计算

海上风电机组吸力筒基础长径比较小，一般小于 1。结合我国近海的地质条件，一般设计为宽浅式吸力筒基础，吸力筒的顶盖与地基土完全接触。因此吸力筒基础的竖向承载力主要由地基土对吸力筒顶盖的地基反力、吸力筒侧壁摩阻力和吸力筒端部的承载力三部分组成。

吸力筒基础抗压承载力计算为

$$Q_d = Q_f + Q_p + Q_{DB} = \sum f_i A_{si} + q_d A_p + A' q_u \tag{4.99}$$

式中　Q_f——吸力筒侧壁摩阻力，kN；

Q_p——吸力筒底端阻力，kN；

Q_{DB}——吸力筒顶部承载力，kN；

f_i——在 i 层土中吸力筒侧壁表面的单位面积侧摩阻力，kPa；

A_{si}——在 i 层土中吸力筒侧壁的面积，m^2；

q_d——吸力筒底端单位面积地基极限承载力，kPa；

A_p——吸力筒底端的等效面积，m^2；

A'——取决于荷载偏心度的吸力筒顶盖等效面积，m^2；

q_u——吸力筒顶单位面积地基极限承载力，kPa。

4.6.3.2　抗拔承载力计算

吸力式基础的抗拔破坏可分为两类：①仅吸力筒从土中拔出，抗拔力由吸力筒自重、吸力筒内外侧摩阻力、吸力筒内外水压力差三部分组成；②吸力筒带着筒内外一部分土一起拔出。对于长径比较小的吸力式基础，由于吸力筒直径较大，黏土地基主要发生第二种破坏，此时吸力筒内壁摩阻力与负压对吸力筒内土的作用力之和超过土的拉伸强度，吸力筒内的土柱因张力失效而部分与基础分离，具体吸力筒内土分离多少，需根据地基土的特性进行实验验证。砂土中吸力式基础只发生第一种破坏，黏土地质两种都有可能发生，在结构设计时取两种破坏模式所得的最小值作为吸力式基础的极限抗拔能力。

对于第一种破坏模式，吸力筒基础的抗拔承载力计算为

$$F_v = W_{caisson} + F_{press} + Q_{interior} + Q_{exterior} \tag{4.100}$$

式中 $W_{caisson}$——吸力筒的自重，kN；

F_{press}——作用在吸力筒顶部的水压力，kN；

$Q_{interior}$——吸力筒内壁与土体之间的摩阻力，kN；

$Q_{exterior}$——吸力筒外壁与土体之间的摩阻力，kN。

对于第二种破坏模式，吸力式基础的抗拔承载力计算为

$$F_v = W_{caisson} + F_{press} + W_{soil} + Q_{exterior} + Q_{tip} \tag{4.101}$$

式中 W_{soil}——吸力筒内土塞的自重，kN；

Q_{tip}——土塞底部的极限张力，kN。

4.6.3.3 水平承载力计算

1. 受转动约束时的水平承载力

在水平力作用下，吸力筒基础在水平力作用方向上发生平动。筒体水平方向上受到土体的压力和底部剪力。假设在泥面以下深度 z 处的极限土抗力为 $P_u(z)$，则吸力筒基础的水平承载力 F_H 为

$$F_H = \int_0^L P_u(z) D(z) \mathrm{d}z + \pi R^2 c_u \tag{4.102}$$

式中 L——吸力筒基础的入土深度，m；

R——吸力筒的内径，m；

c_u——土的不排水抗剪强度，kPa；

$D(z)$——深度 z 处的筒体外径，m；

$P_u(z)$——基础前土抗力，kPa。

水平荷载下转动受约束时吸力筒受力情况如图 4.32 所示。

2. 不受转动约束时的水平承载力

当吸力筒基础与吸力筒内土体产生相对滑动，吸力筒受到前侧土压力、吸力筒内外壁摩阻力、吸力筒顶盖下土反力。假设吸力筒壁内外摩阻力相同，则吸力筒内外摩阻力产生的力矩 M_0 为

$$M_0 = 8 q_f R^2 \tag{4.103}$$

砂土中不同深度下摩阻力 f 的计算为

$$f = k_0 P_0 \tan\delta \tag{4.104}$$

式中 k_0——水平土压力系数，取 0.5～1.0；

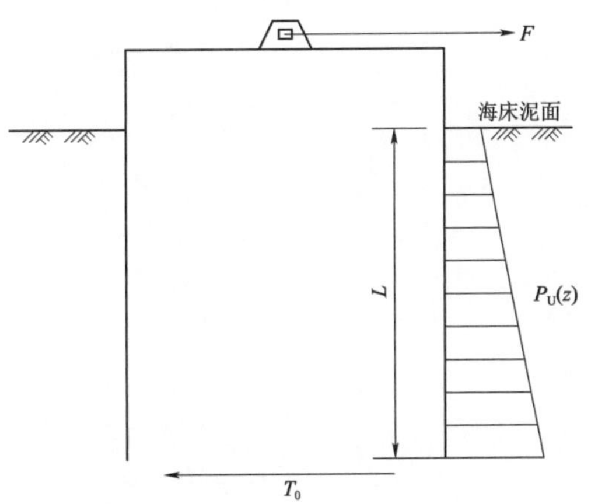

图 4.32 水平荷载下转动受约束时吸力筒受力情况

P_0——有效上覆荷载，kPa；

δ——土与基础表面的摩擦角，(°)。

吸力筒单位周长的摩阻力为 q_f，则

$$q_f = \int_0^{l_3} k_0 p_0 \tan[\phi(z)] \mathrm{d}z \tag{4.105}$$

由于此时摩擦力的作用为抗拔，故 k_0 值取小值 0.5。

吸力筒顶盖下的土反力及力矩为 $M_p = W_p r$，W_p 为吸力筒顶盖下反力，r 为下反力作用点距离荷载作用点的水平距离。

以荷载作用点为支点的力矩平衡方程为

$$M_0 + M_p - \int_0^{l_1} p_u(z) D(h_e + l_2 + z) \mathrm{d}z + \int_{l_1}^{l_3} p_u(z) D(h_e + l_2 + z) \mathrm{d}z = 0 \tag{4.106}$$

式中　h_e——水平力作用点到吸力筒顶盖的竖向距离，m；

l_1——旋转中心到海床泥面的距离，m；

l_2——吸力筒顶盖到海床泥面的距离，m；

l_3——海床泥面到吸力筒底端的距离，m；

$p_u(z)$——土的极限抗力，kPa。

通过求解上式得到 l_1，由水平力平衡得到吸力筒基础不受转动约束时的水平承载力为

$$F_H = \int_0^{l_1} p_u(z) D \mathrm{d}z - \int_{l_1}^{l_3} p_u(z) D \mathrm{d}z \tag{4.107}$$

水平荷载下可转动时吸力筒受力情况如图 4.33 所示。

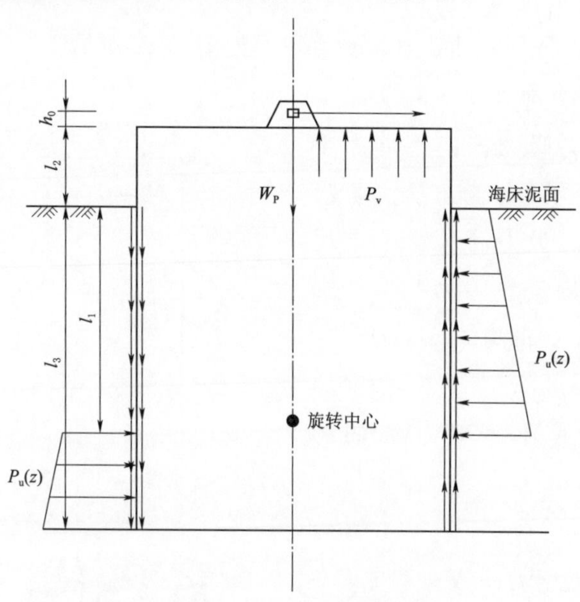

图 4.33　水平荷载下可转动时吸力筒受力情况

4.6.4 筒型基础静力分析

筒侧壁土压力一般采用朗肯方法计算，当被动侧土体位移较小时，可采用静止土压力代替被动土压力计算，具体计算时应根据掌握的地质资料和工程情况选择合适的计算方法。

1. 筒壁侧摩阻力

对于黏性土中的筒基，沿筒壁长度上任一点的轴向摩阻力 f 计算为

$$f=ac \tag{4.108}$$

式中 a——无量纲系数；

c——计算点土的不排水强度，kPa。

系数 a 计算为

$$\alpha=\begin{cases}0.5\Psi^{-0.5} & (\psi<1)\\ 0.5\Psi^{-0.25} & (\psi>1)\end{cases} \tag{4.109}$$

式中 Ψ——c/p_0'对应的点。

非黏性土中筒壁的侧摩阻力可计算为

$$f_{sik}=Kp_0'\tan\delta \tag{4.110}$$

式中 K——无因次侧向土压力系数；

p_0'——计算点的有效上覆土压力，kN；

δ——土与筒壁之间的摩擦角，(°)。

2. 筒端阻力

(1) 当筒的端部支承在黏土中时，单位端部承载力可计算为

$$q_u=9c \tag{4.111}$$

(2) 当筒的端部支承在非黏土中时，单位端部承载力可计算为

$$q_u=p_0'N_q \tag{4.112}$$

式中 p_0'——计算点的有效上覆土压力，kN；

N_q——无量纲承载力系数。

(3) 除上述方法外，还可以按照迈耶霍夫公式计算筒端阻力。

$$q_u=cN_c+\sigma_0N_q+0.5\gamma BN_\gamma \tag{4.113}$$

式中 N_c、N_q、N_γ——承载力系数；

γ——环形底板以下土体的容重，kN/m³；

B——筒体的壁厚，m；

σ_0——筒壁的侧向压力，kPa。

σ_0 计算为

$$\sigma_0=K\gamma_0D \tag{4.114}$$

式中　K——静止土压力系数；

D——基础埋深，m；

γ_0——基底埋深内土的平均容重，kN/m³。

（4）当基础与筒内土共同作用时，还可按太沙基深基础公式计算端部阻力 q_u，即

$$q_u = 1.3cN_c + \gamma_z HN_\gamma + 0.6\gamma RN_\gamma \tag{4.115}$$

$$\gamma_1 = \gamma_0 + 2\frac{f_S + n\tau}{(n^2-1)R} \tag{4.116}$$

$$n = 1 + 2\frac{e^{\left(\frac{3\pi}{4}-\frac{\varphi}{2}\right)}\cos\left(\frac{\pi}{4}-\frac{\varphi}{2}\right)}{\cos\varphi} \tag{4.117}$$

式中　H——基础的埋深，m；

R——圆形基础的半径，m；

γ_1——基底以上土的等效容重，kN/m³；

γ_0——基底以上土的容重，kN/m³；

f_S——基础侧面与土的极限侧摩阻力，kN；

n——土体破坏范围系数；

τ——筒侧土的抗剪强度，kPa。

4.6.5　基础变形控制标准

根据 NB/T 10105—2018 中第 3.2.3 条规定：单柱基础计入施工误差后，泥面处整个运行期内循环累积总倾角不应超过 0.50°，其余基础计入施工误差后，基础顶位置整个运行期内循环累积总倾角不应超过 0.50°。

4.6.6　地基承载力验算

进行地基承载力验算时，将筒体和筒内土体视为整体，同时不考虑筒侧土体的反力。依据 NB/T 10105—2018 验算，即

$$f_a = f_{ak} + \eta_b\gamma(b_s - 3) + \eta_b\gamma_m(h_m - 0.5) \tag{4.118}$$

$$\frac{F}{A} = p_k \leqslant f_a \tag{4.119}$$

$$\frac{F}{A} + \frac{M}{W} = p_{k,\max} \leqslant 1.2f_a \tag{4.120}$$

式中　f_a——修正的地基承载力特征值，MPa；

p_k——轴心荷载值，MPa；

$p_{k,\max}$——偏心荷载值，MPa。

当地基承载力范围内有软弱下卧层时，基础应验算软弱下卧层的承载力，即

$$P_Z+P_{CZ}\leqslant f_{az} \tag{4.121}$$

式中 P_Z——相应作用标准组合时，软弱下卧层顶面的附加应力值，MPa；

P_{CZ}——软弱下卧层顶面处土的自重压力值，MPa；

f_{az}——软弱下卧层顶面处经深度修正后的地基承载力特征值，MPa。

4.6.7 抗滑移稳定性验算

根据 FD 003—2007 的规定，基础抗滑稳定性安全系数计算公式为

$$K_h=\frac{F_R}{F_S}=\frac{R_H+E_P}{Q_H+E_a} \tag{4.122}$$

式中 F_R——荷载效应基本组合下抗滑力，kN；

F_S——荷载效应基本组合下滑动力，kN；

R_H——底部摩阻力，kN；

E_P——被动土压力合力，kN；

Q_H——水平荷载，kN；

E_a——主动土压力合力，kN。

除罕遇地震工况外，抗滑移稳定安全系数 $K_0\geqslant1.3$；罕遇地震工况，抗滑移稳定安全系数 $K_0\geqslant1.0$。

4.7 海上漂浮式基础

漂浮式海上风电机组系统主要由海上风电机组、下部支撑平台和系泊系统组成。漂浮式海上风电机组系统在整个运行寿命周期内，除承受极限工况下的波浪、海流载荷作用外，还承受极大的风载荷。在复杂多变的恶劣环境中浮式平台的稳性、耐波性、风电机组的可靠性和发电效率是漂浮式海上风电机组系统研究的关键。

4.7.1 漂浮式风电机组基础国外应用现状

1. 示范工程应用

海上大型漂浮式风电机组的概念最早由美国学者提出。经过几十年的发展，众多漂浮式风电机组的设计模型中，以 Hywind、Windfloat、Blue H 和 Mitsui 最具代表性。欧洲早在 2005 年就已经开始对漂浮式风电机组模型试验和样机测试。2009 年挪威建造了世界上第一台海上漂浮式风电机组试验样机（Hywind demo 2.3MW），状态良好地运行了十年。在此基础上，挪威国家石油公司（Statoil）于 2017 年 10 月在苏格兰北部海域建造了世界上第一个全尺度的商业海上漂浮式风电场（Hywind Scotland），采用 5 台 Siemens 6MW 风电机组和 Spar 型基础，并成功实现并网发电。根据

报道，该风电场发电情况远好于预期，大大增加了欧洲投资者的信心。基于美国 Principle Power 公司设计的 WindFloat 基础，2011 年在葡萄牙西南海域安装了一台样机，该样机成功运行多年，该基础型式已于 2018 年应用到法国安装的漂浮式风电场建设中。国外对漂浮式风电场建设在技术上已经突破了瓶颈，成本正在逐渐降低，表 4.7 汇总了目前已经建成的漂浮式风电项目。表 4.8 收集了全世界近年的漂浮式风电项目。

表 4.7　目前已经建成的漂浮式风电项目

项目名称	基础类型	装机容量/MW	单机容量/MW	国家	投产年份
Hywind Ⅰ	单柱式	2.3	2.3	挪威	2009
WindFloat Atlantic Phase Ⅰ	半潜式	2	2	葡萄牙	2011
Hywind Pilot Park	单柱式	30	6	英国	2017
FloatGen	驳船式	2	2	法国	2018
WindFloat Atlantic Phase Ⅱ	半潜式	25	8.4	葡萄牙	2019

表 4.8　全世界近年来的漂浮式风电项目

项目名称	基础类型	装机容量/MW	单机容量/MW	国家	投产年份
Flocan 5 Canary	半潜单柱式	25	5～8	西班牙	2020
Nautilus	半潜式	5	5	西班牙	2020
SeaTwirl S2	单柱式（垂直轴）	1	1	瑞典	2020
Kincardine	半潜式	50	2+8	英国	2020
Forthwind Project	驳船式	12	6	英国	2020
Aqua Ventus Ⅰ	半潜式	12	6	美国	2020
IDEOL Kitakyushu Demo	驳船式	3	3	日本	2020
EFGL	半潜式	24	6	法国	2021
Groix - Belle - lle	半潜式	24	6	法国	2021
PGL Wind Farm	张力腿式	24	8	法国	2021
EolMed	驳船式	24	6	法国	2021
Goto City	单柱式	22	2～5	日本	2021
Hywind Tampen	单柱式	88	8	挪威	2022

2. 商业化进程

目前，漂浮式风场建设主要集中在欧洲地区，同时美国和日本也开始开展示范工程建设。据英国碳信托（Carbon Trust）统计，2021 年前计划投产的漂浮式海上风电项目将达 260MW，其中包括 5～6 种概念设计跨入预商业化阶段的大型项目。通过这些示范工程项目的成功，漂浮式风电机组将进一步向大型化和商业化发展。根据目前

的市场发展情况，第一个大型商业项目预计将于2025年投产。Carbon Trust根据来自工业界的数据预测（如挪威石油公司），2030年前漂浮式海上风电项目规模可达12GW。但是这个预测数据还需各国市场政策支持，同时需保证漂浮式海上风电技术持续快速发展。

3. 技术发展

目前世界上共有40种左右的处于不同设计阶段的漂浮式海上风电概念方案。这些领先的设计概念大多来自欧洲和美国的企业。漂浮式海上风电概念方案基本为半潜式、驳船式、单柱式、张力腿式和混合模式，其中半潜式的设计方案最丰富且应用范围最广。

4. 典型漂浮式风电机组基础型式

漂浮式风电机组基础根据平台形式的不同，主要可以分为单柱式（spar）、张力腿式（tension leg platform）、驳船式（barge）和半潜式（semi submersible）4种型式，图4.34展示了4种漂浮式海上风电机组基础型式。

图4.34 4种漂浮式风电机组基础型式

表4.9总结了不同基础型式的优缺点。

表4.9 4种漂浮式风电机组基础优缺点

基础型式	优　点	缺　点
单柱式	（1）设计简单，制造工艺简单； （2）活动部件少； （3）稳性好	（1）适合深水； （2）施工安装困难，需要有动力定位的船只和起吊船； （3）大吃水限制了其返回码头维修
张力腿式	（1）用钢量少； （2）在岸上装配； （3）活动部件少； （4）稳性好	（1）系泊和锚泊系统受力极大，风险大； （2）安装过程具有很大挑战性； （3）需要专业定制的安装船
驳船式	（1）吃水小，水深适应性好； （2）在岸上装配； （3）施工安装方便，只需使用常规的拖船	（1）运动响应大，适合平静海域； （2）对上部风电机组控制响应要求高

续表

基础型式	优　点	缺　点
半潜式	(1) 应用灵活，水深适应好； (2) 施工安装方便，只需使用常规的拖船； (3) 在岸上完成装配； (4) 可拖往船坞维修	(1) 用钢量大； (2) 钢结构较复杂，连接点较多

综上可见，没有一种基础型式是完美的，其各自具有不同的优缺点，需根据风电场具体的环境条件选择合适的基础型式。

4.7.2　海上漂浮式风电机组基础计算

海上漂浮式风电机组基础计算，主要参照 ABS 195—2015、IEC 61400、IMO—2009 等标准中的相关要求进行。

4.7.2.1　完整稳性计算

海上漂浮式风电机组基础完整稳性计算中，分别对拖航工况、安装工况、运行工况、自存工况、停机维修工况做稳性校核。为寻找最危险倾斜轴，在 0～90°范围内，每隔 5°进行一次完整稳性计算，提取不同倾斜轴对应的最大静稳性臂。具体计算工况见表 4.10。

表 4.10　漂浮式基础完整稳性计算工况表

计　算　工　况	IEC 对应工况	计　算　工　况	IEC 对应工况
拖航工况	DLC8.2	自存工况	DLC6.2
安装工况（对几个不同的吃水深度进行计算）	DLC8.2	停机维修工况	DLC7.1
运行工况	DLC1.3		

根据 ABS、IEC 标准，完整稳性风荷载评估工况见表 4.11。

表 4.11　漂浮式基础完整稳性风荷载评估工况表

工况	IEC 工况	风荷载模型	风速模型
拖航工况	DLC8.2	EWM	$V_{hub}=k_1V_{10min,1\text{-}yr}$
安装工况	DLC8.2	EWM	$V_{hub}=k_1V_{10min,1\text{-}yr}$
运行工况	DLC1.2	ETM	V_{hub}
自存工况	DLC6.2	EWM	$V_{hub}=k_1V_{10min,50\text{-}yr}$
停机维修工况	DLC7.1	EWM	$V_{hub}=k_1V_{10min,1\text{-}yr}$

通过分析确定基础基本参数，得出完整稳性曲线。

4.7.2.2　破舱稳性计算

基础破舱稳性计算参照 ABS 标准、IEC 标准、IMO 标准中的相关要求进行。具体计算工况见表 4.12。

表 4.12 漂浮式基础破舱稳性计算工况表

计算工况	IEC 对应工况	计算工况	IEC 对应工况
拖航工况	DLC8.2	自存工况	DLC6.2
运行工况	DLC1.3	停机维修工况	DLC7.1

根据 ABS 标准规定，浮式风电平台破舱稳性仅考虑一舱破损。

根据 IMO 标准中的假定，以破损范围吃水以上 5m 和吃水以下 3m 范围内任意高度发生垂向范围 3m 的破损进水；如果此区域内设有水密板，则认为水密板以上和以下两个舱室均发生破损。

4.7.2.3 风电机组基础总体性能分析

对漂浮式风电机组基础进行整体建模，海上漂浮式基础在横荡、纵荡和艏摇三个方向的自由度运动很大程度上依赖系泊系统约束，分别对拖航工况、安装工况、运行工况、自存工况和停机维修工况进行水动力分析，运动周期均要避开波浪谱峰周期。

通过分析确定浮式基础运动性能，如各个自由度的运动周期，对 3h 短期海况极值预报的响应等。

4.7.2.4 风电机组基础结构总体强度分析

总体强度分析参考标准包括：DNVGL－OS－C101、DNVGL－OS－C103、DNVGL－RP－C103、DNVGL－RP－C205、DNVGL－ST－0119。

一般需通过有限元分析计算。建立的有限元模型应包括：壳单元水动力模型、梁单元莫里森模型、壳单元和梁单元的结构模型，锚泊系统刚度设置弹簧边界，主要静载荷包括钢结构重量，浮力和压载水重量。通过计算结构在各个工况的应力、屈曲、屈服强度，进行结构总体强度分析。

4.7.3 系泊系统设计

4.7.3.1 系泊系统概述

系泊系统是漂浮式风电机组基础中非常关键的安全元件，主要起到漂浮式风电机组定位的作用，从设计、制造、安装和操作都需要特别关注。由于海洋环境的复杂性和多变性，系泊系统设计要基于目标风场海洋水文环境，根据漂浮式风电机组基础平台结构，设计适用于场址条件的结构。应用水动力软件对风电机组—塔架—基础—系泊系统进行一体化时域仿真模拟，并校核其强度是否满足，完成系泊设计。

4.7.3.2 系泊系统规范

目前，浮式风电机组的工程数量和发展时间都远不及传统的海洋船舶和石油平台，因此，在尚未积累足够的经验之前，可借鉴后者的相关规范来研究浮式风电机组平台的系泊系统设计规范。主要包括：LR 的 *Rules and Regulations for the Classification of Offshore Units*，其中“Part3”对系泊设计分析的有较详细的描述；API RP

2SK、API RP 2SM。

4.7.3.3　系泊系统设计工况

对于漂浮式风电机组基础的系泊系统，应考虑 50 年一遇的环境条件。系泊设计时风浪流的荷载组合方式有多种，有多套设计标准。设计工况可以选取为：①50 年一遇波浪＋50 年一遇风＋10 年一遇海流；②50 年一遇波浪＋10 年一遇风＋50 年一遇海流。

系泊线设计时必须结合以上所述规范，针对以下极限状态进行校核。

（1）最大极限状态。保证每根系泊线都能有足够的强度抵抗极限环境条件下的外部荷载。主要包括：①校核系泊线的张力；②校核系统的位移；③校核系泊系统的完整性。

（2）偶然极限状态。保证在有一根系泊线破坏的情况下，其他系泊线仍有足够的强度抵抗外部荷载。①如果所有系泊线是等同的，任意取掉一条系泊线，分析其他系泊线可能达到的最大张力；②如果所有系泊线不是等同的，则需要有代表性的选择分别去掉某根系泊线，然后分析其他系泊线可能达到的最大张力，最后进行比较分析。

（3）疲劳极限状态。保证每根系泊线有足够的能力来抵抗周期性荷载。主要包括：①检查系泊线张力；②进行短期疲劳海况分析；③计算疲劳寿命。

4.7.3.4　锚

1. 锚的分类

根据海床的状况和系泊性能要求不同，可以采用不同类型的锚，锚的型式如图 4.35 所示。根据承受荷载的机理不同，不同类型锚的作用如下：

（1）重力锚。重力锚是最早使用的锚，主要靠材料本身重量来抵抗外力，部分靠锚与土壤之间的摩擦力来抵抗。重力锚材料为钢和混凝土。

（2）拖曳嵌入式锚。拖曳嵌入锚是目前最受欢迎使用最多的一种锚，部分或全部深入海底，主要靠锚前部与土壤的摩擦力来抵抗外力。此锚能承受较大的水平力，但承受垂向力的能力不强。

（3）桩锚。中间的钢管通过打桩安于海底，靠管侧与土壤的摩擦力来抵抗外力。通常需要将锚埋入较深的海底，以抵抗外力。桩锚能承受水平力和垂向力。

（4）吸力锚。吸力锚类似于桩锚，但中空的钢管直径要大得多。通过安于钢管顶部的人工泵使管内外出现压力差，当管内压力小于管外，钢管即被吸入海底，然后将泵撤走。吸力锚主要靠管侧与土壤的摩擦力来抵抗外力，能承受水平力和垂向力。

（5）垂向荷载锚。该类锚型是最新发展的一种锚。与传统的嵌入式锚一样，且深入海床的深度更深。此锚可以承受水平力和垂向力。

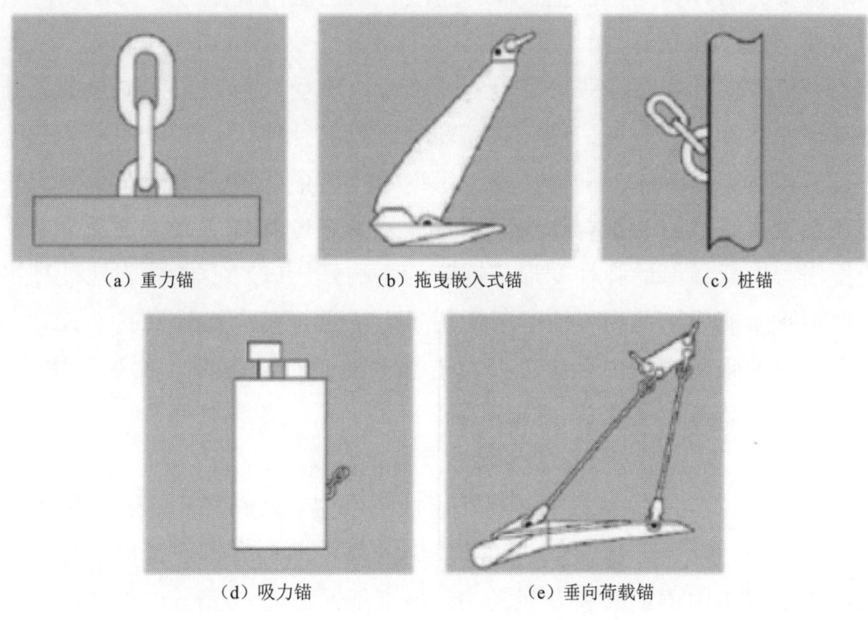

图 4.35 锚的型式

2. 锚的设计参考因素

锚的设计主要应考虑以下因素：

(1) 海底地形地质条件。

(2) 海底平面布置。

(3) 锚的承受垂向和水平向荷载的能力，周期性和极限条件。

(4) 安装方法。

(5) 设计使用寿命。

(6) 锚的稳性需考虑极限荷载下的允许极限位移，或拖曳作用下的旋转稳性。

(7) 系统检查，可继续应用或停用的要求。

4.7.3.5 系泊系统设计方法

由于海洋环境的复杂性和多变性，为风电机组浮式平台设计系泊系统不是一个简单的过程。首先，需要确定所要设计的浮体在位移和摇荡方面的要求，也要了解当地海域海底的地貌和土壤情况，同时根据当地风浪状况，选取极限海况进行环境荷载的计算，对于海洋浮式风电机组来说，风荷载的影响很重要，需要详细计算。其次，对该浮式平台进行水动力性能的计算，得到其 6 个自由度上的运动响应和波浪荷载，尤其是二阶波浪漂移力。综合以上条件和数值结果，对锚泊系统进行初步设计。最后，在时域范围内模拟锚泊线的动态响应，并根据相关标准校核其强度是否符合标准。

对于系缆张力的计算，目前主要有静力法和动力法两种。

1. *静力法*

静力法一般多用计算系缆张力、确定系泊系统所受载荷以及系缆与基础结构的位移关系等问题。计算中考虑风、浪、流等环境荷载综合作用，各种环境荷载均被当作静力条件，从而估算出浮体的平衡位置、系缆的几何形状及张力分布。静力法并没有考虑平台和系泊系统之间的耦合作用，同时也忽略环境载荷所产生的动力效应，流体对系缆的作用力以及缆绳的弹性变形等因素的影响，所以它不能精确地计算出平台和系缆的运动和张力响应，此种方法一般适用于系统进行概念设计和基本设计。对于采用新型复合材料的张紧式系泊系统以及具有较大流速的海况时，此种方法不再适合。静力法中典型的有悬链线计算法。

2. *动力法*

动力法计算考虑了基础结构和系缆所受到的复杂性海洋环境载荷的动力耦合作用，求解时系泊缆的动力方程为复杂的非线性方程，无解析解。目前工程上常用的动力计算方法主要有集中质量法和有限元法。前者把系缆看成多自由度的弹簧—质量块系统，此方法对计算问题进行了简化，计算较为简单，能够满足大多数工程计算的精度要求。有限元法将系缆看作一种连续的弹性介质，此方法在理论上更加严密，因此计算的精确度也更高。

(1) 悬链线法。悬链线法是目前应用最多的系泊系统计算方法，它的优点在于计算较为简便。但此法在计算中做了大量的假设，计算中忽略了系缆上的流体动作用力以及系缆的弹性变形等各种因素，因而一般只适用于系缆自重较大而流速较小的。此法中系缆被看成是一种均质、完全柔性又无延伸的非线性弹簧悬挂在平台和海底锚固点之间；假设海底为水平面且锚固点处的缆绳与海底相切，系缆位于垂直平面内，不考虑系缆的变形，海水被视为均匀不可压缩流体，缆绳垂向上流速大小恒定且不随水深发生变化。系缆在局部坐标系下受力示意图如图 4.36 所示。

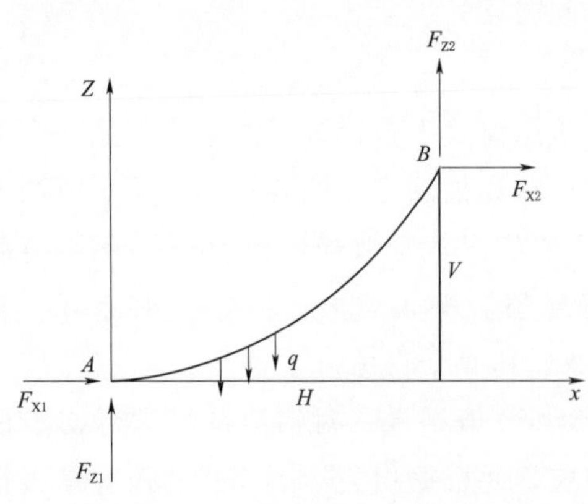

图 4.36　系缆在局部坐标系下受力示意图

(2) 集中质量法。集中质量法是将系缆视为由 n 个均匀的质量点组成，第 i 个质量点的质量为 m_i，任意两质量点之间由无质量的弹簧相连接。此种计算方法考虑到系缆重力、浮力及流体拖曳力等各种外力作用，并且假设这些作用力都集中作用在这 n 个质点上。

(3) 有限元法。有限元法的基本思路是将系缆分成 n 段，设每段的系缆的质量为 m_i，每段的几何形状都可视为直线。n

值越大所分的段数越多，数学模型也越准确，计算的精度越高。

4.8 海上基础防冲刷设计

海床的冲刷（也可能是淤积）变化，主要是分为整体冲刷和局部冲刷，根据海洋水动力学原理分析，整体冲刷（或淤积）是因潮汐、波浪及泥沙作用，在一定时间段内发生的整体区域海床演变，其可能部分区域呈冲刷趋势，部分区域呈现淤积趋势。局部冲刷则主要由于海洋结构物安装在海底后，打破了原有水下流场的平衡，引起局部水流速度加快，使正常流动的水流形成一定的压力剃度并形成对海底的剪切力，导致冲刷现象的出现。整体冲淤的评价需要在风电场规划选址阶段进行论证，保证整个场址的冲淤稳定性满足风电场建设要求。局部冲刷需要根据设计的海上风电机组基础型式进行安全论证和冲刷保护设计。

海上桩承式基础、海上重力式基础、海上筒式基础等海上固定式基础建成后，会显著影响基础周围潮流和波浪引起的水质点运动。首先，在基础的前方会形成一个马蹄涡；其次，在基础的背流处会形成涡流（卡门涡街）；再次，在风电机组基础的两侧流线会收缩。这种局部流态的改变，会增加水流对基础底床的剪切应力，从而导致水流挟沙能力的提高。如果底床是易受侵蚀的，那么在风电机组基础局部会形成冲刷坑，进而影响基础的稳定性。基础周围局部冲刷如图 4.37 所示。

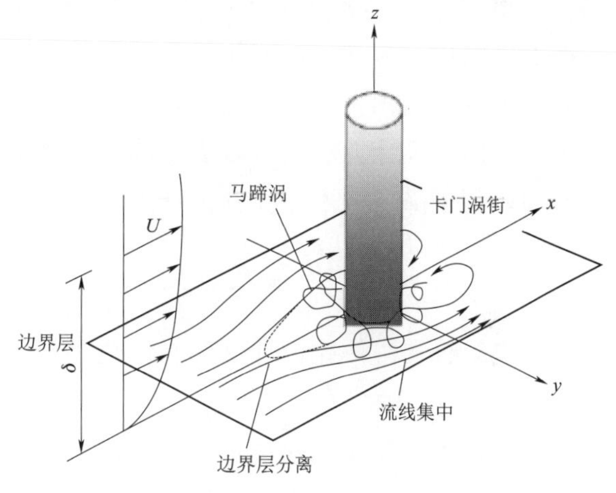

图 4.37 基础周围局部冲刷

目前常用的局部冲刷计算公式都是根据桩基试验确定的局部冲刷理论公式，是否适用于大直径基础或复杂基础还有待检验。对于大直径基础或复杂基础冲刷的冲刷深度和冲刷范围需根据模型试验确定。

对于冲刷不严重的情况，可以根据冲刷计算结果，预留冲刷深度，确保风电机组基础结构在一定冲刷深度下的稳定性、强度和变形仍可满足标准要求。复杂情况下，还应进行冲刷敏感性分析，选取不同冲刷深度和计算参数，计算比较多个冲刷深度下基础结构的稳定、强度、变形和整机的模态情况。

对于冲刷较严重的情况，可以采用防冲刷保护措施，如抛石、覆盖现浇水泥土、混凝土连锁块软体排、砂被、袋装砂、仿生水草等防冲刷保护方式。

第5章 海上风电机组一体化设计

目前风电机组支撑系统设计基本上还是采用塔架、基础分开设计的模式，两者之间的优化调整是通过荷载交换单向完成。随着数值仿真技术的进步，海上风电机组一体化设计越来越受到重视。

本章主要介绍海上风电机组一体化设计的概念、基本思路以及设计实施方法。

5.1 海上风电机组一体化设计概述

海上风电机组与基础一体化设计是对“风电机组—塔筒—基础”整体结构及外部环境参数进行全面耦合的数值建模，侧重在风电机组支撑结构的设计之间有更好的衔接。采用一体化设计方法也可以更准确合理地调节整机的特性，使风电机组整体的设计更合理，利于降低成本和提升设计质量。

5.1.1 一体化设计的发展及意义

风电机组公司一体化设计已经在国内外的海上风电场设计中逐步开展。2014年，DNV GL集团公司的FORCE项目（For Reduced Cost of Energy）研究表明，如果联合应用四项可市场化实现的技术，海上风力发电成本将有望降低10%。FORCE项目将“一体化”设计理念应用到风机及其支撑结构，评估了大型海上风机及其支撑结构的一体化设计方法能够降低单位电量成本的程度，预计未来10年内可实现超过10亿欧元净现值的成本节省。此外，丹麦DONG能源一直践行海上风电机组一体化设计理念，通过对风、浪、土壤等外部条件以及“风电机组—塔筒—基础”结构的一体化建模，并在高度自动化和标准化的设计流程支持下，实现了支撑结构成本下降。

国内中国长江三峡集团有限公司也开展了风电机组基础一体化的相关研究，具体表现在以连片开发战略稀释技术创新、专业装备所产生的费用，通过大直径单桩试桩及极限状态测试，为支撑结构设计提供精确的数据，尤其在项目前期引入海上风电机组基础一体化设计，以期最大限度地降低成本。这与海上风电欧洲先行者在战略方向及技术应用上不谋而合。

一体化设计以降低风电场度电成本为目标，基于风资源、海洋水文以及地勘资

料，同时考虑气动荷载、水动力荷载、土壤、冲刷、风浪联合、冰载、地震荷载、风电机组控制策略等因素的动态响应，以频率、强度、寿命、不均匀沉降、可加工性及可施工性等为边界条件，进行风电机组、塔筒及基础的多次迭代的同步优化设计，风电机组一体化设计分析如图 5.1 所示。

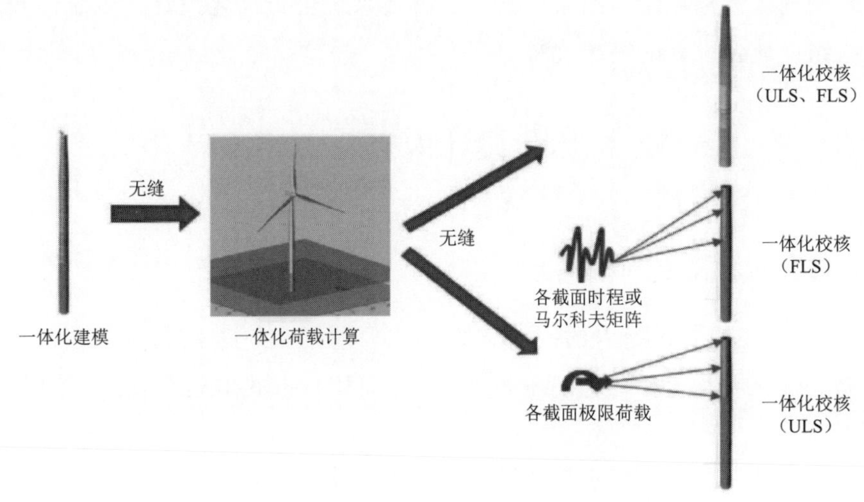

图 5.1　风电机组一体化设计分析示意图

5.1.2　一体化设计与传统设计的差异与优势

当前海上风电机组、塔架和下部结构及地基基础的设计分别由两个不同的设计方承担。风电机组结构动力体系的完整性在分离式设计中被割裂为上下两个独立结构，仅仅通过塔架底部荷载进行传递，导致地基基础设计中无法实现环境荷载的真实组合或耦合，这是分离式设计方法在力学机理上的缺陷。同时，由于两个设计主体之间不同的利益诉求和设计控制标准，分离式设计难以从风电机组整体系统最优的角度进行设计优化。

为了应对这种荷载的不确定性和风险，传统工程设计中往往采用加大安全储备的方法进行。目前采取的设计方法是将塔架底部的极限荷载定常值直接与下部的风和波浪等荷载进行叠加，在很大程度上高估了结构的极值响应；而对疲劳分析采用塔架底部疲劳荷载损伤和下部波浪疲劳损伤简单叠加的方法，与损伤和应力幅的非线性关系不符，从而导致很大的不确定性。此外，不同标准之间荷载分项系数的取值差异很大，对应用也带来了影响。

一体化设计的优势，是相对于目前国内海上风电机组结构设计普遍采用的分离迭代法的不足而言的。一体化设计采用整体统一的模型进行分析，可以有效解决分离式设计极值响应偏大和疲劳损伤不确定的问题，为支撑结构和地基基础的合理设计及优化设计提供了正确的方法。

而基于一体化设计的优化可以将"风电机组—塔筒—基础"整体作为全局优化对象，以系统总成本或全生命周期度电成本最低作为目标，将风电机组、塔筒和基础的主要设计参数作为设计变量，将荷载、位移、变形、频率、应力等主要参数作为状态变量，以相关的设计标准作为约束函数，对整体系统进行优化设计。系统全局优化是海上风电机组一体化设计的突出优势。

5.2　一体化设计内容及主要流程

5.2.1　一体化设计主要内容

由DNV GL集团公司提出的一体化设计主要包括如下方面内容：整体设计、增强控制策略、优化叶片等，通过行业联合项目（JIP）方式的运作模式，有望实现降低10%的成本。

（1）整体设计。建立从桩头到叶尖的整体系统进行全面耦合的数值模型，侧重于风电机组和基础的支撑之间有更好的衔接，包括同时作用的风浪荷载、风切变对风电机组导管架架构型式不稳定情况的影响分析、阻尼效应分析等，同时也能对其他三项内容所降低的成本进行确定和量化。

（2）增强控制策略。改善的控制系统包括用于降低支撑结构扭转疲劳荷载的独自变桨控制，更加轻型、便宜的导管架，以及可减小推力、降低支撑结构成本的机舱激光雷达等。

（3）优化叶片。在不考虑叠加影响的情况下，通过改变叶片的外形使能量输出最大化并降低荷载，降低传动链额定扭矩，减少质量及成本。

5.2.2　一体化设计主要流程

海上风电机组一体化设计平台的搭建需要设计院和风电机组厂家紧密配合。由风电机组厂家完成叶片、机舱及其传动控制系统、风电机组塔筒部分的建模工作，由相关设计院完成海洋水文资料的整理、风电机组支撑结构和基础部分建模，并提供地基等效刚度矩阵、基础 $p-y$ 曲线等参数。随后对"风电机组—塔筒—基础"整体模型进行计算，得到各工况下风电机组极限荷载。随后将风电机组荷载导入结构分析软件中对"塔筒—支撑结构—基础"整体结构进行结构分析，得到节点校核、强度及变形校核、疲劳分析、地震分析等计算结果。从而实现对海上风电机组塔筒和支撑结构的优化设计目的。一体化设计主要流程如图5.2所示。

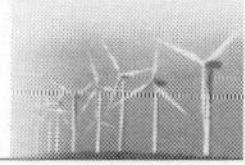

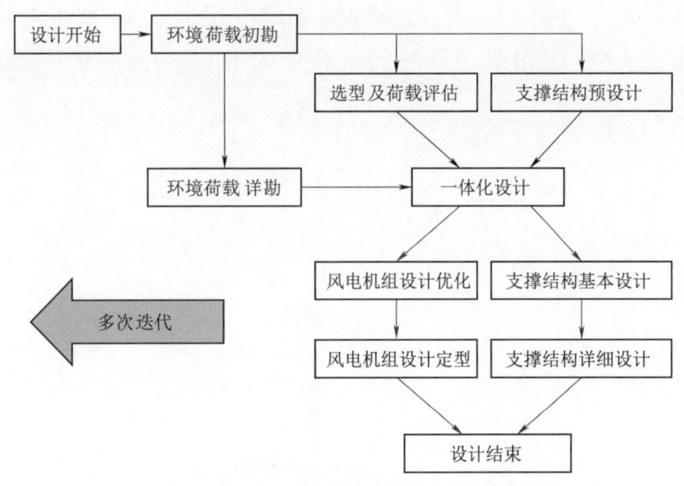

图 5.2　风电机组一体化设计主要流程

5.3　一体化设计方法与软件平台模式简介

基于上述一体化设计思路，提出以下 3 种一体化设计方法与模式。由于目前还没有完全集成的一体化优化设计平台，需要通过不同软件的组合完成一体化设计。3 种方法涉及的软件包括：Bentley 公司的 SACS，DNV GL 集团公司开发的 Bladed 和 SESAM，美国的 ANSYS 以及 NREL（美国可再生能源实验室）的 FAST 等。

5.3.1　Bladed 结合 SACS/SESAM 全耦合分析模式

首先，在 Bladed 中建立风电机组基础模型［图 5.3（a）］，该模型与 SACS 中基础模型一致［图 5.3（b）］；然后在 Bladed 中建立风电机组与塔筒模型，与风电机组基础构成一体化计算模型（图 5.4）；随后输入风、浪、流环境荷载以及土壤 $p-y$ 曲

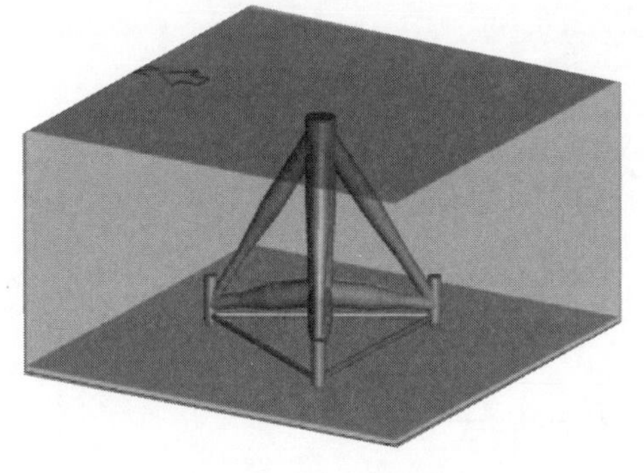

（a）Bladed中风电机组基础模型

（b）SACS中风电机组基础模型

图 5.3　风电机组基础模型

线（图 5.5 和图 5.6）；计算出一体化模型整体的风电机组荷载和下部结构受力（图 5.9 和图 5.10）；最后将 Bladed 中计算的荷载导入 SACS 中进行下部结构节点校核和疲劳校核，如图 5.11 所示。

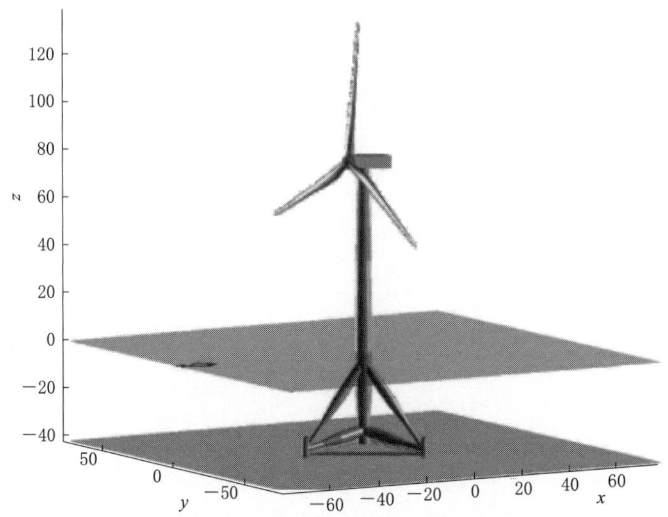

图 5.4　Bladed 中“风电机组—塔架—基础”一体化计算模型（单位：m）

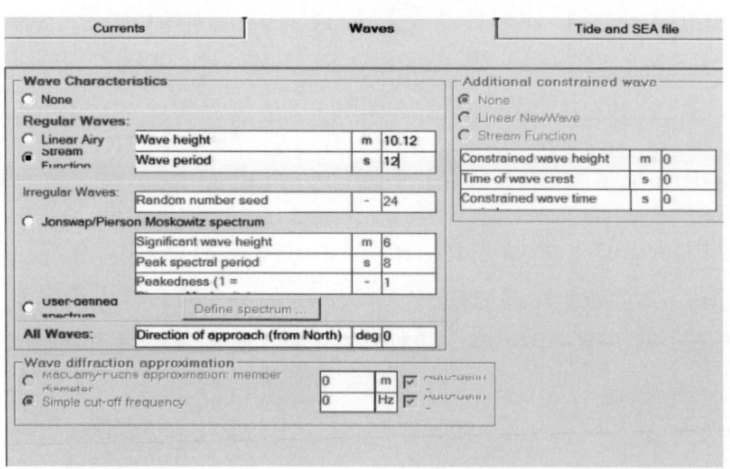

图 5.5　Bladed 中风、浪、流环境荷载

全耦合设计方法直接在 Bladed 中输入所有参数信息，Bladed 输入土壤参数，$p-y$ 曲线采用等效点弹簧单元代替，如图 5.7 所示。Bladed 叶片振型如图 5.8 所示。

5.3.2　Bladed 结合 SACS / SESAM 半耦合分析模式

首先在 SESAM 软件的固定式海工结构分析模块 GeniE 中，建立桩土—风电机组基础—塔筒整体模型，叶片和主机以质量点的形式添加在整体模型内，如图 5.12 所

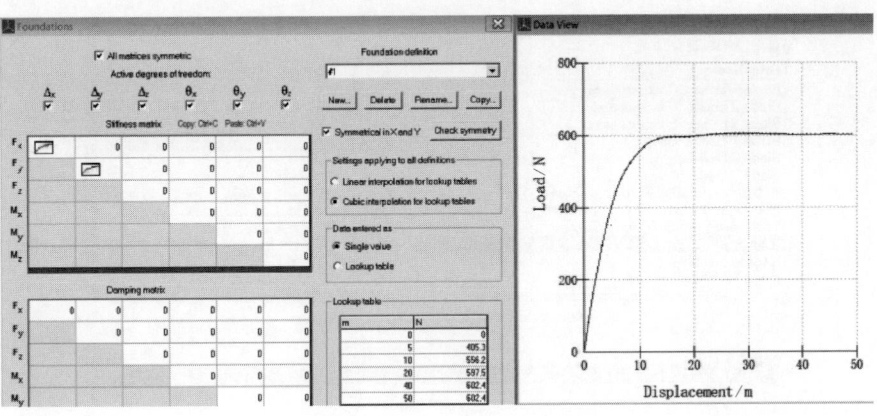

图 5.6　Bladed 土壤参数 $p-y$ 曲线

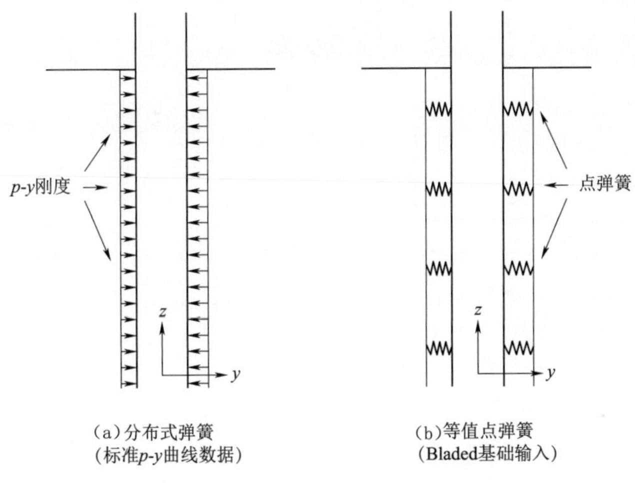

(a)分布式弹簧
(标准p-y曲线数据)

(b)等值点弹簧
(Bladed基础输入)

图 5.7　Bladed 中 $p-y$ 曲线定义

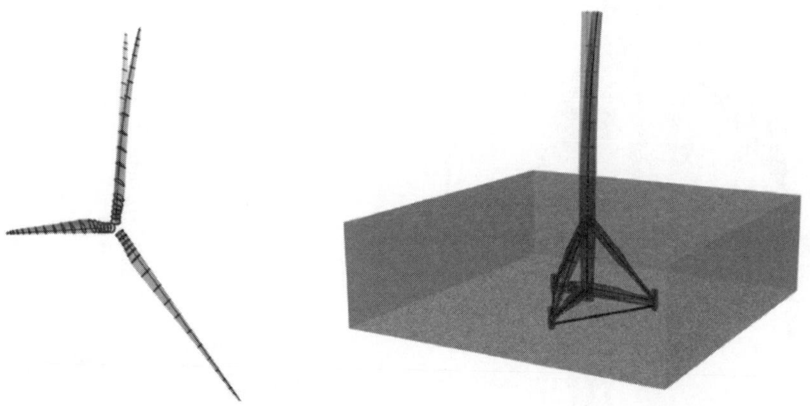

图 5.8　Bladed 叶片振型

图 5.9　Bladed 基础塔筒振型

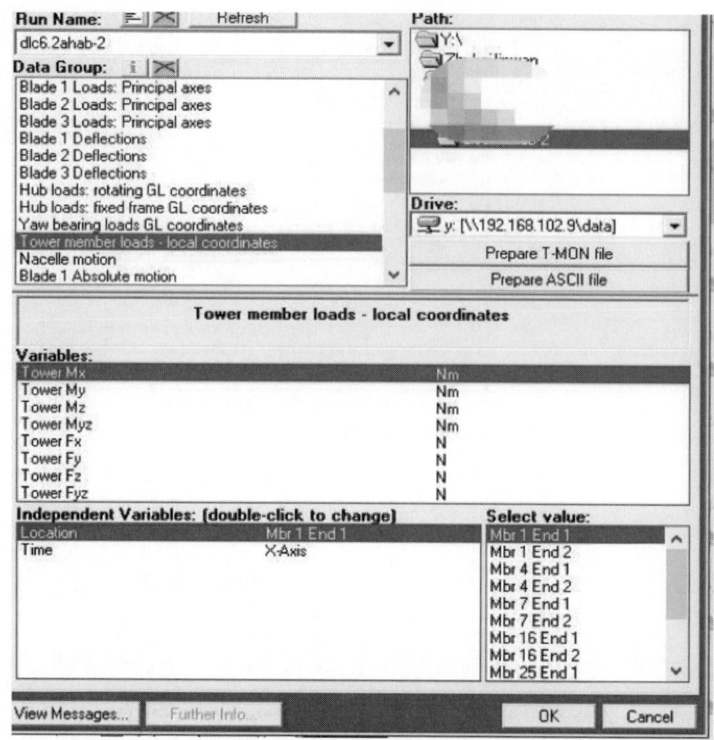

图 5.10　Bladed 弯矩剪力结果输出

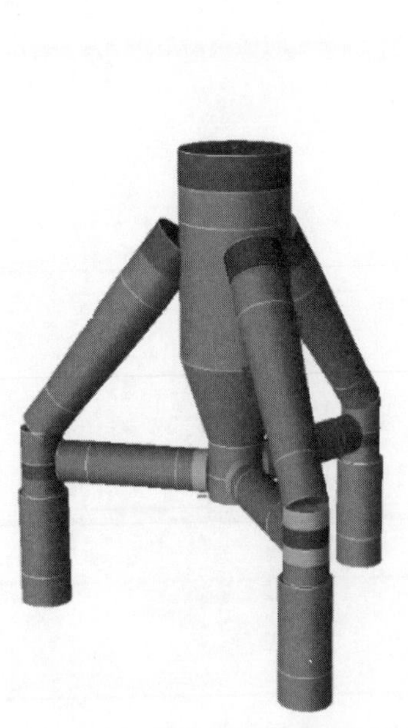

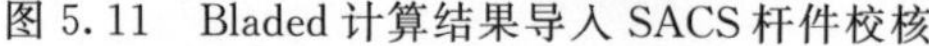

图 5.11　Bladed 计算结果导入 SACS 杆件校核

图 5.12　SESAM 软件中风电机组整体模型

示；然后在 GeniE 中完成浪、流作用下风机基础桩基线性化计算，提取泥面等效刚度矩阵导入 Bladed，如图 5.13 所示；在 Bladed 中建立“风电机组—塔架—基础”结构整体模型，并输入风、浪、流荷载，如图 5.14 所示；随后计算整体的风机荷载和下部结构受力，如图 5.15 所示；最后将半耦合状态下的一体化荷载输入到 SESAM 中完成基础结构的校核计算，如图 5.16 所示。

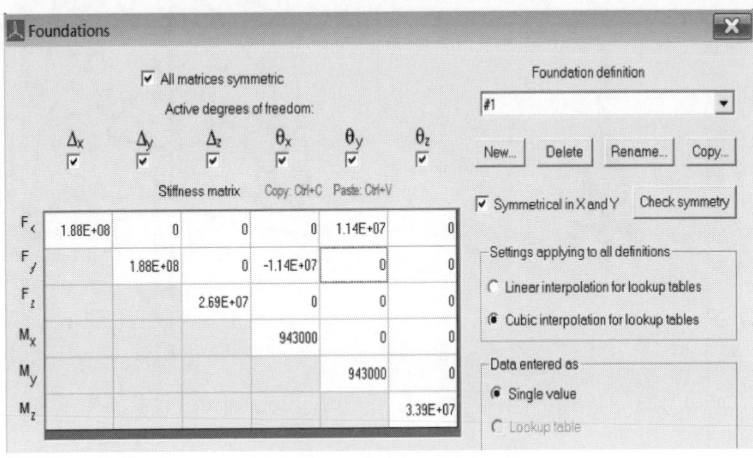

图 5.13　Bladed 泥面等效刚度矩阵导入

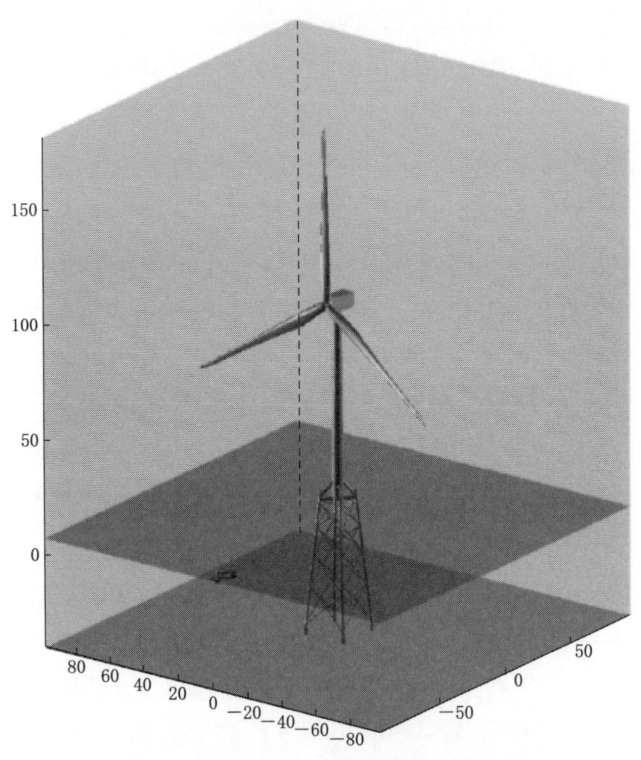

图 5.14　Bladed 风电机组—基础整体分析模型（单位：m）

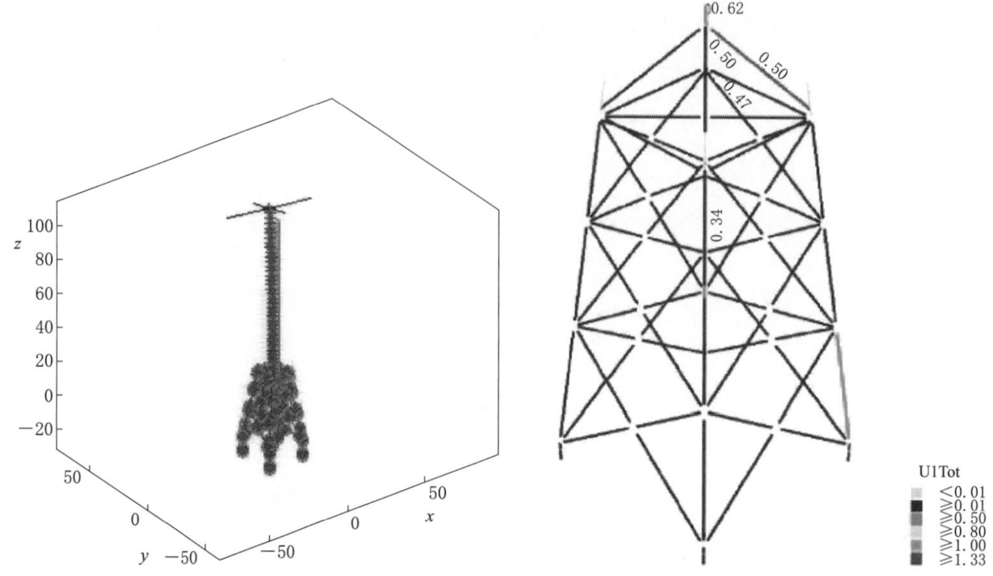

图 5.15　Bladed 导管架基础—塔筒计算结果　　图 5.16　Bladed 计算结果导入 GeniE 杆件校核

基于“Bladed 结合 SACS / SESAM”的迭代设计方法中，基础部分校核软件 SACS 和 SESAM 计算原理相同，并且两个软件均已实现模型和计算结果的相互导入功能，两个软件除了一些个性化接口功能略有不同，本质上没有太大区别。

半耦合分析方法用泥面刚度矩阵代替了土壤参数，其余设计内容与全耦合分析方法一致。

新版本的 SESAM 与 Bladed 之间实现了超单元交互迭代的设计方法。首先使用 SESAM 软件中 GeniE 模块建立风电机组基础模型，设置土壤参数和浪流环境荷载并进行工况组合。然后将风机下部基础模型和土壤信息的质量矩阵 [M] 和刚度矩阵 [K] 储存为超单元文件，如图 5.17 (a) 中 superelement_description 文件；浪流荷载以外力矩阵 [F] 的形式存储为超单元文件，如图 5.17 (b)。随后将上述两个超单元文件导入 Bladed 中，这样整个下部风机基础、桩土以及浪流荷载信息就均导入 Bladed 中，Bladed 中计算模型只包括超单元计算点以上的塔筒和风机部分。接着在 Bladed 中计算上部风机和超单元形式下结构的一体化荷载，该荷载包含风浪流环境荷载和土壤的影响，如图 5.18 所示。最后将 Bladed 中的荷载导入 SESAM 软件 GeniE 中进行风机基础结构强度和变形计算，如图 5.19 所示。

(a) 基础超单元文件信息　(b) 浪流荷载超单元文件信息

图 5.17　超单元文件信息

整个 Bladed+SESAM 超单元全耦合分析方法流程如图 5.20 所示。超单元方法最大的优点在于计算模型的简便，风电机组

（a）Bladed超单元替代形式　　（b）Bladed超单元一体化分析模型

图 5.18　Bladed 超单元形式下一体化荷载计算

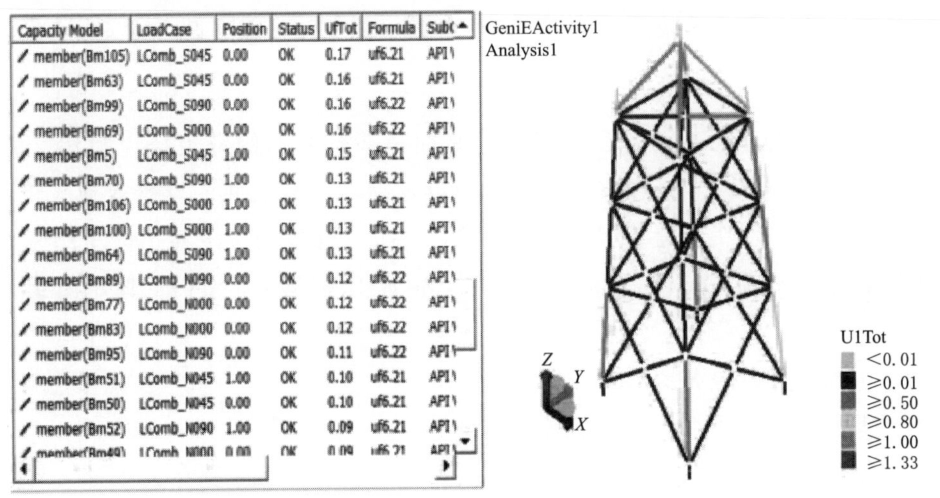

Capacity Model	LoadCase	Position	Status	UfTot	Formula	Sub(
member(Bm105)	LComb_S045	0.00	OK	0.17	uf6.21	API
member(Bm63)	LComb_S045	0.00	OK	0.16	uf6.21	API
member(Bm99)	LComb_S090	0.00	OK	0.16	uf6.22	API
member(Bm69)	LComb_S000	0.00	OK	0.16	uf6.22	API
member(Bm5)	LComb_S045	1.00	OK	0.15	uf6.21	API
member(Bm70)	LComb_S090	1.00	OK	0.13	uf6.21	API
member(Bm106)	LComb_S000	1.00	OK	0.13	uf6.21	API
member(Bm100)	LComb_S000	1.00	OK	0.13	uf6.21	API
member(Bm64)	LComb_S090	1.00	OK	0.13	uf6.21	API
member(Bm89)	LComb_N090	0.00	OK	0.12	uf6.22	API
member(Bm77)	LComb_N000	0.00	OK	0.12	uf6.22	API
member(Bm83)	LComb_N000	0.00	OK	0.12	uf6.22	API
member(Bm95)	LComb_N090	0.00	OK	0.11	uf6.22	API
member(Bm51)	LComb_N045	1.00	OK	0.10	uf6.21	API
member(Bm50)	LComb_N045	0.00	OK	0.10	uf6.21	API
member(Bm52)	LComb_N090	1.00	OK	0.09	uf6.21	API
member(Bm49)	LComb_N000	0.00	OK	0.09	uf6.21	API

图 5.19　GeniE 杆件校核

厂商不需要在 Bladed 进行基础建模与模型等效，同时也方便设计院给风电机组厂商传递资料，加快了风电机组厂商与设计院之间的交互速度。此外设计院无需提供风电机组基础图纸给厂商建模，也在一定程度上对数据进行了保密。

5.3.3　FAST 结合 SACS 全耦合分析模式

FAST 能够进行海上风电机组全耦合响应分析，SACS 可以实现不同设计工况下海上风电机组基础结构按照标准进行强度、变形和承载力校核。使用 FAST-SACS 联合分析接口，可以实现不同环境条件下基于全耦合模型的固定式海上风电机组基础结

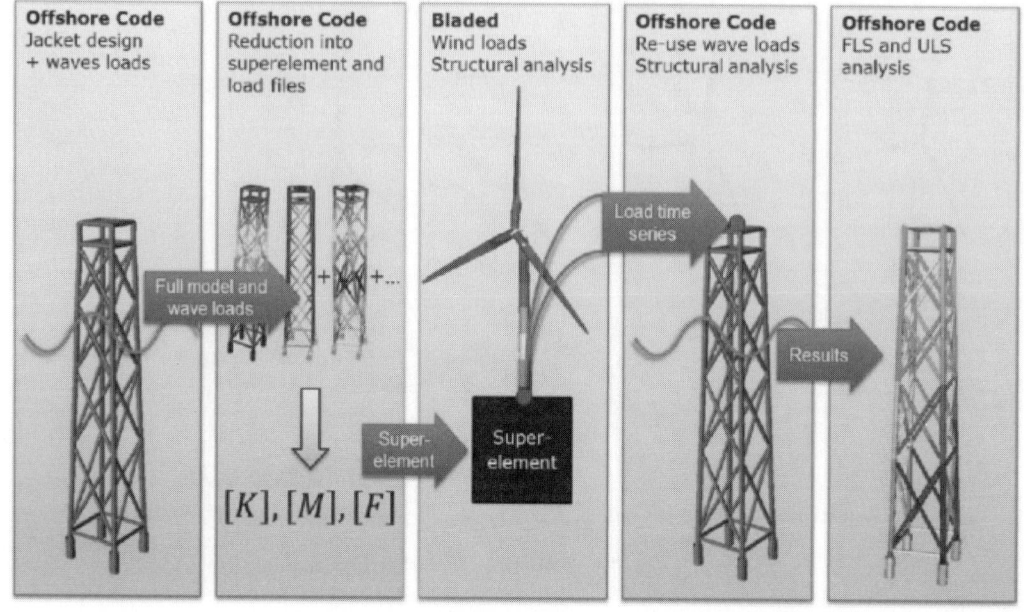

图 5.20　Bladed+SESAM 全耦合一体化计算分析流程

构校核。

基于 FAST 建立叶片—轮毂—机舱—塔筒—基础结构的海上风电机组全耦合模型，充分考虑环境荷载、风电机组运行荷载以及结构反应之间的耦合效应。将 FAST 算出的塔筒顶部风电机组荷载作为设计荷载，充分考虑塔筒柔度对风电机组基础结构的影响，调用 FAST - SACS 联合分析接口，生成 SACS 计算所需的风电机组荷载时程文件，进行动力时程响应分析，随后在 SACS 中建立塔筒和风电机组基础模型，进行基础结构的强度校核和变形验算。

基于 FAST 的全耦合模型计算流程如下：

(1) 创建海上风电机组整体机构输入模型文件，FAST 主程序读入该文件，并对模型有效性进行检查。

(2) 气弹性分析模块和水动力分析模块分别读入风速的时程文件与海况文件，由此确定初始条件和边界条件。基于模型文件分别开展气弹性计算和水动力计算，得到初始 t_0时刻的气动荷载和水动力荷载。

(3) 根据上一步 t_0时刻的环境荷载，结构动力分析模块和基础结构模块进行整体结构动力响应计算；同时控制策略依据风电机组运行状况确定是否需要启动控制策略。从而得到下一时刻 t_1的整体结构动力响应值，如位移、速度、加速度、内力等。

(4) 基于上一步 t_1时刻整体结构动力响应值，气弹性模块和水动力模块分别计算 t_1时刻的各叶片叶素的相对风速和水下结构各水质点的相对速度，及其分别产生的气

动荷载和水动力荷载。

(5) 基于 t_1时刻的气动荷载和水动力荷载，结构分析模块和基础分析模块分别计算 t_2时刻的整体结构动力响应，同时控制策略依据风电机组运行状况确定是否需要启动控制策略；从而得到 t_2时刻的整体结构动力响应值。

(6) 重复上面第 (4) 和第 (5) 步的计算过程，直到完成所有时间步的气动荷载、水动力荷载和整体结构动力响应计算。

全耦合模型分析流程如图 5.21 所示。

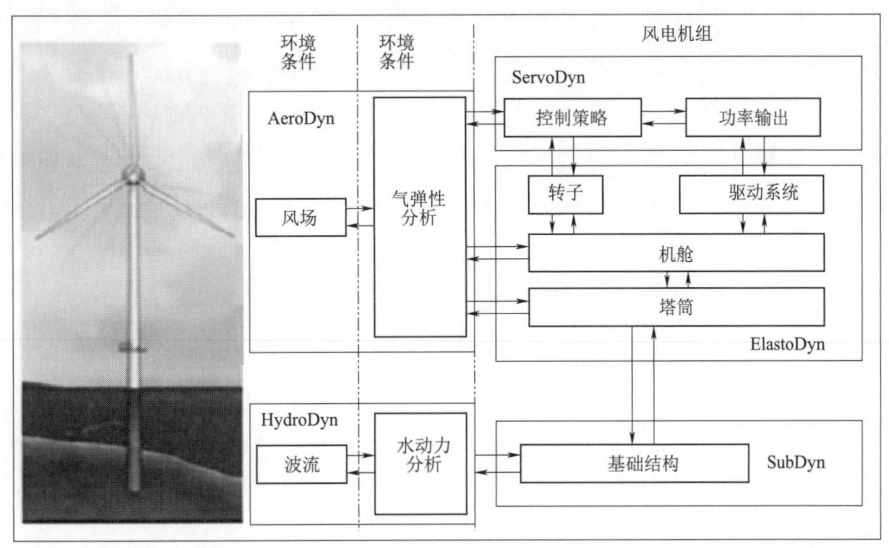

图 5.21 全耦合模型分析计算流程

上述基于 t_n 时刻的气动荷载和水动力荷载计算 t_{n+1}时刻整体结构动力响应，而后根据 t_{n+1}时刻的结构动力响应计算 t_{n+1}时刻的气动荷载和水动力荷载的过程，其实是一个考虑空气—结构和海水—结构相互作用的流固耦合计算过程。该过程考虑了基础动力响应对风电机组整体荷载的影响。

全耦合分析方法需要风电机组厂家提供详细的风电机组塔筒、机舱、叶片参数及风电机组控制策略等资料，这涉及风电机组厂家的核心技术。该全耦合方法需要 FAST 与 SACS 之间交互计算结果，需要编写 FAST - SACS 联合分析接口程序实现。

FAST 虽然功能强大，但其输入与输出复杂，需要各种各样专业软件的支持，它的输入有些来自其他软件的输出结果，其计算结果输出也不直观，而且其界面是用命令输入符的形式输入的，操作不方便。因此就需要对这个软件进行二次开发，将其输入与输出软件与 FAST 软件综合起来。由于上述种种原因，基于 FAST＋SACS 的全耦合分析在国内工程设计领域的应用并不广泛。

第6章　风电机组基础施工

随着风电机组单机容量的增加，基础的工程规模与施工难度也不断增加，再加上自然条件下的各种不确定性因素，对基础施工工艺、施工设备与过程管控等提出了更高的要求，研究新技术、新工艺，确保风电机组基础施工安全势在必行。

本章主要介绍陆上、海上不同基础的施工技术及相关进展，包括陆上风电机组扩展基础、梁板式基础、梁板式预应力锚栓基础和桩基础，以及海上风电机组浅水与深海基础的施工工艺流程。

6.1　陆上风电机组基础施工

陆上风电机组基础工程涉及运输方案和基础施工方案，根据陆上施工区域施工条件以及已有陆上风电机组工程施工经验，对扩展基础、梁板式基础和桩基础等几种典型陆上风电机组基础施工技术进行介绍。

6.1.1　扩展基础施工

6.1.1.1　基础结构

扩展基础通常由台柱和底板组成，底板向侧边扩展成一定底面积，将上部结构传来的荷载作用在底板，底板上的压应力等于或小于地基土的允许承载力，而基础内部的应力应同时满足材料本身的强度要求，这种起到压力扩散作用的基础称为扩展基础，扩展基础又称为板筏基础。

目前已建成风电机组扩展基础形式有正方形扩展基础、正八边形扩展基础、圆形扩展基础等三种形式。圆形扩展基础相对于前两种基础形式来说具有各方向抵抗矩相等的特点，完全符合风电机组基础承受360°方向重复荷载的要求，受力合理，结构型式较为简单，因此在风电机组基础形式的选择中应优先选用圆形扩展基础。圆形扩展基础施工如图6.1所示。正方形扩展基础和正八边形扩展基础施工与圆形扩展基础类似。

6.1.1.2　基础适用范围和特点

扩展基础适用于地形条件稳定，浅表地层均匀、承载力较高，非液化土层、软弱下卧层埋深较厚的土基和地质条件简单（岩层层面较平、结构面不发育、力学性质稳定）的岩基。一般而言，当风电机组基础坐落于地基承载力特征值大于160～180kPa、压缩模量大于10MPa的砂土或全（强）风化岩土上，且地下水位较低时，则可考虑采用扩展基础。

图 6.1 圆形扩展基础施工示意图

扩展基础的结构型式较为简单，从下到上依次为：地基处理及换填层、素混凝土垫层、钢筋混凝土承台、风电机组基础环及其他附属设备。

扩展基础的特点如下：

（1）扩展基础的工程造价一般比桩基础要低。

（2）扩展基础对地基要求较高，适用于地质条件稳定，地下水埋深较深的地区。

（3）扩展基础结构简单、施工工艺流程少，易形成流水线施工和选择施工单位。

（4）扩展基础承台混凝土工程量大，温控要求高，尤其是承台，需一次性浇筑成型，不允许间断，对施工单位管理水平要求较高。

6.1.1.3　扩展基础施工流程

扩展基础施工流程如图 6.2 所示。

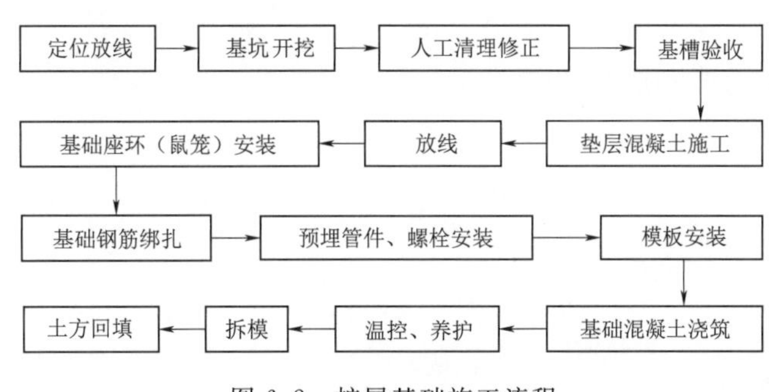

图 6.2 扩展基础施工流程

1. 基坑开挖

应先测量机位原始地貌高程并与地勘、设计（含业主）交底机位高程。基础应坐落在持力层上，基础周围预留不少于5m宽的原土基础保护层，并以此作为设计高程的确定原则。

基坑开挖前，首先采用全站仪测量定出基础中线，并在开挖线外做4个引桩（两条垂直线上），然后放出基础尺寸轮廓线，用来确认基坑边线。根据设计要求，定出开挖坡口线、坡脚线。

基坑开挖采用挖掘机开挖、人工修坡、清基，从上到下分层进行。机械开挖至垫层底高程以上200～300mm，然后以人工修理基坑边坡，开挖垫层底高程以上的剩余土方，并清理基面，以免扰动地基。接近设计标高时，应注意严格控制开挖高程，边挖边检查基坑高程和宽度，不得超挖，严禁扰动基面，不够开挖高程和平面尺寸应及时修整。开挖的土石方必须按照指定的地点和相关要求进行堆放。在距基坑边沿0.5m处修一个500mm高挡水堰，防止雨天地面水流入基坑内。

基坑开挖至设计高程、完成基面清理，施工单位自检合格后，书面通知监理单位，由总监理工程师（建设单位专业负责人）组织施工项目经理和有关勘察、设计单位项目负责人进行验收。验收合格并签证验收记录后进行下道工序。

基坑开挖过程中应注意土质的变化情况，若遇到与地质勘查报告（或施工图纸）明显不同的土质、地下水情况、空穴、古墓、古井、防空掩体及地下埋设物，应及时联系勘察、设计单位。由勘察、设计单位、建设单位（或业主单位）、监理单位研究处理方案，方案确定后按批准的设计变更文件继续进行施工，并按验收程序重新进行验收。

2. 垫层混凝土施工

基坑开挖完，应做好地基验槽和隐蔽记录，清理干净基坑松土及杂物。垫层模板采用标准钢模板，直径10mm以上钢筋紧靠模板竖向嵌入地基夹住模板，实现稳固模板为宜。

垫层混凝土施工采用拌和站集中搅拌，混凝土罐车运输到坑位入仓（图6.3），平板振捣器振捣，一次成型，不留置施工缝。若垫层混凝土设计为C10，采用泵送入仓，应提高等级至能够实现顺利泵送。

垫层浇筑时应注意按座环或鼠笼安装图，在地脚螺栓底法兰处安装地脚螺栓支撑架的埋件，中心尺寸偏差不大于5mm，平整度不大于2mm。垫层浇筑时应按钢筋安装尺寸及架立需求，埋设架立短钢筋。

图6.3 混凝土罐车运输浇筑图

3. 基础座环（鼠笼）安装

（1）基础座环（鼠笼）安装是风机基础施工的关键控制环节，是保证风机安装质量和安全运行的重要控制工序，因此在施工中必须高度重视，精心施工、严格管理、逐级检验、逐级把关，确保座环（鼠笼）安装质量。基础座环安装如图6.4所示。

（2）基础座环、鼠笼施工顺序：

图 6.4 基础座环安装图

1）基础座环施工顺序：设备到货检验，复测上下法兰尺寸、厚度及附件长度、数量→座环定位放线→钢支墩与埋板安装→座环吊装就位→座环找正、调平→座环精调→钢筋安装验收后座环复验。

2）鼠笼施工顺序：设备到货检验，复测上下法兰尺寸、厚度及地脚螺栓附件长度、数量→座环、螺栓定位放线→螺栓地脚螺母与埋板安装→座环吊装就位、找正、调平、精调、临时加固→螺栓定位法兰模具的定位、调平、安装→穿螺栓、调整上下控制尺寸、测量垂直度、安装螺栓套管→座环复验、加固牢固。

（3）基础座环及地脚螺栓安装应根据设备厂家提供的安装图进行安装，安装应编制座环及地脚螺栓安装作业指导书，严格审批和作业前技术交底工作，座环及地脚螺栓安装检验采取四级检验，即作业班组安装完后自检（一检）→专业队技术负责人、质量检验人员复查（二检）→项目技术负责人、项目质量检验人员复验（三检）→监理单位、建设单位终检（四检），必要时可邀请设计单位和设备供应单位有关人员一同检验。

（4）基础座环安装细节流程。具体施工顺序如下：

1）在垫层上弹出基础中心线、边线、基础座环位置的控制墨线，核对无误后方可进行地脚螺栓附件的安装工作。

2）钢支墩安装：按设计控制尺寸将制作好的钢支墩进行吊正、找平、点焊、复核，无误后进行钢支墩与基础预埋板的焊制。

3）复核基础座环地脚螺栓安装的几何尺寸并分别标识好方位，与钢支墩上方位一一对应。

4）根据座环几何尺寸偏差和钢支墩安装累计误差调整地脚螺栓安装尺寸。

5）用 50t 汽车吊将座环轻轻吊起，安装调整地脚螺栓。基础座环吊装采用三点起吊，先试吊，离地面高度 200mm 左右，各项性能合格后再正式起吊。基础座环起吊至 1.5m 高度，待基础座环在空中稳定后，将事先连接好的基础环支座迅速与基础座环进行可靠连接。吊车缓慢起吊，棕绳牵引，吊至规定部位，撬棍两侧校正，轴线位置合格后做最后固定。

6）将基础座环吊装到钢支墩上，调整地脚螺栓、钢支墩定位控制轴线，无误后调整地脚螺栓和钢支墩并进行焊接。

7）对地脚螺栓进行微调，最终达到满足设计要求的座环平整度（用直角钢板尺、水准仪施测）。

8）对座环安装进行质量验收，合格后方可进行下道工序施工。

由于地脚螺栓上法兰安装平面度要求较高，垫层浇筑时应按座环安装图，在地脚螺栓底法兰处安装埋件，以保证地脚螺栓放置在支撑架上，在安装过程中对地脚螺栓的平整度进行微调，以便实现地脚螺栓标高的准确控制。

（5）鼠笼安装（图6.5）细节流程。具体施工顺序如下：

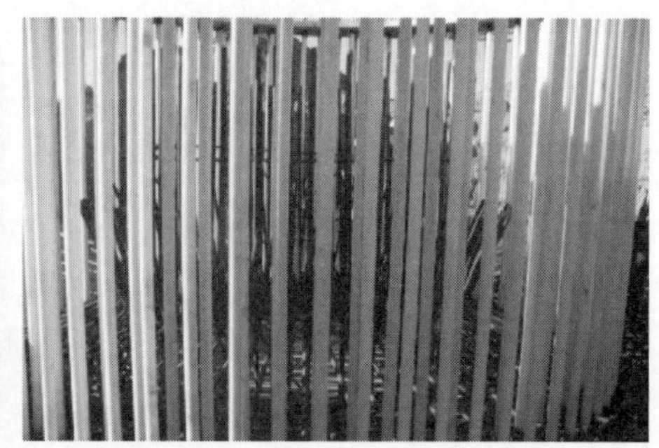

图6.5 鼠笼安装图

1）定位在垫层上弹出基础中心线、边线、基础环位置的控制墨线，核对无误后方可进行地脚螺栓附件的安装工作。

2）底法兰片安装：现场将两半底法兰片进行对接，按设计控制尺寸将调整地脚螺栓安装在底法兰片上，将底法兰片与基础垫层埋件进行找正，复核无误后方可进行调整地脚螺栓与基础预埋板的焊制，对调整地脚螺栓进行微调，确保底法兰片平整度不大于1mm（用直角钢板尺、水准仪施测）。

3）底法兰片验收合格后，搭设安装架子进行高强螺栓的安装。

4）现场将两半上法兰片进行对接，用50t汽车吊将上法兰片吊平，并将定位高强螺栓按控制尺寸安装到位。

5）鼠笼进行穿螺栓。

6）高强螺栓下部定位尺寸检查无误后，将高强螺栓与下法兰紧固牢固。

7）对上法兰进行微调，最终使鼠笼整体平整度满足设计要求。

8）对鼠笼安装进行质量验收，合格后方可进行下道工序施工。

4. 钢筋制作及安装

（1）钢筋运到现场后，分别按规格、型号分类堆放整齐，底部垫方木以防泥水污

染，并挂好标示牌，注明规格、型号、使用部位及试验状态，同时提前做好准备；下雨前用塑料纸将钢筋覆盖好，防止下雨造成钢筋锈蚀，若出现部分锈蚀现象，用钢丝刷将锈蚀面层锈片清理干净。钢筋制作前要索取所需规格钢筋的出厂合格证、抗拉强度及其他实验报告，并做好钢筋跟踪工作。

施工顺序：钢筋放样→放样结果确认→钢筋批量下料加工→座环定位放线→座环复验、加固牢固→底层第一层钢筋安装→底层第二层钢筋安装→顶层钢筋架立安装→顶层坡面、侧壁钢筋安装→基础承台钢筋安装→自检、报验→隐蔽验收。

(2) 钢筋集中加工制作中，下料应按施工图纸及施工验收规范要求进行翻样，提出钢筋配料单进行配料加工，下料单要通过技术负责人审核无误后试做，调整无误后，大量加工。对于特殊部位的钢筋，先进行放样，然后再计算下料长度、下料加工。钢筋断料时，应严格按图纸翻样表执行，并应合理利用材料，尽量减少废料口。

钢筋加工工序为：钢筋进场→取样、试验→钢筋放样→切断配料→弯曲成型→堆放（并挂牌标识）。钢筋下料单中应注明每一组钢筋的所在部位，便于现场工作人员根据实际绑扎情况下料。

(3) 严格掌握钢筋下料尺寸，精确计算钢筋下料长度，控制弯起角度，经复核无误后批量进行加工。钢筋加工半成品应分机分组挂牌，分类、分基码放，并堆放整齐，由专人管理并按要求领料，按预先确定的编号位置分批运输和安装，装卸时严禁抛投钢筋。钢筋使用平板车由加工场地运至安装作业点，装车时，分规格放稳，捆绑牢固。

(4) 基础座环安装、校验、加固牢固、逐级检验无误后，开始钢筋安装。直径20mm以上钢筋连接采用滚压直螺纹接头。直径20mm以下主筋安装全部采用搭接绑扎。钢筋加工好后，用平板车拉运到基坑入模绑扎。

(5) 钢筋安装（图6.6）细节流程：第一步，绑扎底板第一层钢筋，底层钢筋保护层用50mm厚混凝土垫块支撑；第二步，绑好底层钢筋后铺马凳钢筋，再铺设底板上层钢筋网，保证绑扎支撑牢固可靠；第三步，安装顶层钢筋架立筋；第四步，顶层

图6.6　钢筋安装图

坡面、侧壁钢筋安装；第五步，基础承台钢筋安装，同时将预埋件安装到位、加固牢固。钢筋网片用22绑扎丝双股逐点绑扎，绑扎率100%。为使钢筋网片有可靠的导电性，在上下层网片基础边不超过1m范围内必须进行可靠点焊。

（6）底板钢筋安装穿筋时，应注意钢筋严禁碰撞座环地脚螺栓、套管及座环加固位置，尤其是座环内的钢筋安装时必须严格控制并采取相应的措施，如环形钢筋按两半加工，座环地脚螺栓、套管采取包裹防护等。

（7）钢筋绑扎工作结束后，应对地脚螺栓进行复测，调整地脚螺栓的中心线、标高、平面度误差均满足设计和规范要求后，采取相应的加固措施，并焊牢调整螺栓点，确保基础环位置的准确。为保证上法兰平整度，法兰调平必须多方控制、重点检查、监理旁站，找平原始测量记录应三方对验。

（8）钢筋安装位置的容许偏差及检验方法见表6.1。

表6.1 钢筋安装位置的容许偏差及检验方法

位置		容许偏差/mm	检验方法
绑扎钢筋网	长、宽	±10	钢尺检查
	网眼尺寸	±20	钢尺连续三档，取最大值
绑扎钢筋骨架	长	±10	钢尺检查
	宽、高	±5	钢尺检查

5. 模板安装与拆除

安装模板前先用经纬仪投出基础的中心线，再根据中心线，定出基础的边线，用红油漆标好三角，以便于模板的安装和校正。用水准仪把水平标高根据实际要求，直接引测到模板安装位置。按模板配板图拼装模板，模板要错缝搭接，拼装尺寸须准确，安装完毕后用经纬仪或线锤校正。安装对拉螺栓，螺栓一定要平直，为保证牢固可靠，采用对拉螺栓加双螺母固定，模板拼缝要严密，接缝间贴双面胶带，胶带铆接牢固并刮腻子处理，以防漏浆。

使用的模板及其支撑系统必须具有足够的承载能力、刚度和稳定性，能可靠承受新浇筑混凝土的自重和侧压力。为保证混凝土表面光洁，模板在使用前应均匀涂刷模板油，不得漏刷，模板油不得污染钢筋。模板施工如图6.7所示，具体施工顺序如下：

（1）模板方案。基础工程垫层模板采用竹脚模板，基础、承台模板采用定型钢模板和钢木混合模板，圆径向弧带采用直径28mm螺纹钢筋加工成相应弧度控制，竖向用直径48mm钢管、方木进行紧固。

1）基础体型为多边形的基础模板采用方木竹胶模板。

2）基础体型为圆形的基础模板采用小钢模木支撑或定型钢模模板。

3）基础承台模板采用定型钢模模板。

图 6.7 模板施工图

（2）准备工作。计算各种规格模板周转使用数量，按照工程形象要求进行准备。施工前，根据模板安装方案和定型钢模尺寸，将需用的模板全部在加工棚配模加工，现场组装。根据施工图纸，结合工程结构型式和特点及现场施工条件对模板进行设计，确定模板平面布置，组装形式，连接节点大样。

在支设模板前，要求土建工长会同钢筋工长和专业工长对钢筋、管线、预埋铁件进行检查，保证尺寸、位置、标高、数量均正确时再进行模板的支设。

（3）模板支设。根据施工图纸弹出结构构件的尺寸墨线。承台模板采用悬空模板，安装前应先焊制悬空模板架立筋，然后再按模板安装方案进行承台悬空模板安装、加固。模板加固校正后，应支撑牢固，截面尺寸在验收规范的容许误差之内。模板校正加固好后，要求用水泥砂浆将基础底的模板下口填密实，防止漏浆。

（4）模板拆除。在混凝土强度能保证侧表面及棱角不因拆除模板而受损时方可拆除，冬季为保证混凝土质量和保温要求，钢模板应在 72h 后方可拆除。

6. 基础混凝土浇筑

基础混凝土浇筑施工图如图 6.8 所示，具体施工顺序如下：

（1）风电机组基础大体积混凝土施工配合比优化。为保证大体积风电机组钢筋混凝土基础的施工质量，有效控制大体积混凝土裂缝的发生，根据风电施工的作业环境、气候条件、混凝土运输运距长、不可预见突发事件和极端恶劣条件下大体积混凝土施工的要求，合理优化混凝土配合比，主要采取以下优化措施：

1）尽可能采用低热水泥，如矿渣硅酸盐水泥。

2）掺加粉煤灰，以降低混凝土自身水化热、改善混凝土和易性。如果采用普通硅酸盐水泥可增掺矿渣微粉。

3）使用高效减水的泵送剂，提高混凝土和易性，降低水灰比。针对具体情况也可掺加膨胀剂，增强混凝土抗裂性。

4）选用中粗砂。

（2）风电机组基础大体积混凝土浇筑施工。

1）风电机组基础混凝土采用混凝土搅拌站集中拌和，以混凝土罐车进行水平运输，混凝土泵车入仓，插入式振捣器振捣。整个基础一次连续浇筑完成，不留施工缝。

2）风电机组基础浇筑采取“由机坑座环中心开始，由里向外、以环状螺旋方式逐步扩大半径、分层、一次连续浇筑”的浇筑方法，如图 6.8 所示，原则上分层厚 300mm。应先将座环下部对称由里向外浇筑一层，将座环中心稳固结实后，再继续由里向外依次分层，连续将内侧混凝土浇筑到坡顶并逐步向外圆推进。应根据混凝土拌和、运输能力和气温情况及时调整混凝土浇筑范围，每层浇筑时间控制在 30min 左右。随着浇筑范围的逐步扩大，环进周长不断增大，工作面展开的增速应尽量缩小，以确保浇筑速度与混凝土供应到位的情况相适应，避免临空混凝土超过初凝期限，形成“冷缝”。

图 6.8　混凝土浇筑施工图

3）上承台混凝土浇筑，应在下部混凝土浇筑 30min 后进行，下部混凝土浇筑应超过基础颈部 20cm，上承台混凝土浇筑时振捣棒插入下部混凝土 15cm，然后分层浇筑到设计预留二期混凝土高程。

4）建立大体积混凝土测温制度，在同一径向上、中、下三个高程上各布置 3 处测温点，埋设测温线（电子测温仪专用），监测风电机组基础的表面温度、内部温度、底面温度。在混凝土浇筑和混凝土养护期间，应 24h 安排专职人员跟班进行测温记录。

5）基础斜坡面浇筑到顶后，应用坡度尺及预设控制点进行坡度修正，提浆后先压光一遍，初凝后实行二次压抹。

浇筑混凝土期间，现场配备钢筋工 1 名、木工 2 名、测量工 1 名及技术人员 1 名，及时解决浇筑中出现的相关问题，监视螺栓及埋管等情况。前台与后台各有 1 名负责人以对讲机（或移动电话）沟通、确保混凝土施工处于受控状态。

浇筑混凝土过程中，在搅拌站及现场设专人对坍落度进行检测、控制，并按规定留置混凝土试块。

建立交接班制度，落实责任，做好施工记录（如：交接时的分层分段状况、间隔时间、试块留置等），确保混凝土连续浇筑质量。

（3）风电机组基础大体积混凝土的养护。常温下，混凝土浇筑12h后表面覆盖一层塑料薄膜和两层棉被，并适时洒水养护，以防止出现干缩裂纹。暑期平均气温超过25℃，应根据温控计算采取养护措施，采取搭设凉棚降低骨料温度。冬季气温在－10～5℃时采用蓄热法，并掺加混凝土防冻剂；气温低于－10℃时采用暖棚法，并加热拌和水以控制混凝土出机温度。施工应符合DL/T 5144—2001的规定。

7. 质量检查及验收

（1）模板工程质量标准。模板及支撑结构必须具有足够的强度、刚度和稳定性，严禁产生不容许的变形；预埋件、预留孔（洞）应齐全、正确、牢固；模板接缝宽度不大于1.5mm；模板与混凝土接触面无黏浆，隔离剂涂刷均匀；模板内部清理干净，无杂物；预埋件制作安装应符合相关规定的要求；轴线位移不大于5mm；截面尺寸偏差±10mm；表面平整度不大于5mm。

（2）钢筋工程质量标准。钢筋品种和质量必须符合设计要求和有关现行标准的规定；钢筋接头必须符合设计要求和有关现行标准的规定；钢筋规格、数量和位置必须符合设计要求和有关现行标准的规定；钢筋应平直、洁净；调直钢筋表面不应有划伤、锤痕；钢筋的弯钩长度与角度应符合设计要求和有关现行标准规定；钢筋网骨架的绑扎不应有变形，缺扣、松扣数量不大于10％且不应集中；骨架和受力钢筋长度偏差±10mm，宽度和高度偏差±5mm，受力筋的间距偏差±10mm，受力筋的排距偏差±5mm；钢筋网片长度偏差±10mm，对角线偏差不大于10mm，网眼几何尺寸偏差±20mm；箍筋和副筋间距偏差±10mm，主筋保护层偏差±3mm。

（3）混凝土工程质量标准。混凝土组成材料的品种规格和质量必须符合设计要求和有关现行标准的规定；混凝土强度必须符合DL/T 5210.1—2021中的相关规定；结构裂缝必须符合设计要求和有关现行标准的规定；混凝土搅拌，施工缝留置处理和养护必须符合设计要求和有关现行标准的规定；混凝土配合比及组成材料的计量偏差必须符合DL/T 5210.1—2021中的相关规定；混凝土表面质量蜂窝面积一处不大于$400cm^2$，累计不大于$800cm^2$，不应有孔洞漏筋及缝隙夹渣层；轴线位移不大于15mm；截面尺寸偏差－5～＋8mm；表面平整度偏差不大于8mm；预埋件埋设符合DL/T 5210.1—2021中的相关规定。

（4）填方质量标准。基底处理必须符合设计要求及有关现行标准的规定；填方土料必须符合现行标准的规定及设计要求；干密度合格率不小于90％，不合格偏差不应大于$0.08g/cm^2$，且不应集中；顶面标高偏差±5mm；表面平整偏差不大于20mm。

6.1.2 梁板式基础施工

6.1.2.1 基础结构特点

梁板式基础主要由基础台柱、底板、肋梁和封边梁组成。肋梁间隔以素土回填，底面常为八边形或圆形。这种基础的上部荷载通过基础环传递给肋梁，再由肋梁传递给基础，主要依靠基础自重和回填土重量抗倾覆。由于减少了混凝土用量，相比传统扩展基础工程造价可降低30%左右，但钢筋、模板安装周期较长。图6.9、图6.10为梁板式基础平面图和现场施工图。

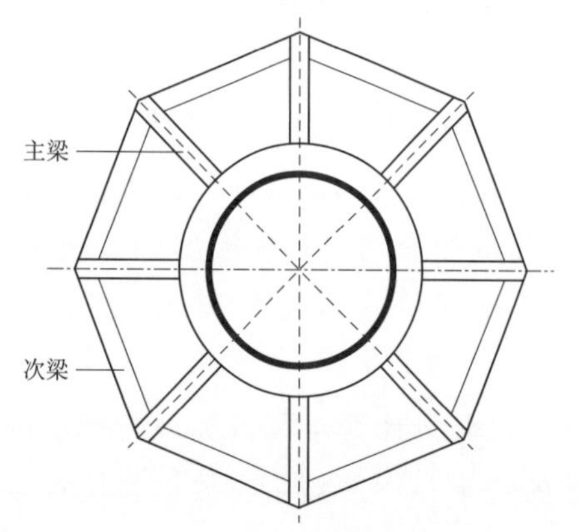

图6.9 梁板式基础平面图

图6.10 现场施工图

6.1.2.2 基础施工特点与流程

相对于扩展基础，梁板式基础偏“柔”，能够充分发挥主梁的抗弯特性，使地基压力分布更为合理，从而减小基地脱开面积。梁板式风电机组基础已在我国陆上风电场中广泛使用。这种基础型式的施工特点如下：

(1) 混凝土用量大大减少，有较好的经济性。

(2) 可改善大体积混凝土由于水化热产生温度应力对浇筑的不利影响。

(3) 梁板式风电机组基础土方开挖量较大、体型复杂，模板制作、安装周期较长，并且主梁内钢筋较密，混凝土浇筑、振捣困难，施工质量较难控制。

施工流程与扩展基础施工类似，以下为梁板式基础施工中的控制要点。

1. 基础环进场卸车

(1) 基础环卸车的原则是：有利于下步吊装，距基坑边坡距离1～2m，受现场作业干扰因素最小。

(2) 放置基础环的位置应平整密实，放置时保证法兰与底面密实接触，不得悬空。

(3) 基础环吊装时，钢丝绳拉点为基础环上对称螺栓孔，吊点为钢丝绳总长中

点，吊装过程中应保证基础环处于水平、垂直状态，加揽风绳或牵引绳人工保护并调整，保持吊装平稳均匀。

2. 基础环安装

(1) 定出风电机组基础中心线及埋件中心位置（主导风向转 90°为塔架门方向）。

(2) 垫层中三个预埋钢板按照统一编号 A、B、C（以塔架门方向为 A 顺时针排列，间隔 120°），上部部件对应以上编号，同时据此建立各项测量记录。

(3) 测量三个埋件的标高，计算高差备用。

(4) 根据三个埋件高差及基础环法兰面高程，调整三个支撑调节螺栓，使支撑调节杆上平处在同一个标高上，螺栓有效长度控制在 150～200mm。

(5) 基础环安装时应保证零位与塔架门一致。

(6) 基础垫层强度达到 75%以上才可以吊装基础环。

(7) 基础环吊起一定高度后，缓慢转动，使零位与塔架门方向一致，接着连接三个支撑件和三个调节螺栓，精确就位后，紧固支撑件与法兰连接螺栓，并达到规定的力矩值。

(8) 安装时至少配备两台满足 GB/T 10156—2009 相关条款要求、精密级以上的水准仪进行观测，读数要求精确到 0.01mm。检查顶面法兰至少 8 个点（有些设计要求为 6 个点，按至少 8 个点执行以保证准确度。以 A 点为 1 点，顺时针均匀排列)，最高与最低点高差按浇筑前不超过 1mm 进行控制，若超过则精确计算三个调节螺栓螺帽应转动的角度，通过千斤顶配合调节，并重置水准仪测量，经过反复测量和调节，使基础法兰水平度符合要求。

(9) 基础环调平经验收合格后，才可绑扎钢筋、穿线、封模，钢筋、模板支撑体系应与基础环固定架分开，以防浇筑时产生振动变形或移位。浇筑混凝土时应控制使混凝土均匀上升，避免对螺栓固定架产生侧压力，同时应对施工人员进行交底，使其谨慎操作，防止振捣过程触碰基础环。浇筑的整个过程应采用水准仪跟踪测量，保证混凝土浇筑后基础环水平度不超过 2mm。

3. 钢筋制作

钢筋加工制作应严格按照设计图纸进行下料，尤其梁板式基础中钢筋往往直径较大，下料应充分考虑钢筋定尺长度、搭接等因素。加工厂制作前应先进行除锈、调直等工作，将钢筋分类堆放好并做好标识，钢筋需严格按图纸、图集及规范要求加工制作。因肋梁底部钢筋贯通布置，因此在加工时需控制好钢筋弯折的角度，避免因角度不规则导致钢筋安装困难或间距不合格。

4. 钢筋安装

钢筋绑扎严格按图纸要求进行，保证钢筋规格、尺寸、数量、间距符合设计要求。垫层达到强度后，在垫层表面划线并铺放钢筋，应特别注意钢筋铺设顺序，避免后续穿筋困难。底部钢筋网片绑扎完毕后，将钢筋交叉处翘起放置预制混凝土垫块，间距为2m梅花形布置。绑扎中央的环形筋及立筋时按垫层上划的圆进行安装，注意钢筋绑扎位置准确，防止出现偏心及穿孔钢筋穿不进的现象。在基础肋梁钢筋的绑扎中，箍筋的开口方向应向下，并交错布置。钢筋接头同一水平截面至少错开500mm，机械连接接头应按规程规范要求分批次进行抽样复检。

5. 混凝土施工

(1) 道路要求。由于多数陆上风电场场址选择在山区或丘陵地带，在项目建设初期把好道路施工质量关，这不仅是机组大件运输的前提条件，也是保证混凝土连续浇筑，控制风机基础混凝土浇筑质量的重要条件之一。

一般要求道路路面宽度不小于5m（加一个压实肩），路面纵坡不超过14%，转弯路段应按要求进行超高加宽处理。路基、路面的压实度要严格控制，尤其是山区道路外侧路肩，必须压实，防止侧翻，控制好路面填料及道路排水施工质量，避免因车辆打滑造成事故。同时对罐车司机做好安全交底，行车时速限制在40km/h以内。

(2) 大体积混凝土施工。大体积混凝土根据试验室配合比，选用中、低热硅酸盐水泥或低热矿渣硅酸盐水泥，其3d水化热不宜大于240kJ/kg，7d水化热不宜大于270kJ/kg。

水泥进场时应对水泥品种、强度等级、包装、出厂日期等进行检查，并按要求对其强度、安定性、凝结时间、水化热等指标进行复检。

砂选用中砂，细度模数在2.3～3.0，含泥量不大于3%。粗骨料石子，选用5～40mm的连续级配石或者5～20mm、20～40mm的小石、中石，含泥量不大于1%，且选用非碱活性骨料。

混凝土到浇筑面坍落度110～160mm，根据天气及运输情况适当调整，由于肋梁顶面为斜面，因此在浇筑肋梁时混凝土的坍落度应适当调小。

混凝土浇筑的顺序是先浇筑底板，在混凝土未初凝但具备一定塑性时，浇筑上部混凝土，浇筑时由低向高，风机基础浇筑时应设溜槽。

混凝土温控要求是里表温差不大于25℃，表面与大气温差不大于20℃，浇筑前设置测温孔，浇筑后按每昼夜不少于4次进行温度监测并形成记录，当发现温差增长过快时应及时采取相应的覆盖保温、保湿等措施。

在浇筑过程中因特殊原因不得不中断浇筑时，应在混凝土尚能插入钢筋时迅速插筋，钢筋外露400mm，插入400mm、间距600mm的梅花形布置。钢筋用沾有丙酮的刷子清洗一遍，并将风机基础全面积凿毛，形成凹凸不小于6mm的粗糙面。若混凝土已经凝固无法插筋，则先对风电机组基础全面积凿毛，然后采用孔径为25mm的电动钻孔机钻孔，钻孔应以不碰到底层钢筋为宜，孔深不小于220mm，孔间距600mm梅花形布置，成孔后需用空压机清除孔道内的粉尘，清孔后进行洗孔，用沾有丙酮的

刷子清洗孔道周壁，以保证基材孔壁与结构胶良好黏接，待丙酮挥发后，及时在孔道内填入环氧基结构胶，最后植筋。用钢丝刷清除风电机组基础表面疏松颗粒，用压缩空气吹尽粉尘并用高压水冲洗干净。

大体积混凝土每拌制 $100m^3$ 左右，同一配合比和养护时间取样不得少于 1 组 3 个，每次取样至少留置 1 组标养试件、风电机组基础混凝土至少留置 1 组标准养护试块及 1 组抗冻试块。

大体积混凝土应进行保温保湿养护时间不低于 14 天。常温下浇筑完毕 24h 即可拆模，拆模时应注意不得缺棱掉角。模板拆除后应及时清理并刷隔离剂。当混凝土强度达到回填要求后可进行回填，梁板式基础回填时应使用小型振动机械夯实。

6.1.3 梁板式预应力锚栓基础施工

6.1.3.1 基础结构特点

随着陆上风电机组的大型化，大功率风电机组的基础要承受较大的弯矩，基础范围往往比较大，因而悬挑长度大，经济性差。针对传统板式基础在设计、施工、耐久性等方面存在的问题，采用新型梁板式预应力锚栓基础代替传统扩展基础是未来陆上风电机组基础的主要发展方向。它是由上锚板、下锚板、锚栓、PVC 护管等组成，在上锚板和下锚板之间用 PVC 护管将锚栓与混凝土隔离，而且要密封，浇筑过程中不能让水进入到护管内，以免对锚栓造成腐蚀。当锚栓受到拉力时，锚栓的下锚板以上部分会均匀受力，整个锚栓是一个弹性体，没有弹性部分和刚性部分的界面，从而避免了应力集中。图 6.11、图 6.12 为梁板式预应力锚栓基础平面图和剖面图。

6.1.3.2 基础施工特点与流程

梁板式预应力锚栓基础施工具有以下优点：

(1) 锚栓贯穿基础整个高度，直达基础底板，基础整体性好，无薄弱环节。

(2) 采用高强螺栓液压张拉器对锚栓施加准确的预拉力，使上、下锚板对钢筋混凝土施加压力。基础受弯时，混凝土压应力有所释放但始终处于受压状态，不会出现裂缝。

(3) 基础墩柱中竖向钢筋几乎不受力，仅需按构造配置预应力钢筋混凝土中的非预应力钢筋。

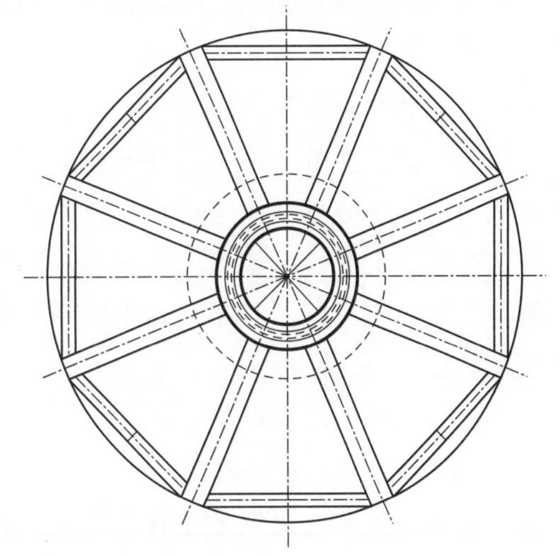

图 6.11 梁板式预应力锚栓基础平面图

(4) 锚筋和锚栓交叉架设，不影响相互穿插，基础整体性好，施工更便利。

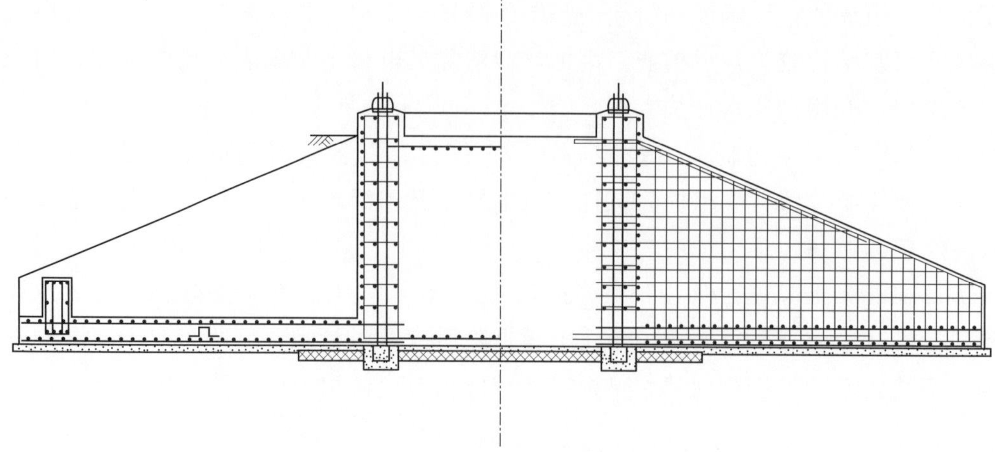

图 6.12　梁板式预应力锚栓基础剖面图

梁板式预应力锚栓基础施工流程图如图 6.13 所示。

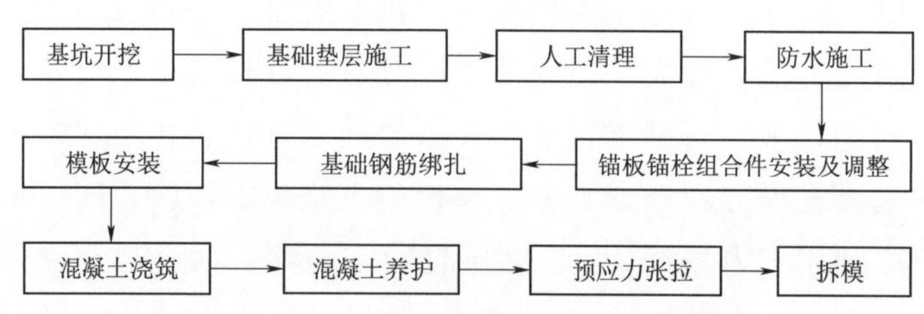

图 6.13　梁板式预应力锚栓基础施工流程图

1. 基础垫层施工

基坑开挖至设计标高，清除浮土。按设计要求浇筑环形垫层和局部垫层，放线，并设置预埋件。

2. 锚板锚栓组合件安装及调整

(1) 下锚板安装及调整。在基础垫层中心环绕风电机组下锚板对称安装预埋件，在每块预埋件中心焊装 1 根锚板支撑螺栓，将下锚板吊运至支撑螺栓上，使下锚板圆心与基础中心同心，下锚板上平面与基础环形垫层顶面齐平。用调节螺母紧固，水准仪测量下锚板水平度，若超差，则用千斤顶配合，通过微调调节螺母，使下锚板的水平度控制在 3mm 以内。

(2) 上锚板安装及调整。

1) 布置定位锚栓（支撑上锚板重量，与下锚板支撑螺杆同相位），套入套管并将下端半螺母和上端尼龙螺母布置到设计位置；其余锚栓套入套管并将下端半螺母布置到设计位置；全部锚栓应套入一段热缩管。

2) 采用起重机械将上锚板吊至下锚板上方，对准设置好的预埋件，自下而上穿入定位锚栓并带上钢螺母，使定位锚栓悬挂在上锚板上；定位锚栓全部布置好之后，

缓慢降低上锚板高度，使定位锚栓落入下锚板对应位置，拧紧下部螺母。

3）在定位锚栓安装完毕并找平、找正后，按照对角顺序安装原则进行普通锚栓安装，将锚栓的一端（锥头端）先穿入上锚板，另一端再穿入下锚板；采用同样的方法将剩余锚栓逐步安装就位，如图 6.14 所示。

（3）锚栓组合件垂直度调整及固定。

1）沿上锚板周边呈 90°选定 4 根基础锚栓，对应 4 根基础锚栓，在风电机组基础外侧的自然地坪面上分别安装 4 根钢制调节桩，调节桩与上锚板间以装有花篮螺栓的调节钢丝绳连接。

2）采用经纬仪测定成 90°的 4 根锚栓的垂直度，以此为标准测量上、下锚板同心度，保证上、下锚板同心度偏差控制在 3mm 以内，当基础锚栓垂直度超差，调节垂直度超差的基础锚栓对应的调节钢丝绳上的花篮螺栓，使该基础锚栓垂直度达标。

3）调整结束后，用 4 根钢筋呈十字形对称加固锚栓组合件，钢筋上端与上锚板焊接，下端与基础预埋件焊接，4 根钢筋的交汇点焊接牢固，以提高锚栓组合件的整体稳定性，锚栓组合件调整如图 6.15 所示。

图 6.14　上、下锚板对正组装

图 6.15　锚栓组合件调整

3. 基础钢筋绑扎

主梁和边梁的钢筋密度大，主筋间距、箍筋间距、锚栓组合件与主梁连接筋控制是基础钢筋绑扎的施工难点。一般先布置底板钢筋网及台柱底板筋，设置专门的马凳筋，避免底板上下两层钢筋间距过大，造成混凝土保护层不足或出现混凝土浇筑亏方现象。经现场实践，有以下最优施工步骤：

1）安装底板环筋（穿主梁）及放射筋。

2）安装边梁底部纵筋。

3）安装锚栓组合件内箍筋及环筋。

4）安装主梁主筋及箍筋，主梁上部纵筋穿箍筋安装绑扎。

5）安装边梁上部纵筋及箍筋。

6）安装锚栓组合件封口筋及抗剪钢筋。

此方法有效解决了主梁底筋不易伸入到台柱底筋中间的困难，克服了主梁箍筋不易安装的困难。较其他施工方法提高工效40%以上，基础钢筋绑扎如图6.16所示。

4. 模板安装

模板安装施工难点在于风电机组基础模板通常采用定型钢模板，定型模板整体关联性强，模板安装偏差易造成主梁及台柱钢筋保护层不足或底板厚度偏高，导致浇筑时混凝土亏方，因此施工中应遵循以下规则：

（1）首先安装主梁模板；然后依次安装底板边梁内侧模板、外侧模板；最后安装台柱侧模及顶口环形模板。

（2）模板安装时，内侧模板应加固支撑，防止变形、胀模。基础模板安装如图6.17所示。

图6.16　基础钢筋绑扎

图6.17　基础模板安装

5. 混凝土浇筑

梁板结构基础混凝土浇筑的施工难点，在于主梁、边梁布料不均匀易导致台柱侧压偏移，振捣不及时出现分层冷缝等质量问题，混凝土浇筑必须分层均匀布料，连续不间断浇筑完成，避免出现侧压偏位、冷缝；下锚板上方混凝土每层振捣厚30cm，上下锚板处每个锚栓间隔都应振捣，作业时避免过振或振捣不足；浇筑主梁时，混凝土坍落度应减小，适宜控制在120～130mm，以防混凝土流淌而下，造成浪费。

经现场实践，有以下最优施工步骤：

（1）浇筑底板，每块底板布料完毕，及时振捣，并使底板边缘混凝土充分流入梁底及台柱底。

（2）待底板混凝土将要初凝时，浇筑主梁及边梁混凝土，浇筑量达到模板高度的1/2，振捣棒插入下层混凝土至少50mm振捣，防止分层。

（3）在每道主梁顶端下料，使混凝土自行流入主梁下端，浇筑主梁及边梁下半段，直至满模。

（4）浇筑台柱，直至满模。

(5) 基础混凝土养护采用防水薄膜、加盖黑心棉、草席等措施，使混凝土表面保持湿润状态。混凝土拆模以后，地面以下部位应及时回填，地面以上部分继续覆盖养护。

(6) 高强灌浆施工。基础混凝土浇筑完成3天后可进行台柱灌浆施工，灌浆料要求无收缩、自流平、无毒性、防腐（锈）蚀性，3天抗压强度不小于80MPa，抗弯强度不小于10MPa，流动度初始值不小于34cm，30min保留值不小于31cm。灌浆前须凿毛、清理混凝土表面，混凝土表面充分湿润；灌浆时，应从一侧进行灌浆，直到从另一侧溢出为止，不得从相对两侧同时进行灌浆；灌浆开始后，必须连续进行施工，并尽可能缩短灌浆时间。

(7) 灌浆养护。灌浆结束以后，应对灌浆部位进行养护，方法同基础混凝土养护，使灌浆材料处于湿润状态，养护时间不得少于7天，养护结束之后应立即采用环氧煤沥青对灌浆部位进行涂抹，防止灌浆体内部水分损失引起微裂缝。

6. 预应力张拉

基础混凝土强度达到100%后，即可安装底端塔筒，底端塔筒与基础锚栓间通过高强螺栓连接，然后进行预应力张拉，将风电机组上部结构与基础连为一体。

6.1.3.3 预应力锚栓安装技术难点

1. 锚栓笼安装的难点

支撑下锚栓的螺杆应该安装在预埋件的中心线处，调整基础中心和下锚栓中心的同心度，这里的技术难点是同心度要符合设计要求：①按照要求对下锚板进行同心度调整，才能完成焊接支撑杆和预埋件工作；②为了要防止混凝土与锚栓的接触影响到预应力的施加工作，需要在锚栓上套上热套管对其进行热缩处理；③吊车将上锚板吊起来穿入定位锚栓，继续吊起在下锚栓加入垫片拧入螺母，按照设计要求拧紧力矩；④使用吊车将上锚栓吊起来，操作其他部分使其上部穿过螺栓孔进入下半部分的螺栓孔，然后加垫片拧紧力矩。

2. 锚栓笼安装后测量调整的难点

在基坑外缘的位置设置地锚栓，其安装时的角度选取在45°的位置。通过调节缆风绳连接上锚板和地锚栓，从不同方向对其进行调节，使锚板处于同心的位置。具体操作中的主要难点：①使用经纬仪对垂直度进行测量，控制测量误差，将误差值控制在小于3mm之内，对测量的精确度要求比较严格；②浇筑水平度的误差，对齐上下两个锚栓之后，需要对锚栓的水平度进行调整、测量并通过螺母对其进行调整，使之符合设计标准，其偏差值要小于1.5mm；③锚栓上露出的锚板长度应满足施工图纸要求，控制施工的误差值在±1.5mm之间。

3. 锚板预埋件安装的难点

锚板预埋件安装主要是为了固定下锚板。根据厂家的技术资料以及设计院的对预应力锚栓基础图的安装要求，一般来说在浇筑混凝土时要安装10块预埋件，以塔筒门方向作为起点，按照顺时针方向360°均匀分布在外缘。其安装难点在于在垫层浇筑时，由于垫层混凝土自身重量使苯板产生变形，下锚栓在安装时也会形成凹槽。

4. 下锚板安装的难点

在下锚栓下面螺母上加一个垫片，将内外支撑螺栓对应着穿入下锚栓的螺孔内，并将下锚栓放置在预埋件上。在下锚栓上设置两条临时的施工线，同时将下锚栓中心点与基础中心相对应，其偏差值最大不超过5mm，下锚栓支撑与预埋件的焊脚偏差值高度不应小于6mm，通过上下螺母调整使下锚板平整度达到设计图纸的设计高度值，最大的水平度偏差应不超过3mm。

5. 定位螺栓以及上锚栓安装的难点

螺栓和上锚栓安装，主要技术难点是过程烦琐复杂。首先，用吊车将上锚栓吊起到一定高度，然后在上锚栓内外螺栓孔上定位螺栓，且要保持螺栓的对称性以及稳定性。螺栓穿入上锚板后要安装临时螺母，待混凝土浇筑结束后将临时的钢螺母取下。其次，在定位螺栓的平头端拧紧定位螺母，同时在定位螺母的顶端拧入尼龙调节螺母。要尤其注意，尼龙调节螺母不能使用达克罗螺母这点。最后，定位螺栓完成后，用合适的吊车吊起锚板和定位螺栓，将其转移到下锚栓上方，然后将定位螺栓插入到对应的下锚栓螺栓孔内部，加入垫片将其拧紧，螺母的安装要按照设计的要求拧紧。

6. 安装过程中精度控制的难点

安装过程中，精度控制是基础技术施工的基本要求。在安装过程中精度控制的难点在于，对下部分的两块锚栓同心度必须精准控制，对同心度的精准度控制需要精确到3mm以内，应该使用高精度的测量工具对其进行精准度的测量。另外，由于锚栓的高度比较高，负责测量的工作人员在上锚栓使用操作的设备比较烦琐而且也不容易测量出精确的结果。为了解决上述难点，可以利用铅垂线的方法对其同心度进行精准的测量，具体的做法如下：

(1) 对锚栓划分四个象限，之后对其进行精确的标志点标记，然后再进行锚板的安装，在安装过程中对其进行调节使之符合安装的要求和精准度。

(2) 分别在四个标志点上悬挂铅垂线。这个步骤比较烦琐，需要利用缆风绳（要带有调节功能的）上锚栓的水平，多次操作直到上下两部分的锚栓的同心度达到要求。铅垂线的方法虽然比较高效和准确，但是其过程也是十分烦琐和麻烦。除此之外，铅垂线的测量方法对天气情况要比较严格，例如在大风的天气环境下无法进行测量工作，在这种情况下还是要使用经纬仪对其进行垂直度和同心度的测量。

6.1.4 桩基础施工

风电机组传至塔架底部的荷载通常较大，采用桩基础时，桩径一般都较大，如采

用单桩，桩径一般达到4m以上，多桩基础的桩径一般达到2m左右；桩长要求深入到持力层，桩长一般超过30m，整个桩长的净重可达300t左右，这对桩基沉桩施工作业提出挑战。

结合风电机组的特点和施工的要求，风电机组的桩基础主要有灌注桩基础和打入桩基础两类。

6.1.4.1 灌注桩基础施工

1. 基础概述及特点

灌注桩是一种直接在桩位用机械或人工方法就地成孔后，在孔内下设钢筋笼和浇注混凝土所形成的桩基础。

灌注桩与其他桩相比，主要有以下特点：

（1）灌注桩属非挤土或少量挤土桩，施工时基本无噪声，无振动，无地面隆起或侧移，也无浓烟排放，因而对环境影响小，对周围建筑物、路面和地下设施的危害小。

（2）可以采用较大的桩径和桩长，单桩承载力高，可达数千牛顿至数万牛顿。需要时还可以扩大桩底面积，更好地发挥桩端土的作用。

（3）桩径、桩长以及桩顶、桩底高程可根据需要选择和调整，容易适应持力层面高低不平的变化，可设计成变截面桩、异形桩，也可根据深度变化来改变配筋量。

（4）桩身刚度大，除能承受较大的竖向荷载外，还能承受较大的横向荷载。

（5）在钻、挖孔过程中，能进一步核查地质情况，根据要求调整桩长和桩径。

（6）避免了搬运、吊置、锤击等作业对桩身的不利影响，因此灌注桩的配筋率远低于预制桩，可节省钢材，其造价为预制桩的40％～70％。

（7）没有预制工序，施工设备比较简单、轻便，开工快，所需工期较短。

（8）可穿过各种软硬夹层，也可将桩端置于坚实土层或嵌入基岩。

（9）施工方法、工艺、机具及桩身材料的种类多，而且日新月异。

（10）施工过程隐蔽，工艺复杂，成桩质量受人为和工艺因素的影响较大，施工质量较难控制。

（11）除沉管灌注桩外，成孔作业时需要出土，尤其是湿作业时要用泥浆护壁，排浆、排渣等问题对环境有一定的影响，需要妥善解决。

2. 不同桩型灌注桩的适用条件

（1）沉管灌注桩适用于黏性土、粉土、淤泥质土、砂土及填土地基；在厚度较大、灵敏度较高的淤泥和流塑状态的黏性土等软弱土层中采用时，为防止因缩孔而影响桩径，应制定质量保证措施，并经工艺试验成功后方可实施。

（2）泥浆护壁钻孔灌注桩适用于各种土层、风化岩层，以及地质情况复杂、夹层多、风化不均、软硬变化较大的地层。冲击成孔灌注桩还能穿透旧基础、大孤石等障碍物。泥浆护壁钻孔灌注桩适用的桩径和桩深较大，而且不受地下水位的限制，可在地下水丰富的地层中成孔，但在岩溶发育地区应慎重使用。

(3) 干作业成孔灌注桩一般只适用于地下水位以上的黏性土、粉土、中等密实以上的砂土层。人工挖孔灌注桩在地下水位较高，特别是在有承压水的砂土层、滞水层、厚度较大的高压缩性淤泥层和流塑淤泥质土层中施工时，必须有可靠的技术措施和安全措施。

(4) 全套管成孔灌注桩施工安全精准，能紧贴已有建筑物施工；除硬岩及含水厚细砂层外，第四纪地层均可使用。其缺点是由于设备庞大，施工需要占用较大的场地。

3. 灌注桩施工流程

(1) 灌注桩施工前的资料准备包括以下内容：

1) 工程地质资料和必要的水文地质资料。

2) 桩基工程施工图及图纸会审纪要。

3) 建筑场地和邻近区域内的地下管线、地下构筑物、危房等的调查资料。

4) 主要施工机械及其配套设备的技术性能资料。

5) 桩基工程的施工组织设计或施工方案。

6) 水泥、砂、石、钢筋等原材料及其制品的质检报告。

7) 有关荷载、工艺试验的参考资料。

(2) 灌注桩的施工组织设计主要包括以下内容：

1) 工程概况、设计要求、质量要求、工程量、地质条件、施工条件。

2) 确定施工设备、施工方案和施工顺序，绘制工艺流程图。

3) 进行工艺技术设计，包括成孔工艺、钢筋笼制作安装、混凝土配制、混凝土灌注以及泥浆制作运输、处理的具体要求和措施。

4) 绘制施工平面布置图：标明桩位、编号、施工顺序、水电线路和临时设施的位置；采用泥浆护壁成孔时，应标明泥浆制备设施及其循环系统。

5) 施工作业计划、进度计划和劳动力组织计划。

6) 机械设备、备件、工具（包括质量检查工具）、材料供应计划。

7) 工程质量、施工安全保证措施和文物、环境保护措施。

8) 冬季、雨季施工措施，防洪水、防台风措施。

(3) 试桩，试桩目的及方法如下：

1) 试验目的。查明地质情况，选择合理的施工方法、施工工艺和机具设备；验证桩的设计参数，如桩径和桩长等；确定桩的承载能力和成桩质量能否满足设计要求。

2) 试桩数目。工艺性试桩的数目根据施工具体情况决定；力学性试桩的数目一

般不少于实际基桩总数的3%，且不少于2根。

3）试桩方法。试桩所用的设备与方法应与实际成孔、成桩所用相同；一般可用基桩做试验，或选择有代表性的地层或预计钻进困难的地层进行工艺试验；试桩的材料与截面、长度必须与设计相同。

4）荷载试验。灌注桩的荷载试验，一般包括垂直静载试验和水平静载试验。

垂直静载试验目的是测定桩的垂直极限承载力，测定各土层的桩侧极限摩擦阻力和桩底反力，并查明桩的沉降情况。试验加载装置一般采用油压千斤顶。加载反力装置可根据现场实际条件确定，一般采用锚桩横梁反力装置。加载与沉降的测量及试验资料整理，可参照有关规定。

水平静载试验目的是确定桩在允许水平荷载作用下的桩头变位（水平位移和转角），一般只在设计有要求时才进行。试验方法及资料整理参照有关规定。

（4）灌注桩深度控制包括以下内容：

1）摩擦桩以设计桩长控制成孔深度，端承摩擦桩必须保证设计桩长及桩端进入持力层深度。当采用锤击沉管法成孔时，桩管入土深度控制以标高为主，以贯入度控制为辅。

2）端承型桩当采用钻（冲）孔、挖掘方法成孔时，必须保证桩孔进入设计持力层的深度。当采用锤击沉管法成孔时，沉管深度控制以贯入度为主，设计持力层标高对照为辅。

（5）成孔质量偏差控制，灌注桩成孔施工的容许偏差见表6.2。

6.1.4.2　打入桩基础施工

1. 基础概述与分类

打入桩是一种利用专用的沉桩设备克服土对桩的阻力，使预制桩沉到预定深度或达到持力层，并使其很好地发挥承受上部所传递的各种荷载的功能。打入桩工艺简

表6.2　灌注桩成孔施工容许偏差

<table>
<tr><th colspan="2" rowspan="2">成　孔　方　法</th><th rowspan="2">桩径容许偏差/mm</th><th rowspan="2">垂直度容许偏差/%</th><th colspan="2">桩位容许偏差/mm</th><th colspan="2">孔底沉渣/mm</th></tr>
<tr><th>单桩、条形桩基沿垂直轴线方向和群桩基础中的边桩</th><th>条形桩基沿轴线方向和群桩基础的中间桩</th><th>端承桩</th><th>摩擦端承或端承摩擦桩</th></tr>
<tr><td rowspan="2">泥浆护壁钻、挖、冲孔桩</td><td>$d \leqslant 1000$mm</td><td>−50</td><td rowspan="2">1</td><td>$d/6$且不大于100</td><td>$d/4$且不大于150</td><td rowspan="2">≤50</td><td rowspan="2">≤100</td></tr>
<tr><td>$d > 1000$mm</td><td>−50</td><td>$100+0.01H$</td><td>$150+0.01H$</td></tr>
<tr><td rowspan="2">锤击（振动）沉管、振动冲击沉管成孔</td><td>$d \leqslant 500$mm</td><td rowspan="2">−20</td><td rowspan="2">1</td><td>70</td><td>150</td><td rowspan="2">0</td><td rowspan="2">≤50</td></tr>
<tr><td>$d > 500$mm</td><td>100</td><td>150</td></tr>
<tr><td colspan="2">螺旋钻、机动洛阳铲钻孔扩底</td><td>−20</td><td>1</td><td>70</td><td>150</td><td>≤50</td><td>≤100</td></tr>
</table>

续表

<table>
<tr><th colspan="2" rowspan="2">成　孔　方　法</th><th rowspan="2">桩径容许偏差/mm</th><th rowspan="2">垂直度容许偏差/%</th><th colspan="2">桩位容许偏差/mm</th><th colspan="2">孔底沉渣/mm</th></tr>
<tr><th>单桩、条形桩基沿垂直轴线方向和群桩基础中的边桩</th><th>条形桩基沿轴线方向和群桩基础的中间桩</th><th>端承桩</th><th>摩擦端承或端承摩擦桩</th></tr>
<tr><td rowspan="2">人工挖孔桩</td><td>现浇混凝土护壁</td><td>+50</td><td>0.5</td><td>50</td><td>150</td><td rowspan="2">0</td><td rowspan="2">≤10</td></tr>
<tr><td>长钢套管护壁</td><td>+20</td><td>1</td><td>100</td><td>200</td></tr>
</table>

注： 1. 桩径容许偏差的负值是指个别断面。

2. 采用复打、反插法施工的沉管灌注桩桩径容许偏差不受本表限制。

3. H 为施工现场地面标高与桩顶设计标高的距离，d 为设计桩径。

4. 摩擦型桩的孔底沉渣不受本表限制。

单、流程少，在各个建筑领域的应用都十分广泛，在风力发电建设中主要用于风电机组基础和升压站基础等部位。

目前，建筑工程领域常用的打入桩主要有钢筋混凝土预制桩和钢桩，钢筋混凝土预制桩按预制形状又可分为方桩、管桩、板桩等。钢桩可分为钢管桩、钢板桩和H型钢桩。风力发电工程中较常用的为钢筋混凝土预制桩和钢管桩。

2. 钢筋混凝土预制桩的特点及适用条件

(1) 非预应力方桩。一般适用于荷载比较小的工业民用建筑基础工程。

(2) 预应力方桩。预应力方桩有空心和实心之分，此桩的应用范围较广，工民建、桥梁、水工建筑物等都可应用。但由于目前方桩断面边长一般在400～600mm，混凝土强度等级为C30～C50，故桩基的极限承载力和打桩拉应力都很难适应于各种土层和承载力比较大的结构物基础。

(3) 先张法高强度预应力混凝土管桩（PHC桩）。混凝土强度等级为C80，也有C60（PC桩）可供选择。桩径一般为400～1200mm，有多种规格。由于是空心管桩，只有少量挤土，可贯入性较好，承载力较高，因是工业化生产，制作质量较稳定。目前该桩的应用范围有扩大的趋势。

(4) 预应力混凝土大直径管桩（雷蒙特桩）。此桩目前常用桩径为1200mm和1400mm，都用于水工建筑物中。由于混凝土强度等级为C60，经辊压、振动、离心成型，桩的承载力和截面模量均较大，地质适应性强，可打至风化岩层。它和大直径PHC桩一样，有着良好的耐海水腐蚀和抗冻能力，一般可不作防腐处理。因此，这种桩正在大量地代替钢管桩。

(5) 混凝土管桩与钢管桩组合而成的组合桩。利用混凝土管桩的耐腐蚀性、经济性，在其下部加一段钢管桩可以减轻自重，以利于超长桩整根施工。

(6) 钢筋混凝土板桩。钢筋混凝土板桩有预应力和非预应力之分，主要用于挡土、挡水及围护结构中。

3. 钢桩的特点及适用条件

(1) 钢管桩。钢管桩适用范围最广，可用于各种桩基工程，但在腐蚀环境中其防腐及今后的维护保养费用较高；加之钢管桩本身也较贵，使用成本和维护成本均较高。

(2) H形钢桩。H形钢桩适用于建筑基础、基坑支护的套板桩、立柱桩以及SMW工法（在水泥搅拌桩中打入混凝土桩或H形钢桩）。由于属非挤土桩，贯入能力较强，价格比钢管桩略便宜，故有一定的市场，但因其承载力较低，断面刚度较小，桩不宜过长，否则横向容易失稳，因此在有地下障碍物的地区不宜采用。

4. 沉桩施工方法

沉桩是桩基工程施工的主要手段之一，沉桩施工主要有锤击沉桩、水冲沉桩、振动沉（拔）桩、静压沉桩和植桩等。选用原则是根据工程地质、设计要求、周边环境等因素综合考虑。目前风电项目常用的主要为锤击沉桩。

(1) 锤击沉桩。锤击沉桩主要是利用柴油锤、液压锤、气动锤等将桩打入持力层，是目前使用最多的沉桩方式，其中又以柴油锤使用最多。目前80系列、100系列以及更大型的柴油锤正被普遍使用，解决了许多重大工程的施工难题。但柴油锤排出的油污废气污染四周的环境，锤击噪声、振动和挤土也较大，使用上受到一定的限制，特别是在人口密集地区。

气动锤主要利用蒸汽或压缩空气作为动力。它需要配备大型锅炉或空压机，机动性差，目前较少使用。

液压锤克服了柴油锤的废气污染问题，是一种比较好的替代设备，它可以在陆上和水中使用；但目前基本上用于打直桩，由于一些具体的技术问题，对斜桩施工的适用性较差。

(2) 水冲沉桩。水冲沉桩是凭借高压水及压缩空气破坏土体进行沉桩，主要适用于砂土地层，有内冲内排、内冲外排、外冲外排等方式。常用的为内冲内排方式，这样可以保证桩位的准确性。在桩尖进入较深砂层的地区，更多使用水冲锤击沉桩。

(3) 振动沉（拔）桩。振动沉（拔）桩主要是利用电动或液压所产生的激振力将钢管桩或钢板桩沉至设计高程，也可将沉入地下的钢桩拔起，主要适用于砂性土地区。目前单台振动锤最大功率已达500kW，且可多台并联使用，如下沉直径5m左右的格形钢板桩就可用10台振动锤并联同步下沉。拔桩是振动锤的一大特点，用它来拔除施工措施中临时使用的钢板桩、钢管桩、H形钢桩及槽钢或老旧建筑物拆除时的旧桩基等是最佳的选择。

(4) 静压沉桩。静压沉桩是近几年发展较快的一种沉桩工艺，其最大特点是无噪声、无振动、无污染，目前陆上最大的公称压桩力可达12000kN左右。水上压桩适用于边坡较陡、土质较敏感区域。

（5）植桩。植桩作为一种新型的沉桩工艺，在特别的场合使用有着广阔的前景。它是先在地基上钻（挖）孔，再将预制桩植入，经少许锤击或压桩后成桩，适用于周边有古旧建筑物或对振动影响较敏感的仪器设备的场合，对老城区改造工程特别有利。植桩基本上属非挤土桩，如中掘扩底施工法、植入式嵌岩桩等都属此类，比较适合于端承桩或端承摩擦桩。

6.2　海上风电机组基础施工

海上风电机组基础的施工是海上风电场建设的关键环节之一，快速安全地运输、安装这些组件是风电场能顺利建设及正常运行的基本条件。海上风电场的风电机组基础通常都较大、较重，对风电场建设、运行设备要求比较高，运输、安装和施工也比较复杂。

海上风电机组基础组件不仅要在陆地运输过程中满足超长或超宽运输件的技术要求，且由于海上环境的特殊性，对海上运输过程也有特殊的要求，运输过程中不仅需要特殊的运输设备及专用工具，更需要进行详细规划及组织，形成海上风电机组相关组件的最佳运输策略。

海上风电场通常靠近能源消耗中心且风资源情况优于陆上风电场，风电的利用开发逐渐从陆地转向海洋，并不断地从浅近海走向深远海。相应海上风电机组支撑结构型式也伴随水深变化，从固定式支撑结构向漂浮式支撑结构演变，如图6.18所示。

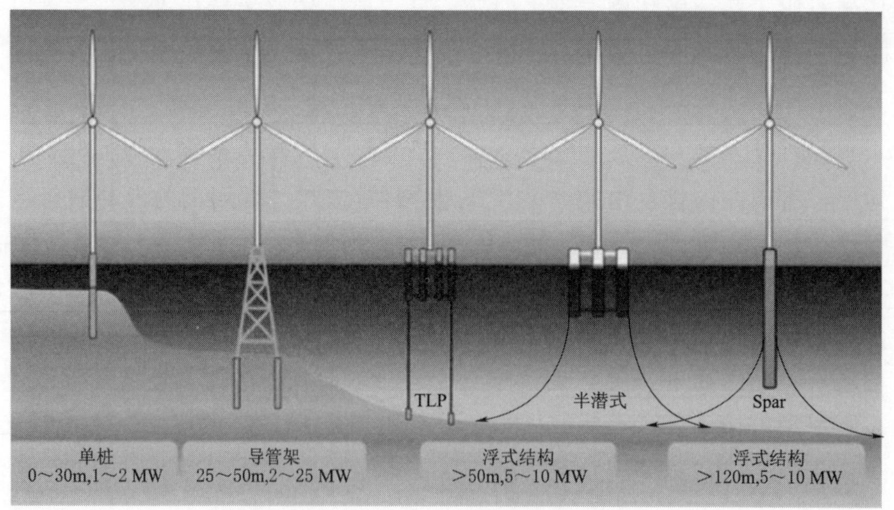

图6.18　风电机组基础结构随水深演变图

海上风电机组基础结构具有重心高、承受水平力和弯矩较大等受力特点，且与海床地质结构情况、海上风和浪的荷载以及海流等诸多因素有关，同时海上施工条件复

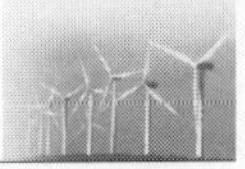

杂，受安装、施工设备能力的影响很大，设备的使用和调遣费用也非常昂贵。因此，海上风电机组的基础被认为是造成海上风电成本较高的主要因素之一。合理选择基础结构型式对结构安全、施工难易程度及工程造价具有重要影响。

海上风电机组基础一般有桩（承）式基础、重力式基础、导管架基础、吸力筒基础、浮式基础等。其中，桩（承）式基础为近海风电场的主导基础结构型式。近年来，导管架基础技术逐步成熟并投入使用，随着水深的进一步增大以及系泊系统的研究，漂浮式风电机组基础也得到了一定的发展，但尚未得到大范围商用。

6.2.1 重力式基础施工

6.2.1.1 基础结构特点及适用性概述

重力式基础为预制混凝土沉箱或钢结构沉箱结构，靠基础自重抵抗风电机组荷载和各种环境荷载作用，一般采用预制钢筋混凝土沉箱结构，内部填充砂、碎石、矿渣或混凝土压舱材料。适用于浅海，一般不适合水深超过 20m 的海上风电场。基础对海床表面地质条件有一定要求，适用于海床较为坚硬的海域，如图 6.19 所示。不适合淤泥质海床，施工安装时需要对海床进行处理，对海床冲刷较为敏感。

6.2.1.2 基础结构型式的发展

1991 年，世界上第一座采用重力式基础的海上风电场在丹麦建成，该风电场位于近岸海域，水深 2～4m。该风电场重力式基础主要是由工作平台、抗冰锥结构、圆柱段壳体及混凝土底板构成的实心体结构，单个基础重量约 1500t，如图 6.20 所示。该基础型式为第一代重力式基础，早年间欧洲一些风电场采用了该基础型式，如 1995 年建成的 TunoKnob 海上风电场（单机容量 0.5MW）。

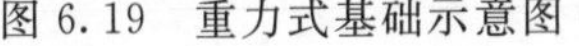

图 6.19 重力式基础示意图

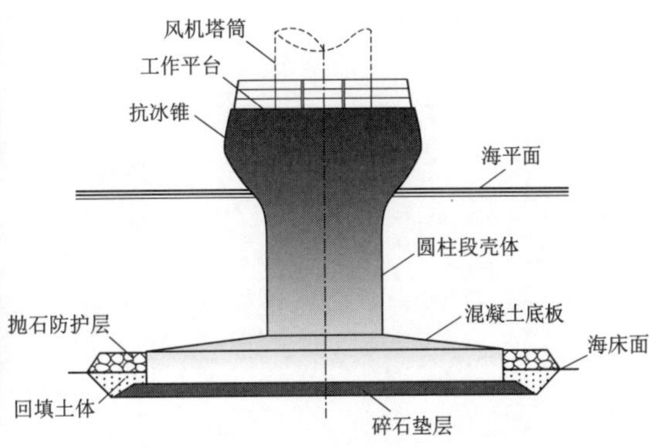

图 6.20 第一代重力式基础

随着水深逐渐增加，重力式基础也随之进行了设计改进，发展出了第二代基础。该型式基础主要由工作平台、抗冰锥结构、圆柱段壳体及沉箱结构组成，单个基础重

约 1500t，如图 6.21 所示。第二代重力式基础主要用于水深 10m 左右的海域，比如 2003 年建成的 Nysted Ⅰ海上风电场（单机容量 2.3MW）。

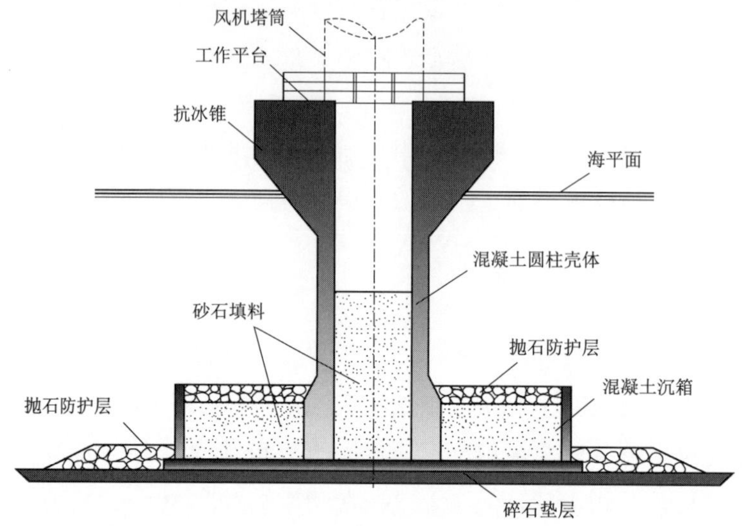

图 6.21　第二代重力式基础

随着风场水深超过 20m，由于海域水深更深、风浪条件也更加复杂，这为基础设计带来诸多挑战。第三代重力式基础为适应该复杂环境条件，采用了预应力壳体结构，基础结构主要由圆柱段、圆锥段及底板组成，其中圆柱段及圆锥段为预应力混凝土结构，如图 6.22 所示。2008 年建成的 ThorntonBank 海上风电场（单机容量 5.0MW）采用了该型式基础。

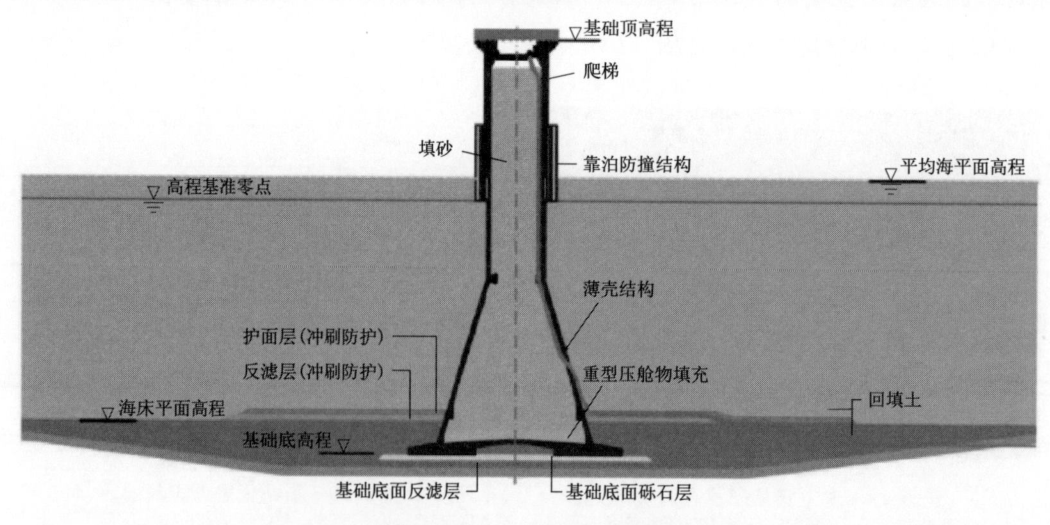

图 6.22　第三代重力式基础

重力式基础目前仅在国外早期的海上风电场有应用经验，国内暂无应用经验。

6.2.1.3　基础施工特点与流程

重力式基础一般重量 2000t 以上，需要在陆上预制，预制基础养护完成后，通过运输驳船运至现场，采用大型起吊船将基础起吊就位。重力式基础就位前需要将海底整平，就位后再在基础底板方格内抛填块石以增加基础自重和稳定性，重力式基础安装简便，投资较少，但对地质条件和水深要求较高，应用范围较狭窄。重力式基础施工流程如图 6.23 所示。

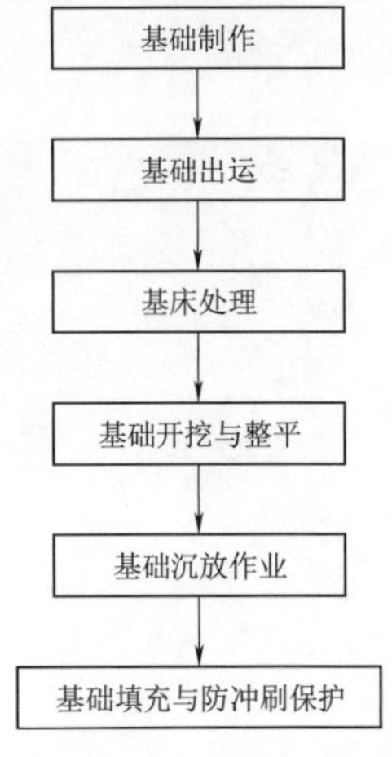

图 6.23　重力式基础施工流程图

1. 基础制作

海上风电机组重力式基础由于体积庞大，重量较重，转运较为困难，且需要较多的混凝土、钢筋等建筑材料，故一般选择在靠近风电场交通便利的近岸港口、码头或近岸大型运输驳船、半潜驳上进行预制。

重力式基础的建造场地直接决定了基础的出运方式，进而决定了船机设备的选择，将对成本及工期产生较大影响。在国外已建成的重力式基础中，基础的建造主要分为干船坞内建造、平板驳上建造、陆上码头建造三种类型。

(1) 干船坞内建造。干船坞内建造是将船坞出口进行封闭，创造建造条件，基础在船坞内进行建造（图 6.24）。干船坞内建造主要应用于早期第一代重力式基础，基础建造完成后，向船坞内进行引水（图 6.25），在水面到达浮力要求后，将基础拖运出坞，通过起重船进行吊装。干船坞内可以同时对多台基础进行建造，提高建造作业效率。

图 6.24　重力式基础船坞内建造

图 6.25　向船坞内引水

(2) 平板驳上建造。平板驳上建造是将基础在大型驳船或者半潜驳上进行建造（图 6.26），建成后通过驳船直接运往施工海域。该方法主要应用于第二代重力式基础，这种建造方法在部分风电场得到很好的应用，如 Nysted I 风电场。

（3）陆上码头建造。第三代重力式基础由于体积和重量巨大，大多选择在陆上码头（图6.27）或船坞内进行建造，采用第三代重力式基础的ThorntonBank风电场就是于陆上码头进行基础的建造。这种基础建造方法在国内重力式沉箱上应用广泛，可参考大型沉箱的建造。

图6.26　重力式基础驳船上建造

图6.27　重力式基础陆上码头建造

2. 重力式基础的出运

对于在船坞内建造的第一代重力式基础，其重量和体积相对较小（重约1500t），可通过起重船直接吊装驳船，一条驳船可同时运送多个基础（图6.28）。对于在驳船上建造的第二代重力式基础，在完成建造后可直接运输至安装区。第三代重力式基础上段为高细塔状构造，下段为大体积沉箱，结合国内大型沉箱的出运施工经验，第三代重力式基础的出运主要可采用船舶运输（图6.29）及海上拖运。

图6.28　驳船运输多个重力式基础

图6.29　第三代重力式基础驳船运输

对于陆上码头建造的第三代重力式基础，出运可采用千斤顶、台车结合的方式进行，用半潜驳船施工作业。驳船先下潜至一定水深，使甲板与台车平面齐平。采用千斤顶组对基础进行顶升，使其坐于台车上，通过慢动卷扬机进行牵引上半潜驳。除了台车上船外，还可通过气囊顶升，可根据工程实际情况进行选择。ThorntonBank风电场采用

的是重型起重船吊运的方式，该基础重量在2800～3000t不等，采用了3300t级的起重船在建造码头前沿对基础进行整体起吊。这种方法对起重船要求非常高。

3. 基础定位、扫海

基础施工前，必须采用GPS卫星定位系统对基础位置进行准确定位，并进行扫海作业，清除基础底部的障碍物。

4. 基床处理

基础下沉前，必须对基础进行开挖，软土层的清除工作主要由挖泥船完成。国外重力式风电场（如Nysted I风电场）对软土层的清除主要通过绞吸式挖泥船和耙吸式挖泥船，国内港口码头工程中也常采用抓斗式挖泥船，船型的选择需根据具体场区土的性质、水深条件、软土层厚度、施工窗口条件等因素确定。软土层的开挖需进行定量控制，严格控制开挖偏差，例如Nysted I风电场的开挖偏差控制在±0.3m。

在开挖量达到要求后，进行抛石施工。根据港口码头施工经验，可采用驳船加反铲挖机或自航式开体驳抛填的施工工艺。抛填作业结束后，对抛石基床进行夯实及整平作业。整平作业为基床作业的关键施工工序，重力式基础对基床的平整度要求相对较高。目前港口工程中，抛石基床的整平作业主要分为粗平、细平和极细平，粗平可采用悬挂刮道法埋桩拉线法；细平和极细平可采用导轨刮道法。例如Nysted I风电场采用导轨刮道法，对细平精度要求控制在±2cm。

5. 基础沉放作业

海上风电重力式基础一般高达十数米、重2000t以上，其沉放作业对海上起重设备的吊装能力及吊装稳定性要求较高。如果基座太高，须采用特殊的程序，将半潜驳下潜至海底，以此来把基座平稳地放置到位。当运输驳船停靠就位后，通过起重船把基础吊起，潜水员对基础检查完毕后，再将基础缓缓吊放于基床上。吊放过程应注意，紧固件应绑扎牢固，吊放速度应均匀，防止吊放下沉速度过快而产生激流破坏基础的平整度。

在已建成的重力式基础风电场中，安装作业根据基础不同的建造方式有所不同。在船坞和码头建造的第三代基础，主要通过大型的起重船和拖轮进行运输，每次作业只能单台进行。

对于在船坞和驳船上建造的第一、第二代基础，每次可通过驳船一次性进行多个基础的运输与安装。ThorntonBank风电场采用的安装方式为大型起重船单个进行运输安装，每次作业只能单台运输到施工海域再进行沉放作业（图6.30）。Nysted I、Lillgrund等风电场采用的是分组运输安装，一次性进行多个基础的运输和安装作业（图6.31）。这种方法运输效率更高、稳定性更好、天气窗口更有利于把控。

图 6.30　ThorntonBank 风电场重力式基础沉放

图 6.31　重力式基础分组安装

国内沉箱安装施工和国外重力式基础安装施工有类似之处，均采用了起重船进行辅助作业。早期国内缺乏大吨位起重能力的起重船，沉箱的安放借助浮力减少起重船的承重，通过向预留的隔舱进水控制沉箱的下沉，因此舱室进水的控制尤为关键，起重船则作为辅助稳定设备，此方法需要借助半潜驳运输作业（采用拖运方式运输无需半潜驳）。在基础下放到离基床一定高度后，下放速度须减慢，以防基础与基床之间发生冲击造成基床破坏，同时须严格控制基础下放过程中的水平度，以防基础边角触底造成基床局部破坏。

以上作业均须对各种工况条件进行详细的计算分析，结合天气窗口、海况条件、船机设备、投资成本等因素综合考量，施工组织工作显得尤为重要。

6. *基础填充与防冲刷保护*

第一代重力式基础为整体式实心构造，无须压舱作业；第二代重力式基础中心为空心圆柱体结构，须向轴心舱室内进行抛填作业；第三代重力式基础整体为空心壳体结构，压载物对基础的稳定性起着关键作用，填充作业为关键施工工序。防冲刷材料主要采用碎石垫层，常用的还有沙袋、混凝土连锁排等，压舱与防冲刷作业在国内港口水运工程中已有成熟的施工工艺。

基础沉放完毕后，基座底部必须用大块石进行填充，来增加基础的抗风浪能力。基座底部一定范围内的海床必须采用大块石进行覆盖，防止基础因受风浪、潮流的作用而被冲刷破坏。优点是结构简单并采用相对便宜的混凝土材料，抗风暴和风浪袭击性能好，稳定性和可靠性是所有基础中最好的；缺点是需要预先做海床准备，体积、重量均大，安装起来不方便，适用水深范围太过狭窄，水深增加，经济性得不到体现，造价反高于其他基础。

6.2.2　单桩基础施工

6.2.2.1　基础结构特点及适用性概述

单桩基础为近海风电机组基础最常用结构型式，结构相对简单，主要由一根钢管桩及连接段组成。在基础与塔筒之间的连接段钢管四周设置靠船设施、钢爬梯及平台

等，连接段钢管顶面设有风电机组塔筒的预埋法兰系统。

单桩基础是桩承式基础结构中最简单也是应用最为广泛的一种基础型式，适用于水深小于30m且海床较为坚硬的水域，近海浅水水域尤为适用。单桩基础由于结构底部体积较小，因此对海床及场区环境的影响较小。单桩基础采用钢管桩，钢管桩直径4～7m，桩长数十米，采用大型沉桩机械打入海床，上部采用过渡段与钢管桩灌浆连接，过渡段与塔架之间采用法兰连接，过渡段同时起到调平的作用。单桩基础示意图如图6.32所示。

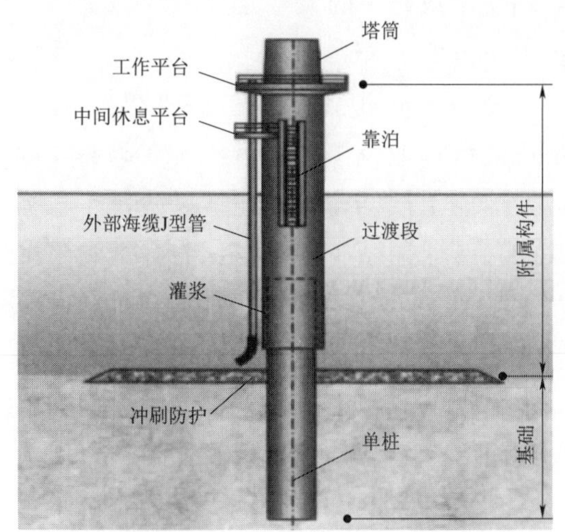

图6.32 单桩基础示意图

6.2.2.2 基础施工特点与流程

单桩基础受力比较明确，上部塔架将风电机组的空气动力荷载和自重传递给基础的过渡段钢筒，再通过基桩传递给海床地基。单桩基础目前在已建成的海上风电场中得到了最广泛的应用，特别适用于单机容量较小、水深较浅或中等水深的海域。其优点主要有：不需整理海床，结构简单、受力特征明显；主要钢结构的加工均在工厂完成，施工质量易保证；海上施工工序较少，施工快捷、工期短，经济性好。近年来由于施工工艺的进步，单桩基础出现了无过渡段型式，并逐步向大直径、大水深发展。

单桩基础施工主要难点为钢管桩尺寸大、重量大，在海上风电场中起吊、运输难度较大，对打桩设备要求较高等，一般采用大功率液压打桩锤进行打桩。

单桩基础施工流程如图6.33所示。

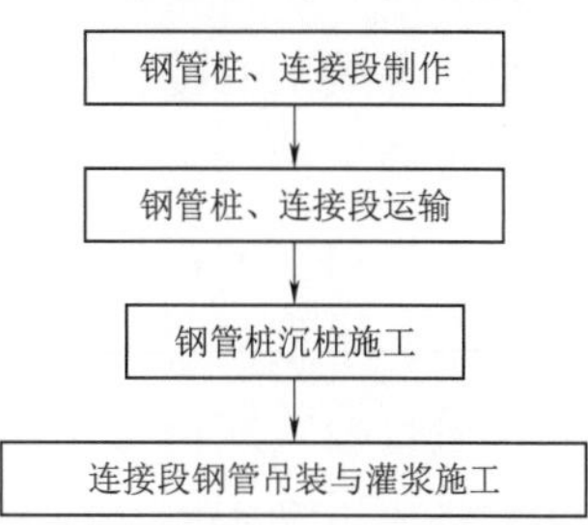

图6.33 单桩基础施工流程图

1. 钢管桩、连接段制作

考虑到钢管桩与连接段均属于特殊型号与尺寸的大型钢构件，若选择在工程布置区现场加工，其施工质量很难满足要求。一般在工程周边的大型钢结构加工制作企业内制作。此类企业具有丰富的超长大直径钢管桩、连接段等钢结构加工与运输经验，具备生产单桩基础钢管桩与连接段等钢结构的生产能力。另外，此类企业大多数还自备有物资出运码头，可充分发挥港口航运的优势将钢管桩、连接段等大型钢构件海运至工程现场。

2. 钢管桩、连接段运输

单桩基础钢管桩，一般直径为4～6m，长度为30～50m，单桩基础体积及质量都较大，主要采用水路运输的方式。从码头堆场到指定倒运位置需要使用大型运输装备。在钢桩码头倒运移动中一般使用重型平板轴线车或码头的大型龙门吊。

根据码头设备条件，钢桩基础装船可选择以下方案：

(1) 当选用无吊机的大型运输驳船运输时，使用岸上重型吊机进行基础装船，对码头吊机进行评估，评估工作包括：①码头吊机的可作业范围；②吊机所在码头周围的承重能力；③注意吊装过程中管桩与船舶以及船舶上层结构物的碰撞风险；④根据船舷周边结构高度选择合适的吊机吊高能力；⑤注意船舶由于潮位变化而升高和下沉运动。

(2) 当选用带吊机的大型运输船或自升式安装船进行管桩运输时，使用安装船上的大型吊机装船。此时由于吊机的存在，船舶上可利用甲板面积一般比专用大型驳船小，可装载管桩数量少，但此种方式对码头吊机及码头的承载能力的要求会相对较低。

单桩海上运输方式一般可分为运输船运输、安装船运输以及浮拖法三种。运输船一般选择为甲板运输驳船，此类船只一方面吃水较浅、抗风浪等级相对较弱、需要拖轮等辅助动力船只进行航行；但另一方面考虑到工程区域距离海岸线相对较近，风浪等海洋外界因素的影响相对较弱。因此，通过合理的施工组织可以保证钢构件设备的运输工作。

3. 钢管桩沉桩施工

钢管桩施工主要包括翻身与打桩作业两个环节。

(1) 基础翻身。钢管桩翻身时需要使用船上的起重机分别吊起单桩的两端，起重机首先缓慢地提升使单桩离开甲板1m左右；然后钩住单桩下端的起重机不再提升而钩住单桩上端的起重机继续缓慢提升；当桩体接近垂直时，移开下端吊钩。主吊机吊住单桩缓慢移向已经定好的打桩位置，抱桩器将单桩抱住，利用单桩自身重力下沉，并利用抱桩器上的传感器和检测设备校对垂直度。

早期的单桩翻身定位是利用吊机吊住单桩外壁上焊接的吊耳进行翻身和移动。由于基础质量较大，筒壁上需要焊接较大的吊耳。这种基础在打桩时，焊缝可能会对基础结构造成不利影响。因此，现在开发出尺寸较大的专业单桩基础翻身吊具或专用单桩基础翻身支架来进行管桩的翻身定位。

（2）打桩作业。完成基础定位沉桩后，起重机首先卸掉吊具和吊梁，然后吊起打桩锤放置在单桩顶部进行打桩。打桩过程中需要校对垂直度，直到将单桩打到海底设计深度。

从施工方法来看，目前打桩作业主要分为液压锤（振动锤）打桩及钻孔施工两种。液压锤打桩的方式目前应用更广泛，其施工效率高、成本低，施工技术要求也比钻孔施工更低。但打桩施工存在的施工噪声，可能对周围的海洋生物造成影响，因此施工前需仔细进行环境评估，必要时采用特殊的消声设备来降低噪声。某海域风电场项目就因为打桩过程可能对当地白海豚造成影响而导致长期停工。

使用钻孔机在海床钻孔，再装入钢管桩，即为钻孔打桩。此种方案多用于较硬的岩石海床。

考虑到目前国内打桩船的能力无法满足单桩沉桩的深度要求，单桩基础的沉桩施工一般以大型起重船或海上自升式平台作为施工载体，采用吊打的方式进行管桩的沉桩施工。此种吊打沉桩方式已经在如东潮间带风电场工程桩基施工中得到广泛应用，获得了丰富的施工经验。单桩基础沉桩施工图如图 6.34 所示。

图 6.34 单桩基础沉桩施工图

4. 连接段钢管吊装与灌浆施工

钢管桩沉桩施工完成并满足精度要求后，在钢管桩内进行灌浆施工作业。采用起重船进行连接段钢管的吊装工作，细致调平至设计精度要求。连接段钢管的调平工作通过调节螺栓系统进行。调节螺栓系统在钢管连接段与钢管桩端部分别设置，在连接段钢管初步吊装完成后，工作人员通过上下调节螺栓系统孔位进行精确对中，并通过螺栓细微调节至设计高程，调节系统应采取依次调整、顺序施工的方式，确保钢构架调整至设计精度的要求。

灌浆施工工艺流程为：灌浆前期室内工作部署及准备⟶桩基施工⟶过渡段安装并调平⟶灌浆工作船驶入抛锚使船停靠在有灌浆接口一侧⟶清洗灌浆管线⟶向注浆管道压注水泥砂浆，湿润灌浆管道⟶灌浆料拌制⟶连接注浆管并向灌浆连接段灌注灌浆材料⟶当钢管桩管口有浓浆溢出时，即完成单个连接段灌浆⟶检查验收⟶灌浆结束并拆除灌浆管线、清洗机器⟶移至下个机位进行灌浆作业。

6.2.2.3 工程实例

1. 案例 1

广东省某 400MW 海上风电场工程项目共有 73 座风电机组基础选用单桩基础，其中 12 个非嵌岩机位，61 个嵌岩机位。单桩基础上法兰桩径为 7.5m，水中部分通过锥

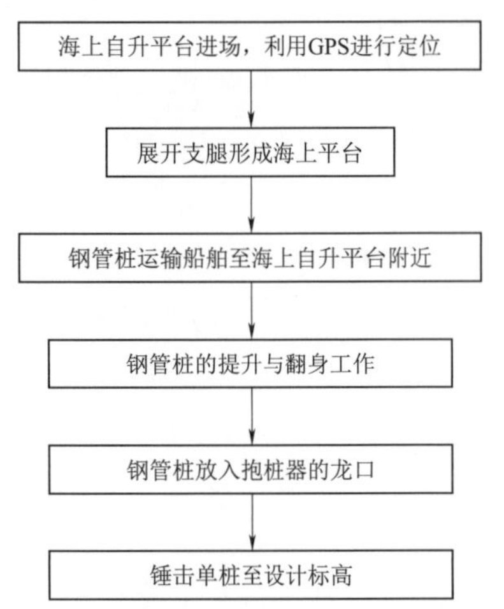
海上自升平台进场，利用GPS进行定位
展开支腿形成海上平台
钢管桩运输船舶至海上自升平台附近
钢管桩的提升与翻身工作
钢管桩放入抱桩器的龙口
锤击单桩至设计标高

图 6.35　非嵌岩单桩基础施工流程图

形段过渡到 8.5m。非嵌岩机位钢管桩平均桩长约 101m，平均入土深度约 55m，单根钢管桩平均重量为 1628t；嵌岩机位单桩基础平均重量为 1197t。两种单桩基础型式均需要配备大型的起重船舶及驳船用于风电机组基础的运输及安装。

（1）非嵌岩单桩沉桩施工。海上自升平台不受波浪、涌浪等海洋环境的影响，易保证沉桩施工精度。因此采用自升式海上平台沉桩的方案，利用自升平台上的起重机进行钢管桩的吊打，非嵌岩单桩基础施工流程如图 6.35 所示。

非嵌岩单桩基础施工时，基础运输、抱桩示意图如图 6.36 所示。

图 6.36　基础运输、抱桩示意图

（2）嵌岩单桩施工。当场址内部分机位附近的海床覆盖层较薄时，需要进行嵌岩桩施工。嵌岩桩采用钻孔植入的形式，但需要通过临时护筒进行辅助作业。嵌岩单桩施工流程如图 6.37 所示。

2. 案例 2

江苏如东某海上风电场风电机组基础离岸约 44km，单桩直径 5.5m，桩长 72m，桩重 627t。利用起重量为 2400t 的主起重船“三航风范”通过浮力扶正技术实现单桩的翻身，最终实现沉桩作业，经检验桩体倾斜度 0.9‰。该风电机组基础成为亚洲首次应用大直径单桩浮运技术，本次大直径单桩浮运技术的成功实施，为海上风电大规模开发单桩基础的运输提供了更加有效的途径，也为将来海上风电超大型结构的转运方式提供了一种新思路。大直径单桩浮运施工过程如图 6.38 所示。

3. 案例 3

某风电场项目位于江苏大丰海域，总装机容量 206.4MW，场区中心离岸距离约 67km，是国内目前核准建设离岸距离最远的海上风电场。共布置 32 台单机容量为

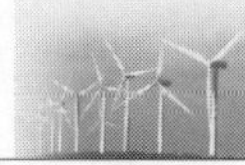

6.45MW 的风电机组，风电机组基础全部采用单桩基础结构型式，其中最大单桩重量 1432t，最长单桩 98m，单桩基础尺寸及重量为江苏海上风电之最，图 6.39 为此风电场风电机组单桩基础施工图。

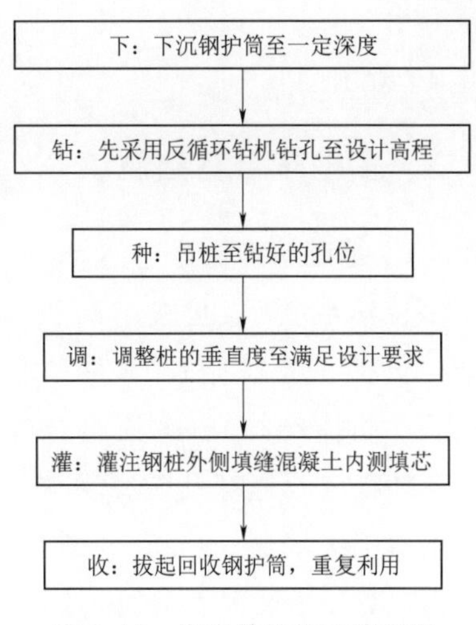
下：下沉钢护筒至一定深度
钻：先采用反循环钻机钻孔至设计高程
种：吊桩至钻好的孔位
调：调整桩的垂直度至满足设计要求
灌：灌注钢桩外侧填缝混凝土内测填芯
收：拔起回收钢护筒，重复利用
图 6.37　嵌岩单桩施工流程图

4. 案例 4

大连某海上风电场是东北区域首个海上风电项目，是我国北方地区最大的海上风电项目，也是我国境内目前纬度最高的海上风电场。风电场南北长 8.6km，东西 7.7km，场址中心距离岸线约 22.2km，涉海面积约 47.7km^2，项目总装机容量 300MW，共计安装 72 台 3MW、3.3MW 及 6.45MW 的风电机组。

图 6.38　大直径单桩浮运施工过程

图 6.39　某海上风电机组单桩基础施工图

作为东北严寒地区首个海上风电项目，施工过程中受天气因素影响较大，冬歇期长，施工窗口期短；风电场海域地质条件较复杂，覆盖层深浅不一，基岩差异较大，灰岩、板岩、泥岩、泥质粉砂岩、粉砂岩等混杂，且岩层中下伏溶洞，覆盖层基础选型及设计难度大；嵌岩机位较多，包括大直径打桩嵌岩及高桩承台斜桩嵌岩施工，施工过程中需优化工作量大，难度大；同时冬季风电场区域有大量海冰出现，国内可借鉴项目建设经验少等不利因素及工程难点，最终通过合理优化嵌岩桩设计及施工方案，充分利用试桩成果及单桩基础沉桩经验，嵌岩数量由设计的 24 台优

化至9台。该风电场的单桩基础施工图如图6.40所示。

图6.40 单桩基础施工图

6.2.3 多桩承台基础施工

6.2.3.1 基础结构概述

多桩承台基础也称作高桩承台基础，其结构包括桩基、附属构件（电缆管、靠船设施、防撞结构）、螺栓组合件、混凝土承台、外爬梯、栏杆及防腐系统等，多桩承台基础适用于水深5～20m的海域。多桩承台基础常用的桩型包括混凝土灌注桩、高强预应力混凝土管桩及钢管桩，高桩承台基础在施工配置方面要求不是很高，能进行施工的船舶资源国内市场较多，施工工艺技术成熟，大多数海上施工单位都有能力施工。

6.2.3.2 基础施工特点

钻孔灌注桩海上施工时，很难完全避免塌孔事故的发生，需采用较长、较厚的钢护筒维护；钻孔灌注桩施工受海上不良天气影响较大，施工困难，施工风险大；钻孔灌注桩只能做成直桩，抵抗大的水平推力时只能靠增加桩径来解决；且灌注桩在海上施工时需搭设施工平台，施工周期较长。高强预应力混凝土管桩水平承载力较小，难以满足海上大单机容量风电机组基础设计的要求；高强预应力混凝土管桩施工时对风浪要求较高，遇较硬土层时沉桩困难，施工期在波浪力的作用下易造成桩身脆性破坏。但是，由于钢桩直径小，故制作运输较为方便，施工工艺的难度较单桩基础小，斜桩桩基呈圆形布置，对结构受力和抵抗水平位移较为有利，但桩基相对较长，总体结构偏于厚重，且由于波浪对承台产生顶推力，桩与承台之间的连接需要加固。

钢管桩在受力、防腐、施工难度等方面均有较大优势，但造价较高。

6.2.3.3 基础施工流程

高桩承台基础施工的流程如下：

（1）基桩定位，下沉，打桩。打桩施工流程和单桩基础施工流程大致相同。

（2）群桩打完后，先把群桩表面切平，在群桩上端搭建钢筋笼，将桩头包裹进去。

（3）用钢套箱将上端搭建好的钢筋笼包住，安装封孔板，浇筑封底混凝土。

（4）在封底混凝土强度达到设计强度后，封堵通水孔，采用气举法清除桩内泥沙并浇筑桩芯混凝土，桩芯顶部2～3m振捣密实。

（5）将风电机组塔筒过渡段支撑座安放在封底混凝土上，支撑座和钢管桩焊接固定后，吊装塔筒过渡段。

（6）在过渡段钢管安装完后，承台钢筋一次绑扎成型，再次浇筑承台混凝土。

（7）待承台混凝土强度达到设计要求并养护完，整体拆除钢管套并重复利用。

6.2.3.4 多桩承台基础施工关键技术

目前国内多桩承台基础一般由8根钢管桩组成桩基础，钢管桩直径一般为1600～2100mm，斜率一般为5∶1和6∶1。例如，在福建的浅覆盖层海域，因考虑嵌岩桩结构，部分多桩承台基础由4根直径3200mm钢管嵌岩桩组成桩基础。

正位率（含平面坐标、高程和倾斜度偏差）将对桩基的抗水平力和竖向承载力产生直接影响，也将对上部承台施工造成影响。由于附属构件是在已完工的桩基—进行安装就位的，如果正位率偏差较大，将导致附属构件安装质量出现被动偏差，因此对沉桩正位率进行精细化控制十分重要。在风电场内沉桩，因自然条件的特殊性，应选择稳性较好的大型打桩船和相对较好的作业窗口进行沉桩。同时，考虑柴油锤无法满足长时间、多锤数的风电沉桩需要，宜选用性能更优良的液压锤作为打桩锤，并采用俯打工艺。为防止打桩船在沉桩过程中走锚出现位移导致桩身拉应力过大，应结合船舶性能，根据高水位水深，设置抛锚距离宜按20倍水深及以上进行控制。

沉桩正位率精细化控制可总结为坚持“四准原则”、合理设置落后量和“靠桩打桩”3项措施，其中“四准原则”和合理设置落后量主要用于控制平面坐标，“靠桩打桩”主要用于控制高程。

(1)“四准原则”，即做到参考站设置准、下桩压桩定位准、开锤前复核准和全程监控准。钢管桩俯打落后量应根据潮流、水深、钢桩自由长度、嵌固点深度、桩型、斜率等综合考虑，合理预设，适时调整。钢管桩斜率宜利用电子测斜仪进行测量。如图6.41所示。

(2)“靠桩打桩”，主要是针对船头起伏大（例如，浙江、福建地区风电场可作业工况下打桩船船头起伏可达700～1000mm)，测量人员无法根据定位系统准确测算桩顶高程，采取的一种高程辅助控制手段。“靠桩打桩”的具体做法为：在船载GPS定位系统的监测下，每个机位第一根桩沉桩时桩顶预留一定超高高度（宜高于设计桩顶高程500mm左右)，在桩顶上临时架设GPSRTK移动站，来精确测量桩顶高程；在沉第二根桩时，依靠第一根桩为参照物，通过对比第二根桩与第一根桩的高差，确保第二根桩一次性沉桩至设计标高；复打第一根桩，依靠已经到位的第二根桩为参照物，将第一根桩超高部分沉至设计桩顶高程。

图6.41 电子测斜仪复测斜率

6.2.4 导管架基础施工

导管架基础主体由桩基与上部导管

架两部分组成。导管架为空间的钢管构架，其将风电机组的空气动力荷载传递给基桩，再通过基桩传递给海床地基。导管架与钢管桩之间通过灌浆连接形成整体，导管架上部为连接段，顶部通过法兰与塔架连接。根据基础类型导管架可分为桁架式和多角架式等形式，传统意义上的海上风电机组导管架基础主要指桁架式导管架。

6.2.4.1　基础特点及适用性概述

导管架基础分为双倾、单倾、直式等型式，具有很好的刚度和承载能力。导管架及基桩均在陆上整体预制好，运至海上施工，故海上作业量较少、工序较为简单，施工速度较快。对水深和地质条件的适应性较广，适用于0～60m水深的近海风电场。导管架基础的桩数一般采用三～六桩。四桩导管架是由四根较小的单桩打入海床，再将桁架式导管架的4条腿插入小桩后固定，形成平台，在平台上安装风电机组。四桩导管架风电机组基础主要应用于单机容量较大、水深较深、地质条件较差的海上风电场。其中三桩导管架由于结构简单、杆件交接点少、海上打桩数量少等因素，成为目前海上风电导管架基础最为常用的结构型式。图6.42为导管架基础示意图。

图6.42　导管架基础示意图

6.2.4.2 基础施工特点与流程

导管架基础是目前欧洲海上风电场用得较多的一种基础型式，也是未来发展的趋势。其优点是较大的底盘提供了巨大的抗倾覆弯矩能力，基础刚度大，导管架的建造和施工方便，受波浪和水流的荷载较小，对地质条件要求不高。其缺点是节点相对较多，需要进行大量的焊接与处理。

根据打桩的先后顺序，导管架基础分先桩法导管架基础与后桩法导管架基础。后桩法导管架基础与海洋石油平台的桁架式导管架基础类似，导管架基础上设置有防沉板与桩靴，先沉放导管架后，再将钢管桩从桩靴内打入海床，后桩法导管架基础在英国的 Beatrice 海上风电示范项目中应用过，以后绝大部分导管架基础均为先桩法。导管架基础施工流程如图 6.43 所示。

1. 导管架与钢管桩的制作

导管架主要由大直径钢管构成，应采用适应其特性的适当加工设备和程序制作。制作时，需选择合适的制作程序，特别是对节点处的处理尤应注意，制作过程中应尽可能避免高空作业，确保安全和质量。

钢管桩一般采用非等厚度（为节省钢材用量，上下两部分厚度一般不同）的钢板直缝卷制，并用自动埋弧焊焊接而成。

钢管桩制作完成后的储存、转运过程中，应注意对其表面防腐涂层的保护，一般不允许直接接触硬质索具，存放过程中底层地垫物应尽量采用柔性地垫，防止因硬质垫层导致涂层受损。

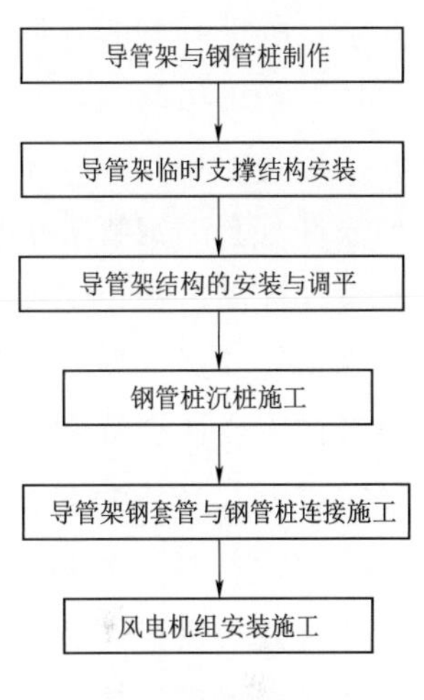

图 6.43　导管架基础施工流程图

2. 导管架临时支撑结构安装

采用套管式桩作为塔架基础时，为确保安装精度，防止导管架的下沉，需设置临时支承。临时支承的方法是直接在海底地基施打临时支承钢管、打设临时支承桩以及先打设正式桩兼作临时支承等。各种方法均应预先进行结构计算，详细设计，并确保导管架结构的安装精度。临时支承桩的打设有许多施工实例，其打设使用送桩时，还需要研究送桩和临时支承桩的连接方法以及与导管架的连接。

近海工程中，桩基式导管架初始坐底时，也有依靠设置在靠近泥面水平层框架下的防沉板来防止桁架式导管架底部下陷。防沉板的设计承载应充分考虑导管架安装过程中所受到的水平环境荷载、自重等相关因素的影响，并确保导管架结构的稳定安全系数及地基承载力与防沉板受力比值控制在规范容许的范围内。

3. 导管架结构的安装与调平

导管架结构的安装精度对基础平台本身的施工质量有很大影响。因此，安装施工时应按设计要求的精度正确实施，为确保平面位置精度可以考虑采用导向装置。高度和倾斜度的精度受临时支承精度控制，为确保精度往往采用定位隔板与防沉板兼用的方式来进行调整，并采用多功能打桩船配合来进行导管架结构的调平作业。导管架安装过程中，须采取必要的措施尽量保持导管架的水平，应尽量避免沉桩作业完成后再进行导管架的调平作业。

4. 钢管桩沉桩施工

导管架基础沉桩作业一般须采用大型多功能打桩船进行钢管桩的施工作业，桩锤可以采用液压锤及筒式柴油锤。钢管桩打设施工方案如下：

（1）为保证沉桩期间的稳定性，在船艏和船艉分别设置八字开锚和前后抽芯缆，同时在两侧舷各布置一根锚缆。

（2）沉桩开始时，起重船通过松紧锚缆移船至运桩驳船边，将钢管桩吊起。

（3）管桩吊起后，在GPS系统指引下，移船至桩位处，打开抱桩器下桩，钢管桩稳定后，起重船副钩吊起液压锤，将替打（桩锤和桩之间起缓冲作用的替打和桩帽属易损件）套上钢管桩桩顶，在平面位置和垂直度校正后，开启桩锤，进行钢管桩打设至设计标高。桩位偏差可控制在10cm，垂直度控制在0.5%以内。

在钢管桩插入导管架的钢套管时，应注意不要冲撞套管，避免产生移动和变形。需要考虑不会使套管发生移动的打桩程序。桩的打设应满足设计条件规定的容许支承力和拉拔力。当认为不能满足设计中规定的贯入深度时，应进行专门研究。

5. 导管架钢套管与钢管桩的连接施工

套管应与桩牢固连接，其构造应将套管的作用力传递到桩上，套管与桩的连接有灌浆连接和焊接连接（或两者皆用）两种方式。

（1）灌浆连接。灌浆料应能充填套管支柱与桩的空隙，空隙在有海水时，应能置换海水，且应具有将附加在套管上的重量可靠传递到桩上的强度。灌浆材料和机械性能的选择需达到上述要求。灌浆作业前，应进行原材料配合比设计，并进行相关的强度试验工作，以保证钢管桩与桁架式导管架套管之间连接的均匀性和可靠性。

（2）焊接连接。焊接连接借助填隙片层的焊接连接，应具有将附加在套管上的重量可靠传递到桩上的强度。因钢套管与桩基之间的间隙不同，填隙片的大小，应根据现场实际情况确定。

6.2.4.3　导管架基础施工关键技术

首先，分析导管架基础沉桩技术。针对“先桩法”工艺导管架工程桩沉桩，一般要求钢管桩平面容许偏差小于50mm，高程容许偏差小于50mm，纵轴线倾斜度偏差不大于0.5%。钢管桩施工位于开阔的外海并且钢管桩顶标高位于水面以下，必须采用可靠的限位措施达到桩位准确，并尽可能减小相对偏位，以保证后续导管架的顺利安放。例如：在水深7～11m的桂山海上风电项目中，采用桩基固定式定位架，应用

坐底式定位架沉桩工艺；在水深20～30m的阳江海上风电项目中，多家施工单位分别采用浮式新型稳桩定位平台、吸力筒导管架稳桩定位平台等多种形式的沉桩定位平台。随着水深进一步加深，需要解决减少风浪流对沉桩作业的影响，将海上作业调整为水下作业，开发海床沉桩智能定位系统是深水导管架打桩的研究方向，国外采用的水下定位架施工技术值得借鉴。深水打桩定位系统应满足水深30～80m水下作业要求，同时配备自动化液压控制系统和水下施工监控系统，提高沉桩作业精度。对于“后桩法”群桩导管架沉桩而言，工程桩通过导管架限位，但打桩过程的调平与打桩完成后导管架调平与锁定更为关键。

其次，分析导管架调平与锁定技术。目前导管架的调平方法一般有两种：一种是通过卡桩器加调平器的方式，即普通的深水导管架调平方式；另一种是先通过提升导管架低点，然后将导管架与钢桩固定，边打桩边调平的方式，即普通的浅水导管架调平方式。“后桩法”斜桩导管架调平采用浅水导管架调平技术，并采用“刀把法”锁定导管架。所谓“刀把法”导管架调平与锁定技术是通过在导管架顶部采用“7字板”对钢管桩和导管架顶部进行焊接的方式临时固定，交替打桩时对打桩的桩位解除导管架和钢管桩之间的临时固结，靠其他桩位的临时固结承担导管架自重的方式防止导管架下沉的方法。对于深水导管架安装调平及其安装后的灌浆工艺都是用卡桩器来完成，即利用调平器将导管架调到误差范围内之后，焊接在群桩套筒上的卡桩器夹住钢桩，使导管架保持水平和稳定。

最后，分析深水导管架水下灌浆技术。与海洋石油平台的灌浆相比，无论是材料、受力机理、还是施工，海上风电灌浆都有自身特点。海上风电导管架基础施工中，水下灌浆技术是施工难点，导管架基础和钢管桩连接主要通过灌浆方式进行。在海上风电项目中，导管架灌浆连接通常采用泵送压浆的方式将灌浆料灌注到海平面以下的灌浆连接段。在灌浆施工中，要求在海上恶劣施工条件下较短时间内完成水下灌浆，对材料的工作性、可泵送性和早期强度提出较为苛刻的技术要求。

6.2.4.4 典型案例

1. 案例1

2020年7月12日，某400MW海上风电项目首个三桩芯柱式嵌岩桁架式导管架基础的桩基础开始施工，在国内外海上风电嵌岩基础施工领域迈出坚实的一步。每个机位设置有3根直径2400mm变直径2000mm嵌岩灌注桩，钻孔进入微风化层，孔深约70m。项目引入了该公司在跨海桥梁工程中海上桩基础施工的关键技术并结合风电基础的海洋环境和地质情况进行了优化提升，创新了海上装配式整体化嵌岩施工平台，选用国内先进的大型旋挖钻机，反复试验研究总结出本海域海水造浆的最佳配合比，自主设计海上嵌岩平台混凝土搅拌生产设备，精准解决了恶劣海洋环境下对嵌岩灌注桩连续施工困难的技术难题。桩芯柱式嵌岩桁架式导管架基础施工图，如图6.44所示。

图 6.44　桩芯柱式嵌岩桁架式导管架基础施工图

二期项目所在海域地质条件复杂多变，项目设计了四桩非嵌岩桁架式导管架、芯柱式嵌岩桁架式导管架、植入式嵌岩桁架式导管架等多种基础型式，其中芯柱式嵌岩桁架式导管架是首次在深水海上风电项目中运用，意味着项目成功打破深水海上风电芯柱嵌岩基础施工壁垒。

2. 案例 2

三航局江苏分公司某海上风电场工程项目经理部顺利完成首套风电机组基础桁架式导管架吊装工作。该桁架式导管架总重超 900t，是目前国内最大最重的海上风电机组基础桁架式导管架。

首套风电机组基础桁架式导管架安装于本工程风电场 3 号机位，该机位采用“四桩桁架式导管架式”风电机组基础结构型式。

本工程桁架式导管架安装采用的水下对位、水下灌浆等技术均是国内海上风电施工的首次尝试。首套风电机组基础桁架式导管架的成功安装，既是该项目的重大节点，也是新技术、新工艺应用的真实检验。四桩桁架式导管架基础如图 6.45 所示。

6.2.5　吸力筒基础施工

6.2.5.1　基础结构特点及适用性概述

吸力筒基础由筒体和外伸段两部分组成，筒体为底部开口顶部密封的筒型，外伸段为直径沿着曲线变化的渐变单通。吸力筒基础示意图，如图 6.46 所示。吸力筒的技术研究很多，但是实际工程应用相对较少，原因在于此种基础对地质条件有一定要求，对施工精度要求较高，技术难度较大并且有失败的教训，但是由于其本身在施工、承载和重复利用等方面有独特的优势，在英国、德国和丹麦受到关注。吸力筒在滩涂海上风电场和海上测风塔中有过应用。

6.2.5.2　基础施工特点

该基础技术及施工方面的优势主要体现在以下方面：

（1）施工便捷，沉桶采用负压原理，不需要打桩设备以及重型吊车等。

图 6.45　四桩桁架式导管架基础

图 6.46　吸力筒基础示意图

（2）与单桩基础相比，桶式基础刚度大，动力响应小。

（3）施工期无噪声。

（4）基础可漂浮运输。

（5）拆卸便利，只需平衡沉箱内外压力便可将沉箱轻松吊起，风电场寿命终止即可拔出，进行二次利用。

该基础施工方面的劣势主要表现在以下方面：

（1）制作工艺复杂，较单桩基础工序多。

（2）对地形、地质的要求比较高，只能运用于软土地基，不适用于冲刷海床、岩性海床、可压缩的淤泥质海床以及不能确保总是淹没基础的滩涂及潮间带。

（3）海上托运时要求港口有一定水深。

（4）吸力桶在下沉过程中容易产生倾斜，需频繁矫正。

桶式基础的主要优势在于施工便捷，但涉及负压沉贯原理，设计所需考虑的因素较多，设计难度较大，因此投资波动较大。另外，在施工时，其下沉过程中应防止产生倾斜，对负压沉贯的要求较高；由负压引起的桶内外水压差会引起土体中的渗流，虽然能大大降低下沉阻力，但过大的渗流将导致桶内土体产生渗流大变形，形成土塞，甚至有可能使桶内土体液化而发生流动等。桶式基础起步较晚，发展时间也不长，在我国近海港口工程中应用广泛，但在海上风电场风电机组基础中应用还不够成熟，一些风险分析不全面，因此尚未全面应用，仍处于研究和试验阶段。

6.2.5.3　典型案例

1. 案例 1

Frederikshavn 海上风电场对不同的风电机组采用不同的基础型式，其中 Vesta V90-3.0 采用负压桶基础。Frederikshavn 负压桶基础是一个钢质结构，由 3 部分焊接组成，即中心圆柱、加劲梁和桶体。中心圆柱通过法兰与上部风电机组塔筒连接，加劲梁上部结构可有效传递中心圆柱的荷载至桶体。

图 6.47　吸力筒基础下沉施工图

Fredkrikshavn 负压桶基础下部桶体为大直径薄壁圆筒结构，直轻 12.0m。壁厚 25～30mm，高 6.0m；加动梁高 2.7m，整厚 15～30mm，中心圆柱直径 4.19m，该负压桶结构设计通过了 DNV 的认证。整个负压桶基础质量约 140t，上部塔筒及风电机组、基础的运输与施工安装采用 A2Sea AS 公司的 Sea Power 船完成。吸力筒基础下沉施工图如图 6.47 所示。

2. 案例 2

2020 年 8 月 9 日，国内首台吸力筒导管架风电机组基础在广东省阳江市阳某 300MW 海上风电项目顺利安装，开创了国内海上风电吸力筒导管架基础安装先河。吸力筒桁架式导管架总高 63m，总质量约为 1560t，由 3 个直径约为 13m、高约 11m 的吸力筒和高 52m 的上部导管架组成。

吸力筒具有内部中空、单个尺寸大、导管架自身重量大、重心高、上部空间结构紧凑、桶身结构单薄的特点。为此，项目组从运输到安装整个过程都设计了非常精准的方案，确保了项目的顺利完成。如设计专用工装结构，优化整体吊装方案，解决了吸力筒导管架海上运输和吊装的难题。此外，还提高勘探的精度，精准控制吸力筒下沉过程中产生的压力，使其达到设计深度。

为了确保首次安装成功，施工方专门调遣了 4000t 起重船“华天龙”作为主力吊装船舶进行施工。

吸力筒技术在海上风电场的应用可以有效降低工程施工对海洋环境的污染，减少海上风电对大型海工装备的依赖，大幅度降低工程造价，有效降低海上施工风险。吸力筒导管架基础施工图如图 6.48 所示。

6.2.6　浮式基础施工

6.2.6.1　基础结构特点及适用性概述

随着水深的增加，特别是当水深超过 50m 之后，桩承式等固定式基础的成本越来越高。水深超过 50m 的海域，浮式基础具有成本较低、运输方便的优点。海上风电机组浮式基础是由海上采油平台基础发展而来，风电的浮式基础得到了大量关注。风电机组浮式基础已经开展了大量的概念研究。目前已经提出的海上风电浮式基础主要分为 Spar、

图 6.48　吸力筒导管架基础施工图

TLP 和半潜式基础三类，如图 6.49 所示。同时也提出了某些新颖的浮式基础。

1. Spar 型式的基础

此种类型的基础，通过压载舱使得整个系统的重心压低至浮心之下来保证整个风电机组在水中的稳定，再通过辐射式布置的悬链线来保持整个风电机组的位置。Spar 型式基础吃水大，并且垂向波浪激励力小、垂荡运动小，因此 Spar 型式的基础比半潜式基础有着更好的垂荡性能，但是由于 Spar 型式的基础水线面对稳性的贡献小，其横摇和纵摇值较大。

2. TLP 型式的基础

TLP 型式风电机组浮式基础主要由圆柱形的中央柱、矩形截面的浮筒、锚固基础组成。TLP 型式的基础具有良好的垂荡和摇摆运动特性。缺点是张力系泊系统复杂、安装费用高，张力筋腱张力受海流影响大，上部结构和系泊系统的频率耦合易发生共振运动。

3. 半潜式基础（Semi－Submersible）

半潜式风电机组浮式基础主要由立柱、横梁、斜撑、压水板、系泊线和锚固基础组成。半潜式基础吃水小，在运输和安装时具有良好的稳定性，相应的费用比 Spar 和 TLP 型式基础的更节省。

(a) Spar基础

(b) TLP基础

(c) 半潜式基础

图 6.49　浮式基础示意图

相对于固定式基础，浮式基础作为安装风电机组的平台，用锚泊系统锚定于海床，其成本相对较低，运输方便，但稳定性差，且受海风、海浪、海流等环境影响很大，平台与锚固系统的设计有一定的难度。浮式基础必须有足够的浮力支撑上部风电机组的重量，并且在可接受的限度内能够抑制倾斜、摇晃和法向移动，以保证风电机组的正常工作。

深海区域的风能资源比近海区域更为丰富，据统计，在水深 60～900m 处的海上风能资源达到 1533GW，而近海 0～30m 的水域只有 430GW。在 50m 以上水深的海域建设海上风电场，若采用传统的固定式桩基础或导管架式基础成本将会很高，无法向更深的水域发展，当水深超过 60m 之后，漂浮式海上风电机组将比固定式海上风电机组更具有工程经济性，并随着水深增加而愈加凸显其经济优势。因此，海上漂浮式风电机组极大地拓展了海上风电的应用范围，并且具有诸多的优势。

6.2.6.2 基础施工特点

目前，浮式风电机组的平台基础制造还是以钢质材料为主。但近些年，已有部分设计提出以预应力混凝土作为浮式基础平台的主材料。整个平台的制造过程可在船厂等陆上基地进行，标准化的流水线作业和大规模生产可大幅度降低制造成本。浮式平台基础重量大多在 2000t 以上，混凝土材料可达 10000t 以上。相比于固定式风电机组，浮式风电机组在浅水区域并不具有经济优势，但是其平台重量对水深变化不敏感，因此在深远海域逐渐凸显其成本优势。

张力腿式浮式风电机组能够在港口码头完成基础平台、塔架和风电机组的组装工作，而不必像固定式风电机组那样在海上通过大型浮吊设备进行复杂的海上安装作业。对于张力腿式浮式风电机组，由于不具有自稳性，因此多用干拖方式，对运输的船只稳性要求较高，其海上施工安装也较为复杂。半潜式浮式风电机组对运输工具要求较低，通常简单的拖船即能将其运输到预定机位点进行海上锚定。运输的过程常采用湿拖的方式，并且为浅吃水状态，因此拖航过程需要预先进行稳性校核以防倾覆，并对拖航时的海况有窗口期要求。对于立柱式浮式风电机组，由于吃水较深，拖航过程需要特别考虑航道水深。

6.2.6.3 基础施工过程

浮式基础结构的总体制作安装程序为：在陆上工厂完成制作和组装，然后在海上整体运输至既定地点，最后与系泊系统进行连接。浮式基础施工流程如图 6.50 所示。

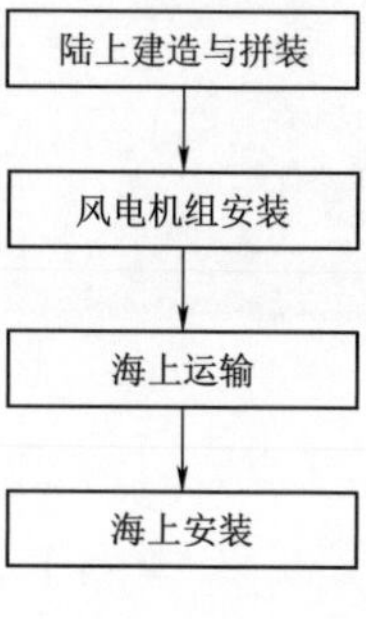

陆上建造与拼装
↓
风电机组安装
↓
海上运输
↓
海上安装

图 6.50 浮式基础施工流程图

1. 陆上建造与拼装

在陆上工厂中完成浮式基础结构的制作并进行拼装，然后在海岸码头上通过滑道、半潜驳船或吊运设备将浮式基础结构移入水中。

2. 风电机组安装

半潜式基础结构和张力腿式基础结构一般在码头附近的水域中直接进行风电机组的安装；单立柱式基础结构由于吃水深度较大，一般采用专用船舶将风电机组和基础结构在海上分别运输至水深较深的海域后再进行风电机组的安装。

3. 海上运输

运输前，应对运输船舶的压载方案、拖航阻力、浮态、稳定性、强度、运动幅值等参数进行计算校核，并进行运输航线的规划。运输时可采用两种方式：第一种方式是通过增加基础结构的压载水仓来降低基础结构的重心，提高其运输期间的稳定性；第二种方式是采用专用运输船舶进行运输。单立柱式基础结构和半潜式基础结构可直接在海上进行运输，张力腿式基础结构由于在安装系泊系统前不具备稳定性，需要采取一定的措施提高其稳定性后才能进行海上运输。

4. 海上安装

在风电机组和基础结构运输到既定海域的安装地点后，与之前已经安装完毕的泊系统以及电缆进行连接后，即可完成整个浮式基础结构的安装。

6.2.6.4 典型案例

1. 案例1

Floatgen项目是法国第一个浮式风电机组试验项目，它于2013年启动，2017年底安装完毕，2018年开始进行样机运行测试。该样机部署于法国布列塔尼半岛南部的卢瓦河大区比斯开湾北部，离岸距离20km，水深33m。浮式平台采用混凝土材质的驳船型浮式风电机组基础DampingPool，部署样机容量2MW，通过6根聚酯系泊缆实现半张紧系泊定位。据公开数据显示，2019年上半年，样机发电量2GW，经受了11.7m波高海况的考验。DampingPool样机项目如图6.51所示。

图6.51 DampingPool样机项目

2. 案例2

Hywind浮式风电机组试验项目距离挪威西南海岸12km，该项目装机容量2.3MW，风电机组所在位置水深约为220m，为世界首个尺寸漂浮式海上风电机组。

Hywind浮式风电机组采用柱形浮筒浮式结构，是一种细长、压载稳定的圆柱形结构。柱形浮筒为钢制结构，在水面线附近柱体直径为6m，水下圆柱体直径为8.3m，高度为100m，整个柱形浮筒高度为117m，排水量约为5300m^3。筒内压载水和岩石等，可通过对压载物的控制来准确确定基础的重心位置，筒内压载后总质量为3000t。

第7章　风电机组塔架施工

风电机组塔架施工需要特殊的安装作业方案和设备，施工工艺的先进性对确保施工安全，保证塔架安全可靠运行以及降低成本具有重要意义。

本章主要阐述陆上和海上风电场风电机组塔架的施工技术和施工内容，分析了相应技术路线的优缺点。

7.1　陆上塔架施工

7.1.1　钢制锥筒塔架

7.1.1.1　塔架制作

1. 塔架下料和卷制

(1) 塔架锥段的板材下料精度控制。钢材的下料是塔架制造的第一道工序，其质量直接影响塔架的制造精度和强度。为保证塔架预制的顺利进行，必须要把好第一关，即下料的质量关。塔架锥段展开料是扇形板，由于材料薄，板材在切割时容易在切割胎架上产生位移，导致两圆弧边在同一圆台母线方向拱高不同、对角线超标、板材不对称等缺陷出现。针对下料缺陷，采用在不同板边加不同余量后二次划线、下料找正等方法对板材进行修正控制，降低卷制不合格率。

扇形板下料边长、对角线误差不大于 2mm；按卷制方式不同抗铁方向加 0～30mm 余量；切割采用数控切割，切割过程余料不能破断，最后在直边处结束切割。

(2) 制定卷制参数和工艺。三辊卷板机上下辊互相平行，其角速度相同，板材碾压过程中两端线速度相同，卷制过程中板材受力线和板材母线平行，而扇形板材的母线是放射性的，因此受力线也必须是放射性的，卷制时受力线和母线产生一个夹角，这就要求板材两端线速度不同，以达到受力线和母线平行的目的。通过增加抗铁减速，调整上辊倾斜角度参数、横移量、下压量等技术参数实现了利用现有卷板机卷制锥体的功能，经多次组织塔架筒体的试卷工作，摸索出卷制经验和参数，在后续塔架筒体大小口卷制实施中，发挥了重要作用。塔架锥形筒体卷制如图 7.1 所示。

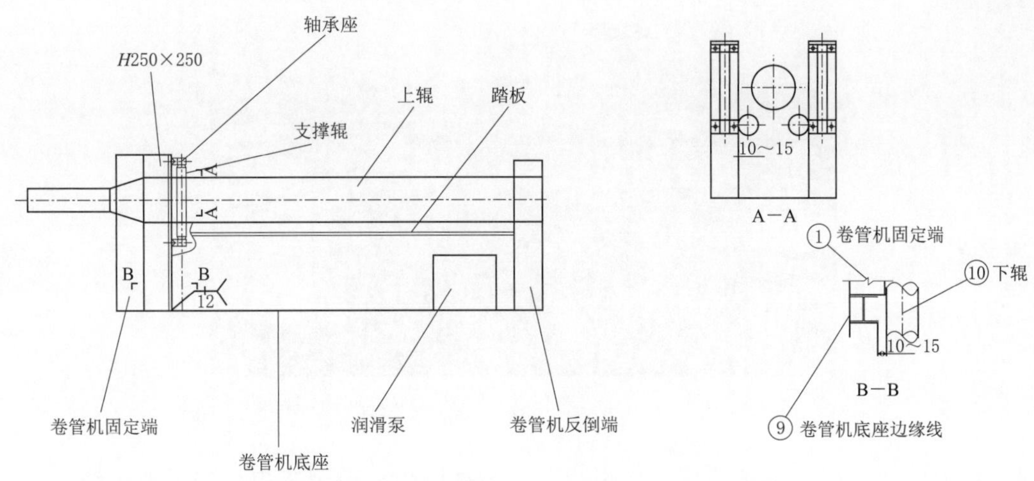

图 7.1 塔架锥形筒体卷制（单位：mm）

2. 塔架焊接

（1）塔架筒体焊接。相邻筒节的纵焊缝应尽量错开 180°，不得小于 90°。锥段的纵缝和环缝焊接采用大钝边无间隙焊接，壁厚 12mm 和 14mm 的锥段错边小于 1.5mm，翘边在 2.0mm 之内，焊道余高 0～3mm，直线度连续 300mm 长度内小于 4mm。

（2）塔架法兰与筒体焊接。焊后法兰的平面度是检验塔架最重要的指标之一，也是关键性施工环节，它的精度关系到后续吊装的发电机是否能够平稳运行，降低其疲劳损耗，延长使用寿命。

在法兰组对焊接过程中，采用刚性固定和特定顺序焊接等措施，能有效地控制了法兰焊接过程中的变形。法兰焊接如图 7.2、图 7.3 所示。制作米字架支撑时，打孔处要用加强板加强。喷砂防腐时除暂时拆除米字支撑外，其余都要加装米字支撑，防止失效变形，直到吊装再拆除。

（3）塔架门框及附件焊接。法兰焊接合格后，进行门框与筒体焊接，采用手弧焊。门框与相邻筒节纵环缝间距大于 100mm，相邻筒节纵向焊缝与门框中心线相错不小于

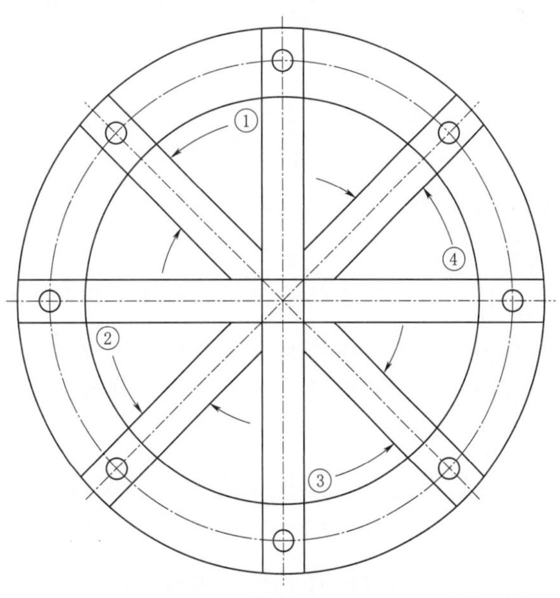

图 7.2 法兰固定措施及焊接顺序

图 7.3 法兰焊接

90°。接着安装附件，采用手工电弧焊焊接，附件的焊接位置不得位于塔架焊缝上。

7.1.1.2 塔架吊装

钢塔筒吊装流程如图 7.4 所示。

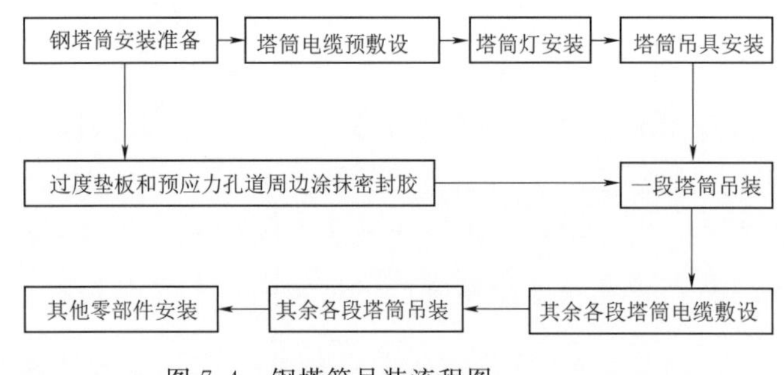

图 7.4 钢塔筒吊装流程图

1. 吊装设备选择

根据风电场风电机组设备的重量、外形尺寸、吊装高度及其结构特点，以及现场吊装条件，结合施工单位现有的起重设备、业主的工期要求和施工成本，决定吊装设备型号和数量。目前常见的三种吊装设备有大型履带式起重机、大型汽车起重机以及大型轮胎式起重机。

(1) 大型履带式起重机。大型履带式起重机不仅起重能力强，也能够有效适应各种复杂场地，能够保证施工效率，尤其是可以带载行走，确保风电机组叶轮和机舱对接安装的要求得到满足。在以往风电机组吊装中，主要借助履带式起重机完成机舱、塔架以及叶轮等大部件吊装施工。当场地与道路比较宽敞的时候，这种方法有利于履带式起重机作业，其作用能得到充分发挥。此外，履带式起重机缺乏一定抗风的能力，尤其是侧向抗风能力，若是风电机组吊装中风力过大，则必须根据要求停止施工，而上段塔架与机舱需要当天进行安装，这样吊装作业就显得不够连贯，为安装进度与质量带来了不利影响。履带式起重价格昂贵，在维护与转场运输时需要投入较大

成本，从而大幅度增加了风电机组吊装成本，影响了最终的经济效益。

（2）大型汽车起重机。大型汽车起重机也具备较强的起重能力，便于转移，机动性较好，当场地平整、环境较好时可以保证性能的有效发挥。风电机组起吊过程中应该让支脚落地，不能出现负载形式的情况，且汽车起重机对风载非常敏感。

（3）大型轮胎式起重机。大型轮胎式起重机与汽车起重机相比，不仅车轮间距加大，在稳定性与对路面适应性上也有了很大提升，解决了汽车起重机的部分缺陷。同时轮胎式起重机转移速度很快，机动性较好，也弥补了履带式起重机在这些方面的不足。虽然轮胎式起重机包括了履带式起重机与汽车起重机等特性，不过支脚需要落地方可负载，不能带载行驶。轮胎式起重机与履带式起重机、汽车起重机类似的高大臂架在面对风载时非常敏感，从而影响了轮胎式起重机在风电吊装中所发挥的作用。

2. 塔架吊装流程

结合风电机组吊装施工要求，具体塔架吊装流程示意如图 7.5 所示。

塔筒卸车要与吊装场地边缘保持较近的距离。在卸车的过程中要防止塔筒表面受到污染，需要借助沙袋、支架等做好保护工作，防止塔筒两端发生变形的情况。在吊装塔筒的时候主要选择双机抬吊递送法，简而言之就是吊装塔筒需主辅两台吊车配合起吊，主吊机械吊装塔筒小直径端，副吊机械吊装塔筒大直径端，在吊装中当塔筒离开地面后，塔筒底部借助辅助吊车对塔筒底端与地面距离作出调整，防止塔筒底部和地面出现接触变形的情况。通过平移、起吊塔筒对接就位，在完成对塔筒的吊装后必须穿上高强螺栓，通过专用电动扳手预紧塔筒和基础环的高强螺栓，保证紧固达到要求，实现稳定性的提升。细节包括：

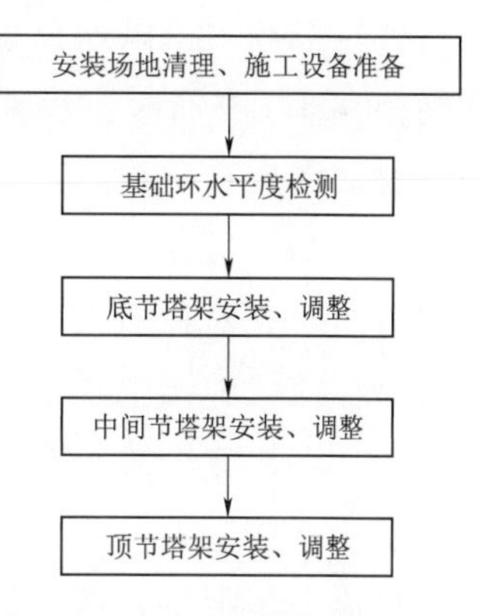

图 7.5 塔架吊装流程图

（1）利用水准仪复测基础环顶部法兰中线的水平度，可均布选 6 点或 8 点。

（2）在吊装区域，严格做好警戒措施，设立警戒线，无关人员和车辆禁止进入警戒区。现场吊装必须有专人进行安全监护，监护人和指挥人员必须悬挂明显标识，戴好袖标。

（3）检查吊具、卸扣，应完好、没有印痕和裂纹；检查钢丝绳、吊带，应完好、无断磨损；检查吊具螺栓、螺母，应完好、无弯曲或螺纹损坏；拆除塔架上下部包装及支架，清洁法兰表面的油脂和灰尘；起重机械操作工和起重工必须持证上岗；设备起吊必须严格遵守规则，严禁违章指挥和野蛮施工，禁止在起吊物上或下面站人。

（4）吊机按指定位置停放好，汽车吊扒杆伸到合适高度。吊机停放的地面承载力应满足需求，主吊机支腿要垫路基板，辅助吊支腿要垫好。

（5）吊装底部塔架内的环网柜、变压器等附属设备。

(6) 清点塔架与基础环连接的螺栓、螺母、垫圈数量，将基础环螺孔一一摆放在基础环内，并涂抹润滑脂，须将垫圈倒角面向外；准备安装使用工具放置在基础环内，引入电源，在基础环法兰面的螺孔内、外部区域周圈上连续、均匀涂上适量的密封胶。

(7) 在底部塔架的两端法兰合适的螺孔上分别装上专用吊具，并用吊带或钢丝绳固定在主吊、辅吊吊钩上；主吊端是塔架的顶端，辅吊溜尾端为塔架的底端。在塔架的底部两侧螺孔处拴上缆风绳，控制塔架的水平摆动；用适当的容器将安装第二节塔架需要的连接法兰螺栓、垫圈、螺母等固定在底塔架的顶部平台处。将设备吊离地面200～500mm后，检查起重机的稳定性和制动器的可靠塔架的平稳性，绑扎的牢固性，确认无误后方可起吊。使用主吊、辅吊同时提升塔架到适合高度，主吊、辅吊配合调控将塔架翻身到竖直状态，然后利用主吊下降塔架高度到适合工人拆除底端辅吊吊具的位置，拆除辅吊吊具。

(8) 根据主吊风速仪显示，将风速控制在容许范围内，利用主吊提升塔架到高出环网柜0.5m左右时，旋转主吊至基础环正上方；在基础环内工作人员的扶持下缓慢向下移动塔架，防止塔架刮伤、撞击环网柜或变压器等附件；直到塔架下放到离基础环法兰面2cm左右时，塔内外工作人员合力人工旋转塔架，将塔架门对齐基础环标记的门方向，先对称插入4根螺栓定位，再下放塔架到基础环上。整个吊装期间，利用两根对称缆风绳调整、稳定塔架，在塔架即将下放到基础环前拆除缆风绳。

(9) 塔架完全放置在基础环上后，将剩余连接螺栓、螺母全部套上，注意螺栓一般都是从下往上穿。首先利用2把或4把电动扳手十字对称地初步拧紧全部螺栓；然后更换成力矩扳手，调整好力矩值（需要提前计算好三遍力矩值，分别为要求力矩的50%、75%、100%，并做好标记）；最后十字对称地分遍打力矩：第一遍力矩打到50%时，主吊可以摘钩并准备第二节塔架吊装；第二遍力矩打到规定值的75%时（也有部分厂家要求打到100%），可以吊装第二节塔架及以上设备，在所有设备吊装完成后；第三遍从上到下打满力矩至100%，打满时要及时用记号笔画上所有螺栓螺母的防松线。第四遍打力矩时要特别注意，不允许打超。

(10) 在初始打力矩的过程中，外部人员需要做好以下工作：①安装底节塔架的内外爬梯；②做好第二节塔架吊装前的所有准备工作。

(11) 每一段塔筒安装前必须先在爬梯处挂好安全速差器。进入塔筒人员必须挂好安全带或安全自锁器。

(12) 塔架安装的垂直度是依靠基础环上法兰水平度和塔架的法兰平整度来实现的。因此，吊装底塔架前复测基础上法兰水平度（一般要求水平度控制在±1.5mm，但根据不同的机型验算，也有要求在±2mm的）是非常重要的工序。塔架法兰平整度是由制造厂控制的，在吊装、存放、运输过程中，塔架两端的法兰处都必须安装有

支架，预防塔架及法兰变形。

(13) 第二节塔架的吊装过程同底部塔架，塔架对中、缓慢下放到距离底部塔架法兰 2cm 左右时停止下放，人工旋转、调整塔架方位，保证上下塔架的爬梯、电缆或导电轨方向一致。对称穿入 4 个螺栓定位后缓慢下放塔架至底节法兰面上。

(14) 由下而上穿上所有连接螺栓，螺栓紧固过程与底节塔架相同。打力矩的过程中同样做好第三节塔架的吊装准备工作。

(15) 若有第四节塔架的风电机组，第三节塔架安装过程与第二节相同。只有三节塔架的风电机组，第三节塔架吊装时要首先考虑当天能否吊装压上机舱，否则过夜后时间太长，受刮风、下雨等不确定性因素影响，可能对风电机组造成安全隐患。因此，第三节塔架和机舱应该在同一天连续吊装完成。

某塔架吊装施工的现场图如图 7.6 所示。

7.1.1.3 施工案例

湖南省永州市道县某风电机组机舱重约 30t，叶片长 72m，风轮直径 145m，整个塔筒高约 90m。据此选用 650t 履带吊车为主吊，辅以 100t 汽车吊进行风电机组的安装工作。塔筒四段分别吊装。湖南某风电项目塔架吊装施工图如图 7.7 所示。

图 7.6 某塔架吊装施工现场图

图 7.7 湖南某风电项目塔架吊装施工图

7.1.2 预应力混凝土塔架及混合塔架

预应力混凝土塔架多用于低风速开发区或大功率的风电机组，通过提高塔架高度来实现经济效益。混合塔架是指采用钢塔和混凝土塔进行组合，塔架下部通常采用预应力混凝土塔架，通过连接过渡段与上部钢塔连接，上部钢塔与机舱连接。该塔架综合了钢塔和混凝土塔的优势，维护费用低，运输方便。预应力混凝土塔架高度目前已经突破 80m，单节塔筒高度为 2.5～4m，考虑塔筒的运输及预制，一般单节混凝土塔筒分多片预制，大多数均按2片、4片预制，每片达到龄期后进行拼装形成整环，运输条件好的情况下可以整段预制，提高塔架的安全可靠性，整环拼接后通过过渡段连接机舱。

7.1.2.1　预制厂布置

1. 预制场规划原则

根据预制环片的数量和工期、风电机组位置、地形条件、相关的工艺要求及设备选型、人员配备、当地的气候、水文地质情况，当地的交通、水力、电力情况，当地材料供应情况等因素综合考虑，其具体要求如下：

（1）风电机组位置集中，一般选在风电机组位置平面的中心地带。

（2）预制场的位置应尽量选在地质条件好的地方，减少土石方工程和基础加固工程量，尽量降低大型临时工程费用。

（3）预制场位置应尽量与既有公路或施工便道相连，有利于大型预制设备运输进场。

（4）环片的运输和吊装是施工组织的一个关键工序，较短的运输距离可确保环片运输安全和提高吊装的施工进度。

（5）预制场应尽量使用荒地，尽量减少征地面积，在位置满足预制环片和储存的前提下，尽量利用红线范围以内的区域设置预制场，少占用耕地，减少拆迁量。

（6）预制场选址上不宜布置在地势较低的区域，特别是山区，以防止洪水浸漫。

（7）在一些特殊的区域，应合理考虑地材和水源因素，防止因地材和用水短缺发生预制进度受阻情况。

（8）预制场宜远离居民生活区，防止噪声污染，产生各种纠纷。

2. 预制场布置设计

（1）根据起吊设备、环片制造程序和工艺要求，预制场采用横列式布置，有利于轮胎式起重机吊运装车，占地面积小。

（2）预制场设置预制环片台座、存储台座、静载试验台座、模具存放台座、钢筋绑扎台座等。

（3）场区设置包括以下工作：

1）场区内设置混凝土搅拌区、蒸汽养护区、砂石料场、材料存放区、实验室等生产区。

2）场内道路设置在预制场中间，经过平整压实，浇筑20cm厚混凝土路面，具有大件运输能力，场外道路宽5m，转弯半径大于15m。

3）预制场地基，预制场区内的换填灰土分层碾压后，上铺10cm碎石，面层采用15cm厚C15混凝土进行地面硬化。为避免预制场地基由于积水产生沉陷对环片质量造成不良影响，在场地硬化时设置2%的排水横坡，在场区四周设置40cm×40cm的

排水沟，将积水迅速排出。在预制场外两侧铺设龙门吊运行轨道，轨道长度按照预制区到存储区的长度进行铺设。

预制场内配备1台龙门吊和2台汽车吊进行环片预制、模板吊装和拆卸等，同时龙门吊用来起吊移动环片、辅助装车工作，汽车吊负责装车出厂。

7.1.2.2 预应力混凝土塔筒施工

预应力混凝土塔筒施工流程如图7.8所示。

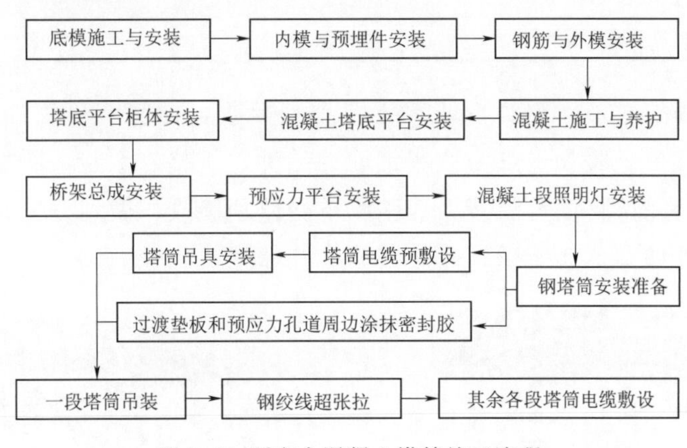

图7.8 预应力混凝土塔筒施工流程

1. 钢筋工程

(1) 钢筋加工。混塔钢筋制作与安装应严格按照设计图纸进行加工，主要考虑预应力孔道、预埋件、吊点埋件等的位置和固定，严格控制钢筋保护层，保证钢筋的制作及安装质量符合相关设计及规范要求。

钢筋在风电机组基础钢筋加工厂加工成型后运至现场进行安装。现场绑扎成型，钢筋焊接采用电弧焊，焊接质量及焊缝长度、搭接长度均需满足规范要求。将加工好的钢筋，人工运至现场，绑扎底板、腹板及顶板钢筋并安装正负弯矩预应力管道。

(2) 一般要求。钢筋应有出厂质量证明书和试验报告单，每捆（盘）钢筋均应有标牌。进场时应按炉罐（批）号及直径分批验收。验收内容包括查对标牌、外观检查，并按规范的规定抽取试样做力学性能试验，合格后方可使用。

(3) 钢筋的制作与安装。钢筋制作前，工程技术人员按照工程的施工图纸、施工规范认真翻样，并绘制详细图样送交监理审核无误后，进行加工制作。钢筋的数量、规格、接头位置、搭接长度、间距应严格按照施工图施工绑扎。

(4) 钢筋绑扎质量要求。钢筋绑扎容许偏差值见表7.1。

钢筋的品种和质量必须符合设计要求和有关标准规定。钢筋的规格、形状、尺寸、数量、间距、锚固长度、接头位置必须符合设计要求和规范规定。钢筋绑扎容许偏差值必须符合表7.1的要求，合格率应控制在90%以上。

表7.1　钢筋绑扎容许偏差值

分项名称	容许偏差值/mm
骨架的宽度、高度	±5
骨架长度	±10
受力筋间距	±10
排距	±5
箍筋、构造筋间距	±20
受力筋保护层墙、板	±3

（5）钢筋工程技术措施。对钢筋工程要重点验收，插筋要采用加强箍电焊固定，放置浇混凝土时移位。验收重点为控制钢筋的品种、规格、数量、绑扎牢固、搭接长度等（逐根验收）并认真填写隐蔽工程验收单交监理验收，做到万无一失。

内侧钢筋绑扎如图7.9所示。外侧钢筋绑扎如图7.10所示。

图7.9　内侧钢筋绑扎

图7.10　外侧钢筋绑扎

2. 预埋件

抬高式基础的混凝土内部需埋置多种预埋件，包括钢爬梯支撑梁预埋件、顶平台支撑牛腿预埋件、电梯起始平台支撑牛腿预埋件、门洞预埋钢板、接地耳板预埋件、接地汇流排预埋件、钢制垫板调平装置等，在浇筑混凝土之前，应确认所有预埋件已安装到位。预埋件安装如图7.11所示。

图7.11　预埋件安装

混凝土结构中的预埋件中心线位置偏差不应超过10mm，预埋螺栓中心线位置偏差不应超过5mm，预埋管的中心线位置偏差不应超过3mm。

混凝土预埋件的放样应采取精确的定位方法，安装应牢固可靠，保证其在混凝土浇筑振捣过程中不会产生位移变形等。

3. 模板工程

（1）质量控制要点。模板的轴线、标高的控制；模板的支撑系统必须确保工程结构和构件尺寸正确，具有足够的承载能力；模板平整度、垂直度控制，接缝严密性控制；模板的拆除必须有专人严格控制。

（2）模板体系。混凝土浇筑对模板侧压力很大，因此必须采取可靠的模板及支撑体系保证混凝土的外观质量。模板应根据使用情况，逐步补充。支撑体系采用满堂脚手架，必要时加可调节钢支撑加固。

（3）一般要求。风电场可根据规模，综合考虑选用模板或模具方案，模具、模板及支架需要保证混凝土塔筒构件的形状、尺寸和位置的准确，要构造简单，方便装拆，安装时要牢固、严密、不漏浆，便于钢筋安装和混凝土浇筑、养护。模板表面平整、接缝严密。施工前模板、支撑详图及施工步骤（包括拆模）须经项目总工程师审核签字认可。支撑须待混凝土达到规定强度后方可拆除，模板的拆除须经项目总工程师和甲方监理的同意。模板表面隔离剂采用不污染表面的无色矿物油，且经甲方监理审定合格后使用。

（4）安装要求。

1）模具、模板安装在施工前要进行试组拼，检查无误后用于施工及生产。模具、模板安装前应做好安全技术准备工作。

2）模具附带的埋件或工装应定位准确，安装牢固可靠。模具间连接位置的螺栓、定位销等固定方式应可靠，防止混凝土振捣成形时造成模具偏移和漏浆。

3）在模具组拼后，应对模具整体尺寸、预埋件位置、预应力孔道尺寸等进行检查，检查合格后方可进行混凝土浇筑。

4）应对上下相邻两节的模具进行预应力孔道和埋件位置的校对，避免浇筑后上下两节预制塔筒出现预应力孔道的偏差。

5）安装要保证混凝土塔筒各部分形状、尺寸和相互位置的正确，防止漏浆，构造要符合模板设计要求。

6）拼装高度为2m以上的竖向模板，不得站在下层模板上拼装上层模板。安装过程中应设置临时固定设施。

7）施工时，作用在已安装好的模板上的实际荷载不得超过设计值。已承受荷载的支架和附件，不得随意拆除或移动。

模板安装如图7.12所示。模板打磨如图7.13所示。

（5）质量要求。模板及支架必须具有足够的强度、刚度和稳定性。模板的接缝不大于2.5mm。模板的实测容许偏差见表7.2，其合格率严格控制在90%以上。

图 7.12 模板安装

图 7.13 模板打磨

表 7.2 模板的实测容许偏差值

项目名称	容许偏差值/mm
轴线位移	5
标高	±5
截面尺寸	+4、−5
垂直度	3
表面平整度	5

4. 混凝土工程

(1) 混凝土生产要求。混凝土塔筒宜集中在预制厂生产，预制前对混凝土进行试生产，检验混凝土强度是否能满足设计强度要求，混凝土施工性能是否合理。

(2) 质量控制要点。要点包括：混凝土配合比的试配及原材料质量控制和计量的控制，混凝土强度坍落度的控制，混凝土的养护措施得当有效。

(3) 配合比。施工前必须根据技术要求进行试配确定具体配合比，宜采用低水灰比。在拌制混凝土前应根据季节、温度变化以及砂、石含水量及入模混凝土的稠度、和易性、坍落度等调整配合比，使其达到最佳状态。

(4) 混凝土的运输。混凝土在运输中，应保持其匀质性，做到不分层、不离析、不漏浆。至浇灌地点时，应具有要求的坍落度。如有离析应进行二次搅拌方可入模。

图 7.14 混凝土浇筑

(5) 混凝土浇筑（图 7.14)。混凝土分层浇筑高度控制在 50cm 左右，插入式振动器振捣密实，混凝土的跌落高度一般不宜超过 2m，超过 2m 时用串筒配合下料。

（6）混凝土试块。每一验收项目中同配合比的混凝土，其取样不得少于一次。在混凝土强度标准差未知时，每一验收批不得少于10组。取样应至少留置一组标准试件，同条件养护试件的留置组数，可根据实际需要确定（如模板时间的确定）。

图7.15 混凝土养护

（7）混凝土的养护（图7.15）。正常条件（气温高于5℃）下，派专人浇水养护。夏季气温较高或冬季气温较低时用适当材料（如麻袋片、草袋）将混凝土表面覆盖，使混凝土保持水泥硬化所需要的温湿度条件。

（8）筒壁混凝土结构的容许偏差和检验方法见表7.3。

表7.3 筒壁混凝土结构容许偏差和检验方法

项目		容许偏差/mm	检验方法
垂直度	每米	5	经纬仪或吊线、钢尺检查
	全高	10	
截面	尺寸	+8、−5	钢尺检查
标高	全高	+30、0	水准仪或拉线、钢尺检查
预留门洞	中心线位置	15	钢尺检查
	尺寸	+5、0	钢尺检查
直径	全高	10	钢尺检查

5. 预应力钢筋

预应力钢筋的安装分两段作业，第一段为基础底板内预埋段，第二段为主体结构段。第一段安装时，基础底板内预埋段的底端固定端和穿出基础底板的位置应采用经纬仪精确定位，以保证第一段预应力钢筋和第二段预应力钢筋为一直线。第二段安装时，先定位主体结构顶端预应力钢筋的位置并设置定位装置，然后将预应力钢筋的顶端可靠地固定在定位装置上并拉直。

预应力张拉作业前，应对预应力筋张拉机具设备及仪表进行配套标定。

在浇筑混凝土之前，应进行预应力隐蔽工程验收，其内容包括：

（1）预应力筋的品种、规格、数量、位置等。

（2）预应力筋锚具和连接器的品种、规格、数量、位置等。

（3）预留孔道的规格、数量、位置、形状及灌浆孔、排气兼泌水管等。

（4）锚固区局部加强构造等。

预应力筋进场时，应按现行国家标准GB/T 5224—2014等的规定抽取试件作力学

性能检验，其质量必须符合有关标准的规定。检查数量应按进场的批次和产品的臭氧检验方案确定。检验时应检查产品合格证、出场检验报告和进场复验报告。

预应力筋用锚具、夹具和连接器应按设计要求采用，其性能应符合现行国家标准 GB/T 14370—2015 等的规定。检查数量应按进场批次和产品的抽样检验方案确定。检验时应检查产品合格证、出厂检验报告和进场复验报告。

当施工需要超张拉时，最大张拉应力不应大于国家现行标准 GB 50010—2010 的规定。

张拉工艺应能保证同一束中各根预应力筋的应力均匀一致。

后张法施工中，当预应力筋是逐根或逐束张拉时，应保证各阶段不出现对结构不利的应力状态；同时宜考虑后批张拉预应力筋所产生的结构构件的弹性压缩对先批张拉预应力筋的影响，确定张拉力。

预应力钢筋（孔道）的安装位置容许偏差不应超过 3mm。

6. 环片与整环的选型

从力学的角度来说，混凝土塔段拼装后整环比环片的结构安全性更可靠，但整环运输对道路要求更高，因此，当道路条件较好时，建议采用整环运输方式。

7. 塔筒环片运输

混凝土塔节运输过程中要进行支撑稳定性及塔筒强度验算。环片与塔节运输时的混凝土强度不应低于设计强度等级的 75%；半环预制的混凝土构件采用立式运输，不宜使用半环扣式运输，环片与塔节运输时，放置的重心位置要与板车中轴线重合；环片与塔节运输时，要在运输板车上部满铺废弃轮胎或木方加以保护；环片与塔节运输时要绑扎牢固，防止移动或倾倒；对构件边缘或与链索接触的混凝土要采用橡胶加以保护；混凝土塔节运输应有稳定的支撑及固定措施，应考虑道路、桥梁承载能力，并考综合虑道路净空和宽度。对混凝土塔节边角部或吊索接触处的混凝土，宜采用垫衬加以保护。环片运输如图 7.16 所示。

图 7.16 环片运输

7.1.2.3 工程现场拼缝保温方案

1. 竖缝加热保温方案

(1) 塔筒竖缝布置两道电伴热带，灌浆前电伴热带加热，当温度传感器检查到入模温度大于5℃时，可以进行竖缝灌浆作业。竖缝加热保温如图7.17所示。

(2) 严格按照注浆工艺执行灌浆作业。

(3) 同条件养护试块通过可控温电热毯使试块温度与灌浆区域检测的平均温度相同，当同条件养护试块强度大于构件强度，电伴热停止加热。

(4) 远程监控平台记录每条竖缝养护期间温度，保证每条竖缝温度在5～35℃。

2. 基础横缝加热保温方案

(1) 灌浆前在基础横缝内外侧布置电伴热带并带电加热，当温度传感器检查到入模温度大于5℃时，可以进行横缝灌浆作业。

(2) 直接将搅拌好的灌浆料灌入模内。由于面积较大，应始终由一边或相邻两边灌注，并通过竹条或钢条等进行导流；反复捣实，为防止空气进入，振捣不得使用振捣棒，灌浆过程不允许间断，直到四周开始溢出为止。这样能够正确掌握灌注的密实程度，不易使中间部位产生气泡而导致灌浆不实。

(3) 灌浆完毕后，应尽快先覆盖一层塑料薄膜，防止其失水干裂。

(4) 基础灌浆结束后，用塑料布进行覆盖养护，24h内不应遭受振动，在强度达到要求之前，禁止相应的安装施工，如图7.18所示。

图7.17 竖缝加热保温图

图7.18 基础横缝加热保温

(5) 远程监控平台记录养护期间温度，通过电伴热带、可控温电热毯保证塔基灌浆区域温度在5～35℃。

7.1.2.4 环片拼接

目前环片之间的竖缝连接方式有螺栓连接和灌浆料连接，本书主要对灌浆作业进

行介绍。

1. 拼接准备

确认预制混凝土环片各部位尺寸偏差符合设计要求。用吹风机或高压水枪对其各部位进行清扫。混凝土环片拼装材料及工具应准备齐全。

拼装平台刚度满足拼装变形要求，拼装台座平整度不应大于 3mm。若临时平台承载力不满足拼装要求时，应采取相关措施进行处理。

2. 环片拼装

环片拼装流程如图 7.19 所示。

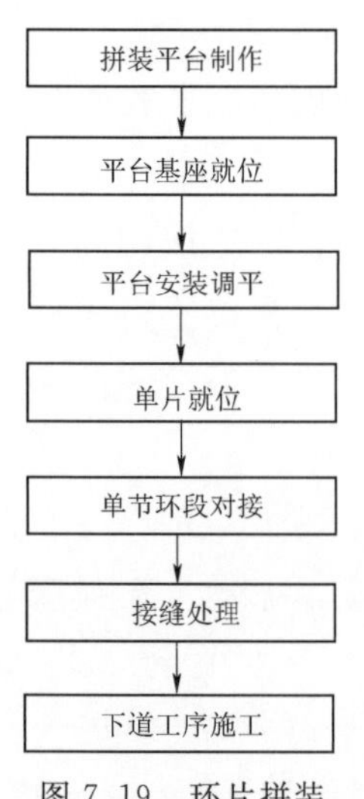

图 7.19　环片拼装流程图

(1) 在拼装平台上放样环段中心轴线，调平拼装平台并清理平台杂物。

(2) 将环片用吊车吊至拼装平台。

(3) 调整位置使环片位置与放样线保持一致，调整底部调平埋件的水平度使其满足设计要求。

(4) 吊起下一环片进行拼接，拼接时轻起缓放，做好对接部位的防护。

(5) 按步骤一环片一环片进行拼接，至拼成一环。

(6) 拼接完成后对环段进行临时加固，然后开始竖缝灌浆作业。

(7) 竖缝宽度不大于 50mm 时，竖缝灌浆应采用压力灌浆工艺。浆体由底部注浆管注入，至缝最顶部冒浆且稳定出浆后方可停止。

(8) 当竖缝宽度大于 50mm 时，竖缝灌浆可采用自重法灌浆工艺。浆体由竖缝顶端灌入，通过导流槽沿缝内壁滑入缝的底部，至缝最顶部冒浆且稳定出浆后方可停止。

(9) 灌浆料强度达到设计要求后，即可对环段吊装移走，进行安装工作。

竖向拼缝施工如图 7.20 所示。

7.1.2.5　预应力混凝土塔架吊装

1. 吊装准备

(1) 塔筒安装前要编制专项施工方案，吊索、吊带要通过验算确定，预应力张拉及转接段施工应设置操作平台。

(2) 整环吊装时，灌浆后竖缝强度不应低于 35MPa。

(3) 吊装作业前，应对起重作业人员进行技术和安全交底，起重作业人员应熟知施工方案、吊装程序。

(4) 吊装作业前，应确认风速、气温等气象条件满足吊装要求。

(5) 吊装作业前，预制塔筒混凝土抗压强度应达到设计要求，混塔整环吊装时，不应低于混凝土设计强度等级的75%。

(6) 吊装前应检查构件的吊点螺栓孔眼、预埋件的稳固程度是否满足设计要求。

(7) 起重设备在吊装前应进行试吊，检查起重能力、升降、回转、行走、制动是否正常。

图 7.20 竖向拼缝施工

2. 吊装要求

(1) 每节混凝土塔节应进行垂直度测量，基础（基础盖板）或首节的中心应作为后期检验塔筒中心是否偏移的参考点，其误差应符合设计要求。

(2) 首节混凝土塔节吊装完成后与基础顶面宜留有不小于 10mm 的空隙。空隙应采用水泥灌浆料或座浆料进行填充。

(3) 每吊装一节混凝土塔节应对其进行调平，误差应符合设计要求，且吊装结束后，过渡垫板上表面水平度不应超过 3mm。

(4) 其余上下节混凝土塔节水平缝黏接材料施工应与吊装同步进行，黏接材料施工开始至混凝土塔节就位的时间间隔应满足施工要求，且水平接缝的缝隙应满足设计要求。

(5) 水平缝黏接材料应严格按照工艺要求进行配制，搅拌质量应由质检人员进行确认合格后方可使用。

(6) 若采取体内索时，吊装下一节预制混凝土塔节前，应对上一节预制混凝土塔节孔道的通畅性应进行检查，合格后方可吊装。

环片吊装如图 7.21 所示。塔架吊装如图 7.22 所示。

3. 塔架调平

(1) 施工调平方法和出现的问题。施工过程中不同段混凝土塔筒需连接成一个整体，不同塔筒段一般采用高强度灌浆料（C60）灌注。不同塔筒段之间的灌浆缝厚度控制在 15mm。灌浆缝的厚度采用放置高强度有机玻璃垫片和薄钢垫片控制。混凝土塔筒水平度调节通过适量增加或减少某些点的钢垫片来调节水平度。水平度参考点选择塔筒中心点（施工平台的中心点）。

(2) 水平度偏差处理方法。施工前期布设平面和高程监测工作基点，建立平面及水准观测网。平面工作基点与已知平面控制点进行联测，高程工作基点由已知高程控

图 7.21　环片吊装

图 7.22　塔架吊装

制点加密布设。

基础平台4个沉降观测点，每吊装一段塔筒观测1次，在预应力张拉前观测1次，张拉过程中每张拉10根钢绞线观测1次，张拉完成以后观测1次，第一年不少于10次，第二年不少于5次，以后每年不少于3次。基础4个水平位移观测点，在预应力张拉前观测1次，张拉过程中每张拉10根钢绞线观测1次，张拉完成以后观测1次，以后第一年不少于10次，第二年不少于5次，然后每年不少于3次。过渡垫板以及转换段在张拉前观测1次水平度，张拉过程中每张拉10根钢绞线观测1次，张拉完成以后观测1次。在张拉过程中实时观测上法兰的水平度，如果水平误差有增大的趋势，调节水平度增长快的孔洞预应力，每个孔洞处的预应力筋设计超拉105%，为满足混塔水平度，每个孔洞处预应力超拉可在100%～105%。如果水平度满足要求，超拉完成以后则可以进行钢塔部位吊装。

图 7.23　塔架调平

塔架调平如图7.23所示。

7.1.2.6　预应力钢绞线施工

1. 预应力钢绞线的下料

钢绞线经检验合格后，按照施工图纸规定进行下料。按施工图上结构尺寸和数量，考虑预应力钢绞线的长度、张拉设备及不同形式的组装要求，定长下料。预应力钢绞线下料应用砂轮切割机切割，严禁使用电焊和气焊。

无黏结筋及配件吊装过程中尽量避免碰撞挤压，运输时采用成盘运输，应轻装轻卸，严禁摔掷及锋利物品损坏无黏结筋表面及配件。吊具采用吊装带，以避免装卸时

破坏无黏结筋塑料套管，若有损坏应及时用塑料胶条修补。无黏结预应力钢绞线、锚具及配件运输到施工现场后，应按不同规格分类成捆，成盘，挂牌，整齐堆放在干燥平整的地方。锚夹具及配件应存放在室内干燥平整的地方，码放整齐，按规格分类，避免受潮和锈蚀。预应力钢绞线露天堆放时，需覆盖雨布，下面应加设垫木，防止钢绞线锈蚀。严禁碰撞踩压堆放的成品，避免损坏塑料套管及锚具。切忌接触电气焊作业，避免损伤。

2. 无黏结预应力钢绞线穿束

在进行钢绞线穿束前，把下节点锚具放置于锚具支撑架上，当上端钢绞线穿下后，进行锚具穿孔操作。

预应力钢绞线穿束原则及注意事项：

(1) 预应力钢绞线的位置宜保持顺直，严禁相互扭绞。

(2) 无黏结筋外包塑料皮若有破损应用水密性胶带缠补好，尽量避免无黏结预应力钢绞线的油脂对非预应力钢绞线的污染。

(3) 预应力钢绞线根数、位置准确，张拉端锚固端安装保证质量。

钢绞线穿束如图 7.24 所示。

3. 无黏结预应力钢绞线张拉

(1) 张拉作业条件。①张拉设备已通过检验并有相应的标定证书；②混凝土构件强度已经达到设计强度的 100%，有混凝土强度检测报告；③张拉前要检查混凝土质量，尤其重要的是端部混凝土，不得有孔洞等缺陷。

(2) 张拉控制力。根据设计要求的预应力钢绞线张拉控制应力取值，实际张拉力根据实际状况按照施工规范的方法采用一次超张拉 5%进行。

(3) 预应力钢绞线的张拉顺序。张拉时按照顺序依次张拉。

(4) 测量记录张拉前逐根测量外露预应力钢绞线的长度，依次记录作为张拉前的原始长度。张拉后再次测量预应力钢绞线的外露长度，减去张拉前测量的长度，根据相应的公式计算实际伸长值，用以校核计算的理论伸长值。

预应力张拉如图 7.25 所示。

图 7.24 钢绞线穿束

图 7.25 预应力张拉

7.1.2.7　质量要求

（1）混凝土预制塔筒。混凝土预制塔筒的外观质量标准和检验方法见表7.4。

表7.4　混凝土预制塔筒外观质量标准和检验方法

检查项目		质量标准	检验方法及器具
外观质量		不宜有一般缺陷	观察，检查处理记录
粗糙面质量		混凝土塔节顶面不宜有浮浆、松动的石子	观察检查
预应力孔道位置		≤5mm	钢尺检查
筒壁厚度偏差		±5mm	钢尺检查
混凝土塔节直径偏差		±6mm	钢尺检查
预埋件中心位移		≤5mm	钢尺检查
顶部埋件平整度		3mm	扫平仪检查
预留门洞	中心线	≤5mm	经纬仪和钢尺检查
	截面尺寸	0～5mm	钢尺检查

（2）塔节吊装质量标准。塔筒吊装质量标准见表7.5。

表7.5　混凝土塔筒吊装质量标准

类　别	检查项目		质量标准
主控项目	横向接缝处材料		应符合设计要求和现行国家标准GB/T 50448—2015
	过渡段顶部水平度		≤3mm
	钢绞线张拉完成后转换段顶部水平度		≤5mm
一般项目	预应力孔道通畅性		通畅，应满足钢绞线穿束
	外观质量		不应有一般缺陷
	混凝土塔筒	筒身全高偏差	±0.1%
		中心线垂偏差	1/1200H（混凝土塔筒全高）

7.1.2.8　典型案例

1. 案例1

河南省某试验样机为120m轮毂中心机型，采用上部为钢结构、下部为混凝土结构的混合塔架。混凝土段（5节）高83m，钢塔段（2节）高35m，是国内首台混凝土段高度超过80m的钢—混凝土结构塔筒，填补了我国在钢—混凝土塔筒上的空白。

根据风电机组各起吊单元的外形尺寸、质量、吊具等参数情况，选用加强型QUY650t履带式起重机作为主吊，辅助吊车选择1台80t履带吊、1台160t履带吊、2台25t汽车吊。其中80t履带吊和160t履带吊是作为辅助吊车承担拼装主吊、辅助吊装、场内卸货、组拼混凝土段及临时发生的倒运等工作。加强型QUY650t履带式起重机主要配备2种工况。

（1）超起重型主臂工况（HDB），主臂总长108m。超起重型风电副臂工况（FJDB），臂长126m组合12m。

1）选用90m主臂长度吊装混凝土塔筒2～4段，最大起升高度86m，额定起质量290t。

2）选用108m主臂长度吊装混凝土塔筒5段及过渡转接段，最大起升高度103m，额定起质量192t。

3）选用副臂吊装钢制塔筒、机舱及风轮，最大起升高度130m，额定起质量100t。

（2）超起重型风电副臂工况（FJDB），臂长126m组合12m。选用该工况吊装钢制塔筒、机舱及叶轮，最大起升高度130m，额定起质量100t。

该钢—混凝土塔架试验样机吊装涉及的主要工作包括：5段混凝土塔筒的预组装（涉及组装过程中的调平、校正）、5段混凝土塔筒吊装（涉及吊装过程中的调平、校正）、塔筒转接段安装、2段钢制塔筒安装、机舱安装、风轮组装、风轮吊装、风电机组电气安装。

2. 案例2

江苏某风电场项目为25台140m风电机组混合塔架工程。该工程上部混合塔架施工包括：预制场建设、塔筒预制、塔筒运输、吊装、预应力施工。此处主要介绍其运输的相关内容。

（1）运输车辆准备。整环塔筒最大外径为9900mm，单段塔筒最大高度为4200mm，单段塔筒最大质量达到95t，需要选择大型拖板车。运输承运单位提供牵引头为375～420马力6轴13m车辆。每部车必须配备货物捆绑带、捆绑器、钢丝绳、倒链，装卸的吊车分别为200t履带吊和400t履带吊（吊车分别由混塔预制班组及混塔吊装班组提供）。

该项目第一节塔筒至第十节塔筒每节分两片，运输要求牵引头马力大于375马力，车板为低平板半挂车3轴以上，车板高度不高于1.1m，车板宽度不小于3m。第十一节至十六节为不分片塔筒，运输要求牵引头马力大于420马力，车板为低平板半挂轴以上，车板高度不高于1.1m，车板宽度不小于3m。

（2）吊装机械选型。预制塔筒段装车，由于单段塔筒最大质量达到95t，装车选用150t吊车，人员配备以满足需要为原则。装车时为了保护好塔筒段下端面不被碰撞坏，在运输车板面置放处垫放周圈废旧轮胎，或者加橡胶垫片厚度0.5～0.8cm。

7.2 海上塔架施工

海洋环境恶劣，海上风电场建设工程中，塔架安装作为海上风电场建设的重要一环，施工困难，且费用较高，是风电场开发建设过程中的关键工作之一。我国海上风电开发潜力巨大，但由于海洋环境复杂和起步较晚，塔架安装设备、技术等方面仍有较多的问题尚未解决。

海上塔架施工有其特殊的技术要求，主要体现在以下方面：

(1) 施工设备具有足够的起吊高度及起吊能力。

(2) 塔架精度要求通常较高，一般在毫米级偏差，施工过程需精确控制。

(3) 风电机组塔架尺寸基本都是超重或超长的，施工中需要从水平位置变成垂直才能安装，不仅需要先进的施工设备，同时也需要适合施工设备及风电机组特性的科学施工方法。

目前，世界上海上风电机组塔架施工模式主要有分体吊装和整体吊装两类。

7.2.1　海上分体吊装施工

7.2.1.1　分体吊装施工特点

海上风电机组分体安装中各设备单件质量比整体吊装要小得多，各设备重心较整体吊装要低，吊装过程中迎风面积小，稳定、安全控制难度较整体吊装要小。国外已建海上风电场中绝大部分采用分体吊装作业方式，主要有以下原因：

(1) 欧洲海上风电场海底一般为砂基，专业的安装船舶在船侧都具有液压支腿的支撑结构，船舶的稳定性好，受波浪、海流影响的情况小，可用于吊装作业的时间有充分保障。

(2) 风电场运输、安装施工单位的专用安装船或自升式安装平台大部分是按照机组分体运输、安装方式建造或改造的，风电机组设备即到即装，减少施工配套船舶配置，可有效降低施工费用。

海上风电场有效作业天数少，安装船舶必须保证在有限的时间内完成塔架吊装作业。因此，要进行大规模海上风电场分体吊装作业，必须具备两个条件：①安装船舶抗风浪能力好，能充分保障海上风电机组吊装有效作业时间；②使用的吊装设备能尽可能减少海上配套船机设备的使用。安装顺序采用与陆上风电机组安装类似的方法。

根据我国沿海地质条件的特性，各沿海地质条件差异较大。例如，浙江省的海底地质以淤泥质土为主，无法进行施工，而河北、山东、江苏与福建等大部分省份的海底表层土以密实砂性土为主，基本满足自升式船只的插桩入土要求。但从安全与保证船只稳定角度考虑，自升式平台桩腿端部还应配备大型的桩靴，以有效降低桩腿对地基土的压应力，满足风电机组分体吊装要求，方便自升式平台的转场。相比较于起重船、浮坞设备，海上自升式平台本身不受波浪、潮流的作用，抗风浪能力较佳，具有良好的发展前景。

7.2.1.2　工程案例

Horms Rev 风电场位于北海日德兰半岛外侧海域，该电场离岸 14～20km（至

Blavands Huk 的距离将近 14km)，水深 6.5～13.5m，当地平均风速 9.7m/s，风电场占用面积约 $20km^2$，安装 80 台 Vetes 公司提供的海上风电机组，单机容量 2MW，风电场总容量 160MW，是世界上首座真正的大型海上风电场。

该海上风电场的基座建设起始于 2002 年 7 月末，2003 年夏天全部完成。风电机组吊装方式采用下部塔筒、上部塔筒、机舱＋轮毂＋2 个叶片、第 3 个叶片分别吊装进行，风电机组安装船为集装箱船（加装 4 条支腿）改造后的风电机组安装平台，平台抗风浪能力较强，稳定性较好。第一台风电机组于 2003 年 5 月 9 日起开始安装，2003 年 7 月 12 日开始运行，最后一台风电机组于 2003 年 9 月 12 日安装并接入电网，试运行在 2003 年 11 月 1 日结束。

7.2.2 海上整体吊装施工

7.2.2.1 整体吊装施工特点

海上风电机组塔架整体吊装是在码头将塔筒整体安装完成，然后由大型起重船将塔架整体吊到运输船上运至风电机组安装点，再由起重船一次性将塔架整体和支架吊装到导管架基础的平台上，完成风电机组安装。整体吊装海上施工工序少，施工所需海上施工作业时间少，对于海上施工不可控因素较多的环境，施工风险相对要小。海上风电机组塔架整体施工必备以下条件：

（1）船舶的总吨位要足够大。

（2）起吊能力足够，一方面能承受塔架整体的重力，另一方面要有能力控制风电机组的运动状态。

（3）起吊高度必须大于风电机组的塔架高度。

（4）能精确把握船舶稳定性、作业水深以及适合的作业环境。

（5）有足够大的码头空间进行结构组装和调试。

根据国内外海上风电场工程实践，整体吊装作业因整体质量大、重心高，且受风面积大构件主要位于机组上部，整体起吊过程中的稳定性、安全性控制要求很高。由于重心较高，塔架整体吊装过程中上部需有平衡、固定系统，以保证吊装过程中的稳定性；塔架整体体积大，迎风面积较大，加上塔架整体质量大，塔架整体起吊后，与基础对接过程中应采取有效可靠的对接措施，基础与塔架对接应缓慢、匀速进行，尽可能降低塔架对接过程中对风电机组基础的冲击力，避免造成基础的二次损伤。起吊过程中若塔架与起重设备吊臂距离过近，因施工过程中受风、浪、流作用影响或稳定失控极易造成塔架受损。目前海上整体吊装多采用双吊臂起重船，主要原因是此类起重船有上部平衡支撑系统、软着陆液压系统，无论在起吊高度、起吊时稳定控制均较单吊臂系统要更适应海上风电场风电机组大规模建设要求，但其施工费用相对较高。

7.2.2.2 工程案例

2021 年 8 月，山东半岛某海上风电项目顺利完成首台风电机组整体吊装，此次施工完成了北方沿海地区海上风电首台风电机组整体吊装，开创了国内海上风电实施 5.0MW 以上单桩基础风电机组整体吊装先河。

该风电机组整体最大质量为 650t，该吊装设备包括运输底座、井字架、平衡梁、电气系统、液压系统、缓冲系统等部件。本次整体吊装区域水深达 30m，作业难度较大，其中吊具起着至关重要的建设作用。此次吊装是巨力索具股份有限公司在北方沿海地区海上风电首台风电机组整体吊装项目，如图 7.26 所示。

海上风电机组整体吊装将风电机组的塔筒、机舱、轮毂、叶片等设备整体拼装在大型平板驳船上，通过平板驳船将拼装完毕的风电机组运至机位，再利用浮吊船将风电机组吊起与基础桩进行对接以完成吊装任务。整体吊装与分体吊装相比，具有海上作业时间短、海上高空作业少、作业面可充分利用等优势，取得了海上风电项目建设中的重大突破。

图 7.26 整体吊装施工图

参 考 文 献

[1] Negm H M, Maalawi K Y. Structural design optimization of wind turbine towers [J]. Computers & Structures, 2000, 74 (6): 649-666.

[2] P. E. Uys, J. Farkas et al. Optimisation of a steel tower l'or a wind turbine structure [J]. Engineering Structures, 2007 (29): 1337-1342.

[3] Perelmuter A, Yurchenko V. Parametric optimization of steel shell towers of high-power wind turbines [J]. Procedia Engineering, 2013, 57: 895-905.

[4] 丁天祥. 大型风力发电机塔架多目标结构优化研究 [D]. 重庆: 重庆大学, 2016.

[5] 王志义, 赵志民. 某风力发电场风电机组基础的优化设计 [J]. 工程质量, 2009, 27 (9): 47-49.

[6] 肖亚萌. 陆上风力发电机组基础受力性能分析及构造优化处理 [D]. 兰州: 兰州理工大学, 2018.

[7] 周洪博. 西部地区风电场基础受力特性分析及结构优化研究 [D]. 包头: 内蒙古科技大学, 2010.

[8] 徐世杰. 风机扩展基础力学性能分析及结构优化探究 [D]. 哈尔滨: 哈尔滨工业大学, 2013.

[9] 曾超波. 风机独立基础设计方法的不同规范对比分析和优化 [D]. 西安: 西安建筑科技大学, 2015.

[10] 张燎军. 风力发电机组塔架与基础 [M]. 北京: 中国水利水电出版社, 2017.

[11] 毕亚雄, 赵生校. 海上风电发展研究 [M]. 北京: 中国水利水电出版社, 2017.

[12] 林毅峰. 海上风电机组支撑结构与地基基础一体化分析设计 [M]. 北京: 机械工业出版社, 2020.

[13] 祝磊, 许楠, 高颖. 风力发电设备塔架结构设计指南及解说 [M]. 北京: 中国建筑工业出版社, 2014.

[14] 吴佳梁, 李成锋. 海上风力发电技术 [M]. 北京: 化学工业出版社, 2010.

[15] 李早, 李大均. 陆上风电场风机基础形式分析 [J]. 神华科技, 2013 (3): 61-64.

[16] 李敏, 关改英, 麻宏波. 风力发电机组基础设计应用探讨 [J]. 中国勘察设计, 2012 (1): 43-46.

[17] 任忠运, 贾丹. 风力发电机组基础设计方法 [J]. 电力学报, 2010, 25 (2): 177-180.

[18] 周洪博, 杨永新, 张丽英, 等. 风力发电机组基础设计分析 [J]. 内蒙古科技大学学报, 2009, 28 (4): 358-363.

[19] 王民浩, 陈观福. 我国风力发电机组地基基础设计 [J]. 水力发电, 2008, 34 (11): 88-91.

[20] 孔屹刚. 风力发电技术及其 MATLAB 与 Bladed 仿真 [M]. 北京: 电子工业出版社, 2013.

[21] 徐惠. 梁板结构筏板型锚栓组合件风力发电风机基础施工关键技术 [J]. 建筑技术开发, 2019, 46 (18): 116-117.

[22] 罗翔. 风力发电机组基础施工技术的难点分析 [J]. 居舍, 2018, 27.

[23] 赵显忠, 郑源. 风电场施工与安装 [M]. 北京: 中国水利水电出版社, 2015.

[24] 陈达. 海上风电机组基础结构 [M]. 北京: 中国水利水电出版社, 2014.

[25] 刘晋超. 海上风电灌浆技术 [M]. 北京: 中国水利水电出版社, 2016.

[26] 黄延琦, 李建明. 海上风电多桩承台基础施工质量精细化管理 [J]. 船舶工程, 2020, 42 (S1): 543-546, 550.

[27] 吕子鹏. 渤海海上风力发电塔架陆地预制工艺研究 [J]. 石油和化工设备, 2019, 22 (6): 77-79.

［28］ 王启华. 风电吊装技术要点探析［J］. 科技视界，2019（36）：125－126.

［29］ 李开光，周丽君. HW1S780 风力发电机组吊装技术［J］. 城市建设理论研究，2014（36）：6410－6411.

［30］ 杨静安，王相如. 风电机组预应力混凝土与钢混合塔架施工技术［J］. 中国电力企业管理，2019（15）：88－90.

［31］ 许怡文，许亚平. 预制装配式风电塔架调平方案研究［J］. 电力系统装备，2018（10）：95－96.

［32］ 李东，韦冬，李铭志，顾健威，吴凯. 大直径钢管桩沉桩工艺及桩身垂直度控制［J］. 港工技术，2020，57（2）：77－81.

［33］ 王兆平，张宝林，罗美霞. 风电场风机塔架基础施工要点［J］. 内蒙古科技与经济，2011（20）：102－104.

［34］ 邓秀林. 大型塔架吊装受力分析［J］. 中国石油和化工标准与质量，2020，40（3）：106－107.

［35］ 杜全林. 风电工程吊装技术要点分析［J］. 山西建筑，2018，44（35）：90－91.

［36］ 孙永胜，李纲. 大型风力发电机混合塔架冬季施工技术［J］. 建筑施工，2019，41（12）：2144－2146.

［37］ 朱锴年. 风力发电机组塔架制造工艺与质量控制［J］. 机电工程技术，2016，45（10）：136－140.

［38］ 夏世林. 拓朴优化在大型风力发电机塔架结构设计中的应用［D］. 武汉：武汉科技大学，2021.

// 《风电场建设与管理创新研究》丛书
编辑人员名单

总 责 任 编 辑　营幼峰　王　丽
副总责任编辑　王春学　殷海军　李　莉
项 目 执 行 人　汤何美子
项 目 组 成 员　丁　琪　王　梅　邹　昱　高丽霄　王　惠

《风电场建设与管理创新研究》丛书
出版人员名单

封面设计　李　菲
版式设计　吴建军　郭会东　孙　静
责任校对　梁晓静　黄　梅　张伟娜　王凡娥
责任印制　黄勇忠　崔志强　焦　岩　冯　强
责任排版　吴建军　郭会东　孙　静　丁英玲　聂彦环